제7판

OMRON

SYSMAC NJ PLC로 FA업계 정복하기

한국오므론제어기기 저

기초활용편

B.C.Info

머리말

오므론은 1971년 SYSMAC이라는 상품 브랜드 명으로 기계 제어용 프로그래머블 컨트롤러인 PLC를 개발한 이후 장비의 신뢰성 · 안정성 · 고속제어를 실현할 수 있는 PLC를 제공해 왔습니다. SYSMAC은 "**Sys**tem for **m**achine **a**utomation **c**ontrol"의 약자로서 급변하는 FA(Factory Automation)업계에 보다 고속 고정밀 제어를 목표로 하는 머신 오토메이션 플랫폼으로서 등장한 제품입니다.

오므론이 제안하는 Sysmac Automation Platform은 머신 오토메이션 컨트롤러 NJ시리즈를 중심으로 EtherCAT통신을 이용하여 서보모터 드라이버 인버터, 시각 센서, 변위 센서, I/O터미널 등의 제어기기를 One Connection으로 연결하여 성배선과 관리의 일원화가 가능하며, One Software로 (Sysmac Studio) 기계 전체를 통합적으로 관리할 수 있습니다. 즉, Sysmac Automation Platform은 오토메이션 시스템의 통합 제어를 추구하고 있습니다.

여기에서 Sysmac Automation Platform의 중심이라 할 수 있는 머신 오토메이션 컨트롤러 NJ시리즈(이하 NJ로 칭함)에 대하여 보다 많은 고객 및 새로운 자동제어의 흐름을 공부하고자 하는 교육생을 위하여 한국 오므론 제어기기 주식회사에서 이 책을 출간하게 되었습니다.

FA산업시장에 이미 많이 사용되고 있는 현재의 컨트롤러와 비교하여 많은 혁신을 이룬 NJ는 신뢰성을 중시하는 오므론의 모든 제품과 마찬가지로 기존 제품의 신뢰성과 견고성을 유지하면서도 고속성, 유연성, 확장성을 실현시킨 일체형 컨트롤러입니다. 과거 위치제어를 위해 고기능 유니트를 장착하여 사용하던 모션 제어를 NJ CPU 하나로 제어할 수 있으며, CPU와 유니트 간의 통신의 설정 및 통신시간 로스도 줄일 수 있고, 무엇보다 IEC 61131-3 및 PLCopen을 준거하는 모션 제어 펑션 블록을 채용한 프로그래밍 환경으로 복잡한 캠 동작이나 다축 동기 동작도 간단하게 구현 가능합니다.

본 NJ 기본 교재에서는 NJ 컨트롤러의 기본 구조 및 개요와 더불어 완전한 변수 기반의 프로그래밍 실습 예제 등, PLC기본 개념부터 기본 유니트와 고기능 유니트 사용 방법과 모션제어의 기본적인 내용까지 설명하고 있습니다.

교재를 사용하시는 모든 분들께 새로운 글로벌 시대의 제어 혁신을 선두할 오므론의 NJ 제품 학습에 도움이 되시기 바랍니다. 그리고 저자의 미숙함으로 부족한 부분이 많을 것으로 예상됩니다만 곧 NJ PLC의 중급 교재도 발간될 예정이므로 수정 보완하여 준비하도록 하겠습니다. 독자 분들의 많은 충고와 조언 부탁합니다.

마지막으로 출판에 힘써 주신 복두출판사 모든 분들께 감사드리며, 교재 출판에 도움 주신 한국오므론제어기기 임직원 여러분을 비롯한 모든 분들께도 감사드립니다.

한국오므론제어기기 CS팀

본 교재에 기재한 회로 구성, 결선 방법, 프로그램 등은 일반적인 대표 예제입니다.
사용에 관해서는, 구성할 상품 취급설명서 또는 매뉴얼을 읽으신 후, 사양, 성능, 안전성에 대해 확인 부탁합니다.
또한, 제품 취급 상 안전에 관한 사항은 모두 유저매뉴얼을 우선으로 하십시오.

차 례

Chapter 01 시스템 구성

1.1 PLC의 개요 2
1.2 OMRON NJ PLC 시스템 개요 6
1.3 주변기기 구성 20
1.4 Sysmac Studio 26

Chapter 02 소프트웨어 설계에 필요한 지식

2.1 국제표준(IEC 61131-3) 30
2.2 변수 33
2.3 데이터 유형 47
2.4 프로그램 단위 55
2.5 실행방식(Task) 58

Chapter 03 NJ 시스템 설정

3.1 Sysmac Studio의 시작 66
3.2 컨트롤러와의 온라인 연결 73
3.3 CPU 랙의 구성·설정 73
3.4 EtherCAT 설정 76
3.5 I/O 맵 설정 79
3.6 컨트롤러 설정 85

3.7 POU의 등록 87
3.8 변수의 등록 88

Chapter

04 로직 프로그램(기초편)

4.1 래더의 기본명령과 작성방법 94
4.2 펑션 및 펑션블록 98
4.3 프로그램 입력 연습 99
4.4 프로그램 체크 103
4.5 빌드와 다시 빌드(리빌드) 105
4.6 워치 윈도우(감시 창) 106
4.7 온라인 편집 109

Chapter

05 명령어(FUN, FB)

5.1 타이머 113
5.2 카운터 119
5.3 Inc/Dec 명령 121
5.4 데이터 전송 명령 123
5.5 산술 명령 130
5.6 비교 명령 135
5.7 데이터 형식 변환 명령 136
5.8 데이터 변환 명령 138
5.9 기타 명령 143

Chapter

06 파생데이터 형식을 사용한 프로그래밍

6.1 구조체 148
6.2 공용체 153
6.3 열거형 156

Chapter 07 ST 언어에 의한 프로그래밍

7.1 ST프로그래밍이란 160
7.2 인라인 ST 166
7.3 열거형 176

Chapter 08 부품화와 라이브러리

8.1 펑션(FUN) 180
8.2 펑션블록(FB) 186
8.3 라이브러리 작성 194

Chapter 09 ANALOG I/O Unit

9.1 아날로그 입력 200
9.2 아날로그 출력 218
9.3 아날로그 입출력 234

Chapter 10 모션 제어의 구조

10.1 모션 제어의 구조 240
10.2 축 251
10.3 시운전(MC 시운전) 257

Chapter 11 모션 제어 프로그래밍

11.1 모션 제어 FB 266
11.2 기본 동작 269
11.3 PTP 프로그래밍(단축) 282

이 장에서는
NJ시리즈의 시스템 구성과,
그 주변기기의 개요에 대해 설명합니다.

1.1 PLC의 개요
1.2 OMRON NJ시스템 개요
1.3 주변기기 구성
1.4 Sysmac Studio

1 시스템 구성

1.1 PLC의 개요

1) PLC의 역사 및 개요

PLC는 미국 General Motors Corporation의 제조부문의 요구사항에 따라 1969년에 Modicon(현재 슈나이더 일렉트릭)이 최초 상품화하였습니다. 그전까지 사용되어 왔던 릴레이 회로 제어 장비에서는 제조라인의 개조에 대응시 많은 시간과 숙련 기술을 필요로 하였지만, PLC의 탄생에 의해 그 과제가 비약적으로 개선되었습니다. 70년대에 들어서면서 유럽과 일본에서도 독자적인 기술 개발과 응용이 진행되면서 1972년에는 일본 최초의 PLC「SYSMAC」를 오므론(당시 타테이시전기 주식회사)이 탄생시키게 됩니다.

1970년대 초 마이크로프로세서의 출현과 함께 새로운 전자제품의 개발로 기존 제어장치의 기능을 향상시킨 PLC는 릴레이 제어반에 비해 여러 가지 장점을 가지게 되어 다양한 FA업계의 대형공장에서 소규모 공장까지 급격하게 보급되었습니다. 단순 Sequence 제어에서 연산, 계수 기능, 통신 등 컴퓨터의 기능까지 가능해진 것입이다.

PLC(Programmable Logical Controller)는 프로그램 가능한 논리적인 제어기라는 뜻의 약자입니다. 조작반의 누름 스위치, 기계설비의 리미트 스위치 등 입력기기의 신호에 따라, 모터나 표시기 등의 출력기기를 PLC에 짜놓은 프로그램 방식으로 제어합니다.

즉, 종래의 제어반 내의 릴레이, 타이머, 카운터 등의 기능을 IC, 트랜지스터 등의 반도체 소자로 대체시켜 기본적인 시퀀스 제어 기능에 데이터 연산 기능을 추가하여 프로그램 제어가 가능하도록 한 자율성이 높은 범용 제어 장치입니다.

PLC는 하드웨어와 제어 프로그램인 소프트웨어로 구성되며, 하드웨어는 전원유니트와 CPU유니트, 입출력 유니트 그리고 특수 유니트로 구성됩니다. 소프트웨어는 이 PLC Program을 PC에서 작성할 수 있게 합니다.

(1) 자동화의 3요소

입력, 제어, 출력 자동화의 3요소의 중추 역할을 하는 것이 PLC입니다.

즉, 센서, 스위치와 같은 입력기기로부터의 정보 입력을 받아, 램프, 모터 등의 출력기기에 결과출력을 하기 위한 제어동작을 PLC CPU에서 프로그램 방식으로 실행하는 것입니다.

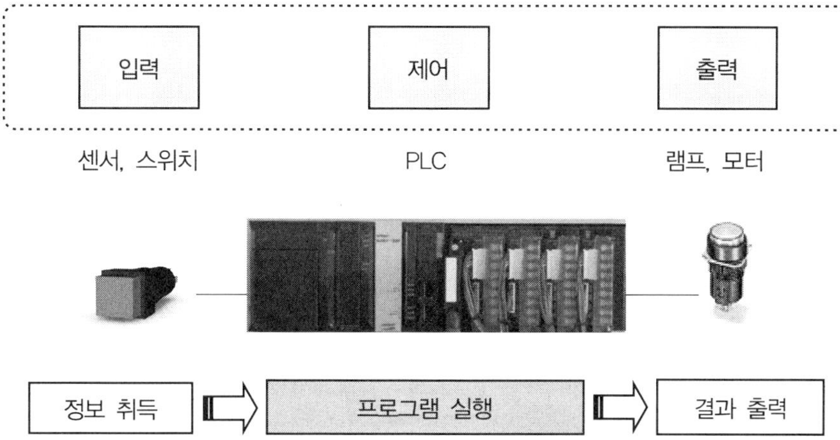

(2) 생산공장에서의 사용 예

공장자동화 FA(Factory Automation)의 중심기기로서 폭 넓게 이용되고 있는 PLC는 공장 전체를 제어하는 시스템 제어부터 각종 기계들을 개별적으로 제어하는 단독제어 타입까지 다양하게 현장에서 이용되고 있으며, PLC를 구동시키기 위한 각종 컨택터나 릴레이, 전원용 차단기 등과 함께 제어반이나 장비 내부에 설치하여 사용합니다.

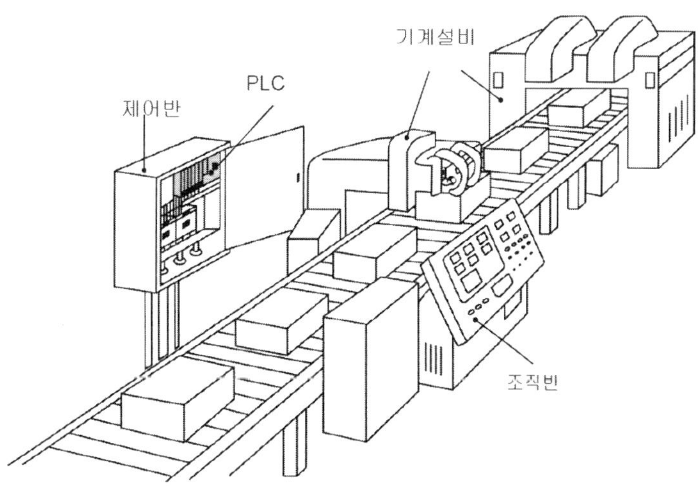

2) PLC의 장점

- 동작변경의 공수가 줄어듬

• 데이터 처리가 가능

사칙연산에서 복잡한 산술연산까지 간단한 프로그래밍을 통해 산출하고 제어처리를 할 수 있다.

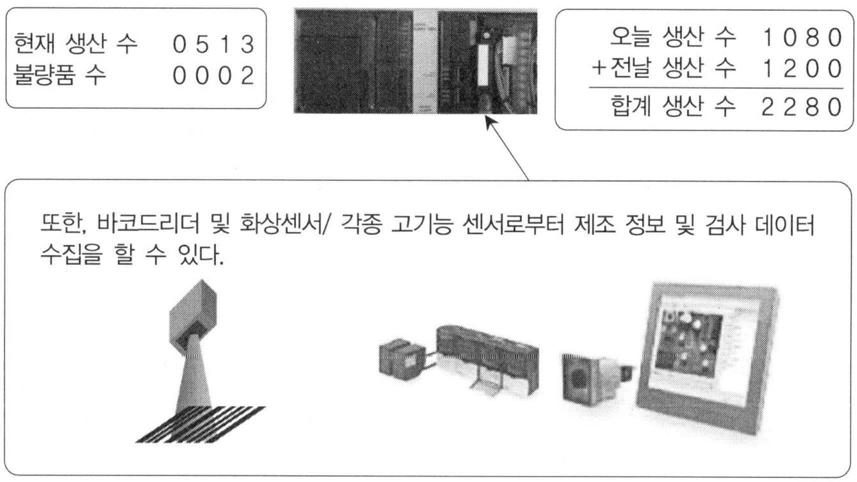

• 통신이 가능

생산현장의 각 공정 별 상태 모니터링 및 관리를 현장이 아닌 사무동 등에서 할 수 있고, 공정별 장비 간 Data 통신 또한 가능하다.

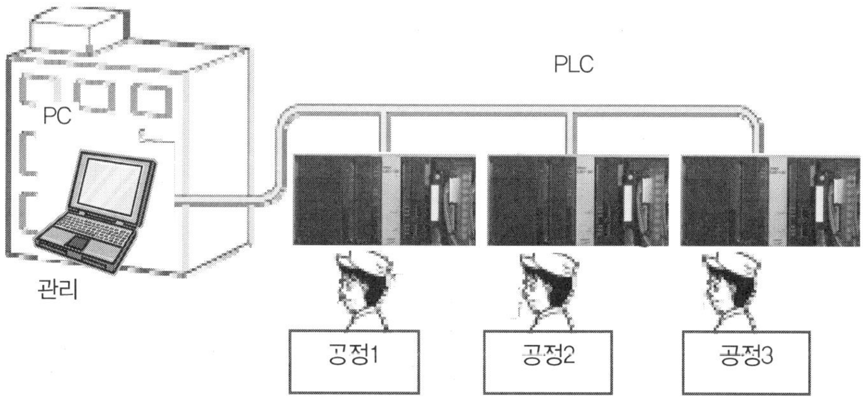

1 2 OMRON NJ PLC 시스템 개요

1) NJ Controller의 CPU유니트

OMRON의 머신 자동화 컨트롤러 NJ 시리즈는 기계 제어에 필요한 기능과 고속 성능, 산업용 컨트롤러로서의 안전성, 신뢰성, 보수성을 양립시킨 차세대 컨트롤러입니다.

이 머신 자동화 컨트롤러는 기존 PLC의 신뢰성과 견고성을 포함하는 기능 계승은 물론이고, 모션 제어에 필요한 각종 기능을 부가한 통합형 컨트롤러로서 시각 장치, 모션 기기, I/O 등의 입출력 기기를 탑재된 EtherCAT®포트를 통해 고속 실시간 머신 동기 제어를 실현하고, 표준 탑재된 EtherNet/IP™포트를 통해 데이터 플랜트 관리를 실현합니다.

그리고 오므론에서는 통일된 통신 사양이나 사용자 인터페이스 사양으로 설계된 오므론 제어기기를 Sysmac장치로 제공하고, 머신 자동화 컨트롤러 NJ 시리즈는 EtherCAT 슬레이브 등의 Sysmac 장치 및 자동화 소프트웨어 Sysmac Studio와의 조합에서 최적의 기능, 조작성을 실현할 수 있도록 설계되었습니다.

이 Sysmac 장치에 의해 구성된 시스템에서는 기기끼리 간단하게 연결되고 통일된 개념과 사용성으로 조작할 수 있습니다.

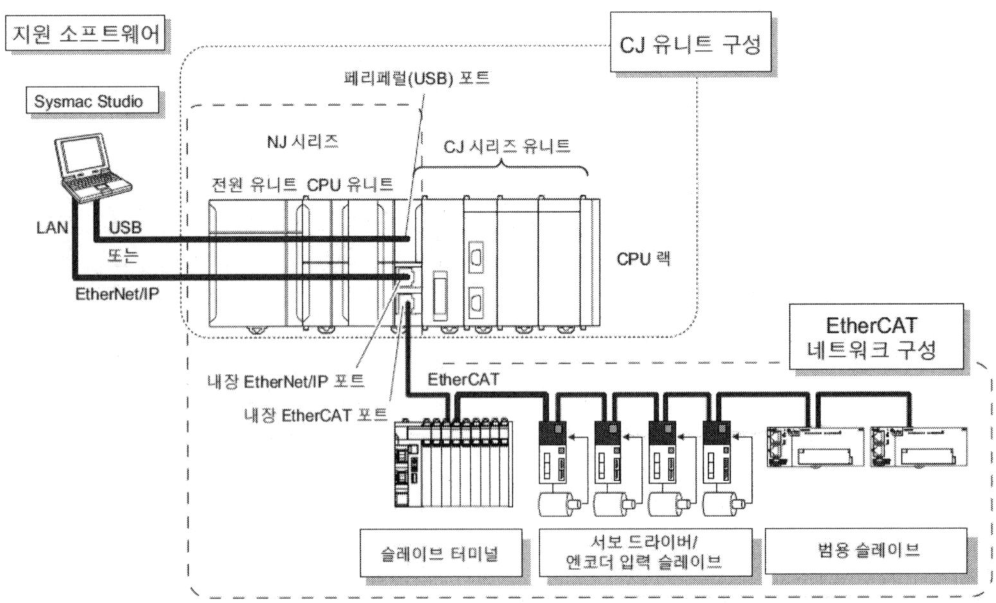

NJ 시리즈 : 로직 제어와 첨단 모션 제어로 기계 전체를 제어를 통합 및 관리
EtherNet/IP : 상위 시스템, 장치 간 통신, 리모트 액세스 등 정보 통신용 네트워크
EtherCAT : 인버터, 서보 드라이버, I/O, 세이프티, 화상 센서를 실시간으로 제어하는 머신 제어용 네트워크
Sysmac Studio : 프로그래밍, 컨피그레이션, 시뮬레이션, 모니터링 기능이 하나의 소프트웨어로 통합된 자동화 소프트웨어

하드웨어 특징

● 제어용 네트워크 EtherCAT을 표준 장비

EtherCAT은 Ethernet 시스템을 기초로 하여 보다 고속, 고효율 통신이 가능한 고성능 산업용 네트워크 시스템입니다. 각 노드가 Ethernet 프레임을 고속으로 전송하므로 짧은 정주기의 통신 사이클 시간을 구현할 수 있습니다. 제어용 네트워크 EtherCAT을 표준 채택하여 머신 제어에 필요한 I/O 시스템, 서보 드라이버, 인버터, 머신 비전 등의 기기를 하나의 네트워크로 연결할 수 있습니다.

● CJ 시리즈용 유니트를 지원

EtherCAT 슬레이브 터미널을 사용하면 공간을 절약할 수 있습니다. 또한 다양한 종류의 NX 유니트를 통해 유연한 시스템 구축이 가능합니다.

● CJ 시리즈용 유니트를 지원(NJ□01만 해당)

NJ 시리즈 CPU 유니트에서는 I/O 버스 시스템 상에 각종 CJ 시리즈용 유니트(기본 I/O 유니트, 고기능 유니트)를 장착해서 사용할 수 있습니다.

● EtherCAT 슬레이브 터미널을 지원

EtherCAT 슬레이브 터미널을 사용하면 공간을 절약할 수 있고, 다양한 종류의 NX 유니트를 통해 유연한 시스템 구축이 가능합니다. 그 중 NX 세이프티 컨트롤 유니트를 사용하면 세이프티 컨트롤까지 통합 제어할 수 있습니다. (CPU 유니트 Ver.1.06 이상과 Sysmac Studio Ver.1.07 이상의 조합만 가능)

● EtherNet/IP 통신 기능 포트를 표준 장비

EtherNet/IP는 Ethernet을 사용한 산업용 멀티 벤더 네트워크입니다. 컨트롤러 간의

네트워크나 필드 네트워크로 사용할 수 있습니다. 또한 표준 Ethernet 기술이 사용되므로 다양한 범용 Ethernet 기기와도 혼재하여 사용할 수 있습니다.

● USB 포트를 표준 장비

PC에 설치한 PLC 지원 소프트웨어를 기존 특수케이블 없이 범용 USB로 CPU 유니트에 직접 연결할 수 있습니다.

● SD 메모리 카드 슬롯을 표준 장비

● 높은 하드웨어 신뢰성

소프트웨어 특징

● 시퀀스 제어와 모션 제어를 통합

CPU 유니트 1대로 시퀀스 제어와 모션 제어를 모두 해결합니다. 그 결과 시퀀스 제어와 다축 동기 제어가 동시에 가능합니다. 동일한 제어 주기 내에 시퀀스 제어, 모션 제어와 I/O 리프레시가 실행됩니다. 또한 제어 주기는 EtherCAT의 프로세스 데이터 통신 주기와 일치합니다. 따라서 정주기로 변동이 적은 고정밀도의 시퀀스 제어 및 모션 제어가 가능합니다.

● 멀티 태스크 대응

여러 태스크에 I/O 리프레시나 사용자 프로그램 실행 등의 일련의 처리를 할당하고, 각각 실행 조건과 실행 순서를 지정하고, 이를 조합하여 활용 상황에 맞춰 유연한 제어를 구축할 수 있습니다.

● 메모리 맵을 의식하지 않는 변수를 사용한 프로그래밍

PC에서 고급 언어를 사용할 때와 동일하게 모든 데이터는 변수에 의해 액세스합니다. 작성한 변수는 CPU 유니트의 메모리에 자동으로 할당되므로 사용자가 의식할 필요는 없습니다.

● 국제표준규격 IEC61131-3을 준수하는 프로그래밍 언어 사양

IEC61131-3을 준수하는 언어 사양을 탑재했습니다. 일부 오므론의 독자적인 개량이 추가되었습니다. PLCopen을 준수하는 모션 제어 명령을 비롯하여 IEC 규격에 따른

풍부한 명령군(POU)이 있습니다.

● 풍부한 보안 기능

조작 권한 설정, ID에 따른 사용자 프로그램 실행 제한 등 풍부한 보안 기능이 있습니다.

● 컨트롤러 전체의 감시 기능

CPU 유니트는 장착된 유니트, EtherCAT 슬레이브를 포함한 컨트롤러 전체의 이벤트를 감시합니다. 이상 시의 대처 방법은 Sysmac Studio 프로그램 상에서 모니터링 할 수 있으며 발생한 이벤트는 내용은 이력으로 기억됩니다.

● 자동화 소프트웨어 Sysmac Studio

Sysmac Studio는 컨트롤러 뿐만 아니라 주변기기나 EtherCAT의 기기까지 하나의 소프트웨어로 해결하는 통합 개발 환경입니다. 기기의 차이에 관계 없이 통일된 조작성을 제공합니다. 설계에서 디버그, 시뮬레이션, 기동, 운용 시작 후의 변경까지 모든 공정을 지원합니다.

● 풍부한 시뮬레이션 기능

가상 컨트롤러의 실행 기능, 디버그 기능, 태스크 실행 기간의 검증 기능 등 풍부한 시뮬레이션 기능이 있습니다.

대규모 시스템부터 심플 머신까지 제어 가능한 풍부한 머신 자동화 컨트롤러의 CPU 종류는 크게 3가지의 모델과 하위 사양으로 구성되어 있습니다.

One Machine Controller NJ / NX(NEW) /NY5 시리즈 라인업

시리즈	NJ 시리즈			
형식	NJ501-4□□□	NJ501-1□20	NJ501-1340	NJ501-5300
특징	최대 64축의 대규모 시스템용			
외관	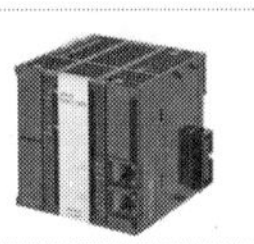			
명령 실행 시간 (LD 명령)	1.1ns			
프로그램 용량	20MB			
변수 용량(비유지)	4MB			
입출력 점수	2,560점			
EtherCAT 연결 슬레이브 수	192			
모션 축 수	16, 32, 64		16	
기능	로봇 제어	데이터베이스 연결	SECS/GEM 통신	수치 제어(NC)

OMRON은 더 뛰어난 고속·고정밀도 머신의 구축 및 대규모 생산 라인의 제어, 데이터 용량 및 통신 용량의 증가에 대한 요구에 부응하기 위해 NJ5 / NJ3 모델에서 업계 최고 속도의 연산 성능과 대용량 메모리를 탑재한 머신 자동화 컨트롤러 NX7과 심플 머신의 제어에 최적인 NJ1, 그리고 산업용 PC와 머신컨트롤러 기능이 탑재된 IPC 머신 컨트롤러까지 새롭게 라인업에 추가하여 폭넓은 용도에 맞춘 풍부한 라인업을 준비하였습니다.

2) NJ Controller의 CPU유니트의 하드웨어

■ CPU 기본 사양

<table>
<tr><th colspan="4" rowspan="3">항목 / 개요</th><th colspan="3">NJ501</th><th colspan="2">NJ301-</th><th colspan="2">NJ101-</th></tr>
<tr><th colspan="3">□</th><th colspan="2">□</th><th colspan="2">□</th></tr>
<tr><th colspan="3">최대 64축까지 대규모&고속 고정밀도 제어에 적합</th><th colspan="2">8축 이하의 소규모 제어에 적합</th><th colspan="2">작은 축 · 축 제어 없는 기계제어</th></tr>
<tr><td rowspan="2">처리 시간</td><td rowspan="2">명령 실행 시간</td><td colspan="2">래더도 명령 (LD, AND, OR, OUT)</td><td colspan="3">1.2ns~</td><td colspan="2">2.0ns~</td><td colspan="2">3.3ns~</td></tr>
<tr><td colspan="2">산술 명령(배정도 실수형식)</td><td colspan="3">26ns~</td><td colspan="2">42ns~</td><td colspan="2"></td></tr>
<tr><td rowspan="8">프로그래밍</td><td colspan="3">프로그램 용량</td><td colspan="3">20MB</td><td colspan="2">5MB</td><td colspan="2">3MB</td></tr>
<tr><td rowspan="2">변수 용량</td><td colspan="2">유지 속성 있음</td><td colspan="3">2MB</td><td colspan="4">0.5MB</td></tr>
<tr><td colspan="2">유지 속성 없음</td><td colspan="3">4MB</td><td colspan="4">2MB</td></tr>
<tr><td rowspan="5">CJ 유니트용 메모리(변수의 AT 지정을 통한 지정 가능)</td><td colspan="2">채널 I/O(CIO)</td><td colspan="7">6144채널(0~6143)</td></tr>
<tr><td colspan="2">워크 릴레이(WR)</td><td colspan="7">512채널(W0~W511)</td></tr>
<tr><td colspan="2">유지 릴레이(HR)</td><td colspan="7">1536채널(H0~H1535)</td></tr>
<tr><td colspan="2">데이터 메모리(DM)</td><td colspan="7">32768채널(D0~D32767)</td></tr>
<tr><td colspan="2">확장 데이터 메모리(EM)</td><td colspan="3">32768채널 × 25뱅크 (E0_00000~E18_32767)</td><td colspan="4">32768채널 × 4뱅크 (E0_00000~E3_32767)</td></tr>
<tr><td rowspan="8">유니트 구성</td><td rowspan="3">장착 가능한 유니트 수</td><td colspan="2">1랙(CPU 랙 또는 증설랙)당 CJ 유니트 최대 수</td><td colspan="7">10</td></tr>
<tr><td colspan="2">시스템 전체의 CJ 유니트 최대 수</td><td colspan="7">40</td></tr>
<tr><td colspan="2">시스템 전체의 최대 NX 유니트 수</td><td colspan="5">4,096 (EtherCAT 슬레이브 터미널 상)</td><td colspan="2">400(EtherCAT 슬레이브 터미널 상)</td></tr>
<tr><td colspan="3">증설 랙 최대 수</td><td colspan="7">3</td></tr>
<tr><td>입출력 점수</td><td colspan="2">CJ 유니트 최대 입출력 점수</td><td colspan="7">2,560</td></tr>
<tr><td rowspan="3">전원 (CPU 랙 또는 증설랙)</td><td colspan="2">형식</td><td colspan="7">NJ-P□3001</td></tr>
<tr><td rowspan="2">전원 OFF 확정 시간</td><td>AC 전원</td><td colspan="7">30~45ms</td></tr>
<tr><td>DC 전원</td><td colspan="7">22~25ms</td></tr>
<tr><td colspan="4">EtherCAT 슬레이브 수</td><td colspan="3">192</td><td colspan="2">192</td><td colspan="2">64</td></tr>
<tr><td rowspan="4">모션 제어</td><td rowspan="4">제어 축 수</td><td colspan="2">제어 축 최대 수</td><td>64축</td><td>32축</td><td>16축</td><td>8축</td><td>4축</td><td>2축</td><td>0축</td></tr>
<tr><td colspan="2">단축 제어 최대 수</td><td>단축64축</td><td>단축32축</td><td>단축16축</td><td>단축8축</td><td>단축4축</td><td>단축2축</td><td></td></tr>
<tr><td colspan="2">직선 보간 제어 최대 수</td><td colspan="5">1축 그룹당 4축</td><td colspan="2"></td></tr>
<tr><td colspan="2">원호 보간 제어 축 수</td><td colspan="5">1축 그룹당 2축</td><td colspan="2"></td></tr>
<tr><td rowspan="3">페리페럴 (USB) 포트</td><td colspan="3">지원 서비스</td><td colspan="7">Sysmac Studio 연결</td></tr>
<tr><td colspan="3">물리층</td><td colspan="7">USB2.0 준수 B 커넥터</td></tr>
<tr><td colspan="3">전송 거리</td><td colspan="7">최대 5m</td></tr>
</table>

■ CPU외관과 각 부의 명칭

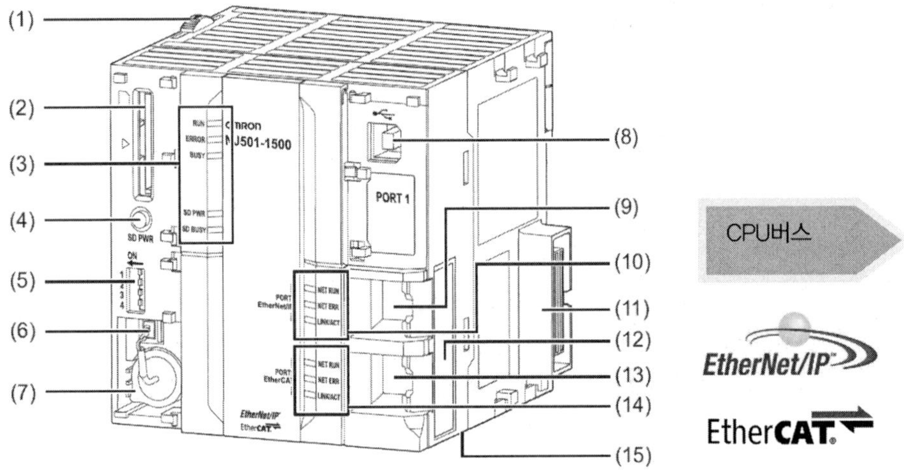

번호	명칭	기능
①	슬라이더	유니트끼리 고정합니다.
②	SD 메모리 카드 장착 커넥터	SD 메모리 카드를 장착합니다.
③	CPU 유니트의 동작 표시 LED	CPU 유니트의 동작 상태를 여러 개의 LED로 표시합니다.
④	SD 메모리 카드 전원 공급 정지 버튼	SD 메모리 카드를 뺄 때 전원 공급을 정지합니다.
⑤	딥스위치	* 안전 모드나 백업 기능 등에서 사용합니다. 평상시에는 모두 OFF로 설정합니다.
⑥	배터리 커넥터	백업용 배터리 장착 커넥터입니다.
⑦	배터리	배터리 백업용 배터리입니다.
⑧	페리페럴(USB) 포트	Sysmac Studio를 USB 케이블로 연결합니다.
⑨	내장 EtherNet/IP 포트(PORT1)	내장 EtherNet/IP를 Ethernet 케이블로 연결합니다.
⑩	내장 EtherNet/IP 포트의 동작 표시 LED	내장 EtherNet/IP의 동작 상태를 표시합니다.
⑪	유니트 연결 커넥터	유니트와 연결하는 커넥터입니다.
⑫	식별정보 표시 라벨	CPU 유니트의 식별 정보를 표시합니다.
⑬	내장 EtherCAT 포트(PORT2)	내장 EtherCAT을 Ethernet 케이블로 연결합니다.
⑭	내장 EtherCAT 포트의 동작 표시 LED	내장 EtherCAT의 동작 상태를 표시합니다.
⑮	DIN 레일 설치 핀	유니트를 DIN 레일에 고정합니다.

■ SD메모리카드

메모리 카드는 SD 메모리 카드, SDHC 메모리 카드와 호환되지만 다음과 같은 당사 지정 제품을 사용하십시오. 당사 이외의 메모리 카드에서의 동작, 성능, 쓰기 수명을 보증하지 않습니다.

형식	카드종류	용량	형식	재기입횟수	쓰기 방지
HMC-SD291	SD카드	2GB	FAT16	10만회	SD 메모리 카드 자체의 하드 스위치로 설정 가능
HMC-SD491	SDHC카드	4GB	FAT32		

(자사 제품 사용시 PLC에서 변수를 통해 메모리 수명 감지 가능)

〈용도〉

- SD 메모리 카드 내의 파일을 명령에 따라 읽고 씁니다.
- EtherNet/IP의 FTP 클라이언트에서 SD 메모리 카드 내의 파일을 읽고 씁니다.
- 컨트롤러의 데이터를 백업, 복원, 조회합니다.
- 전원 투입 시 SD 메모리 카드의 데이터를 컨트롤러에 전송합니다.

주의

- SD BUSY LED가 OFF되어 있어야할 것
- 메모리 카드 내의 파일을 모두 삭제하는 경우 등 메모리 카드를 포맷할 때는 CPU 유니트에 장착한 상태로 Sysmac Studio를 사용하여 조작할 것

〈컨트롤러의 데이터를 CPU 유니트에 장착된 SD 메모리 카드에 백업 방법〉

* 딥스위치 3번 On기능 : 백업실행 기능

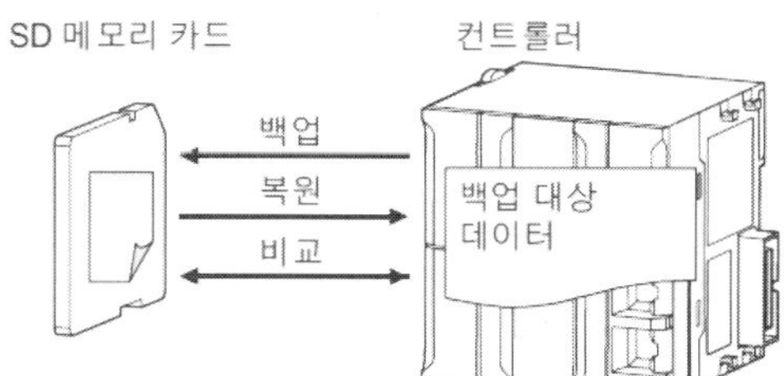

① 시작지시

SD메모리카드를 삽입 후 **딥 스위치** 1부터 4를 1:OFF, 2: OFF, 3: ON, 4: OFF로 하고, SD 메모리 카드 **전원 공급 정지버튼**을 3초간 누르면 백업실행이 시작됩니다.

② 실행 중

백업 실행 시작 직후 SD PWR이 점등→0.5초 소등→점등의 패턴으로 1회 점멸합니다. 백업 실행 중에는 SD PWR이 3초 점등, 0.5초 소등되면서 점멸하고, SD BUSY도 점멸하며 이 때, 시스템 정의 변수 _BackupBusy(백업 관련 기능 실행 중 플래그)의 값이 TRUE 됩니다.

③ 실행 종료

백업이 정상 종료했을 때 SD PWR이 점등됩니다.
이상 종료일 때 SD PWR이 0.5초 점등, 0.5초 소등으로 점멸합니다.
SD 메모리 카드 전원 공급 정지 버튼을 누르면 점등됩니다.

〈분리 방법〉 SD PWR 전원 공급 정지 버튼을 누르고 카드를 눌러 뺍니다.

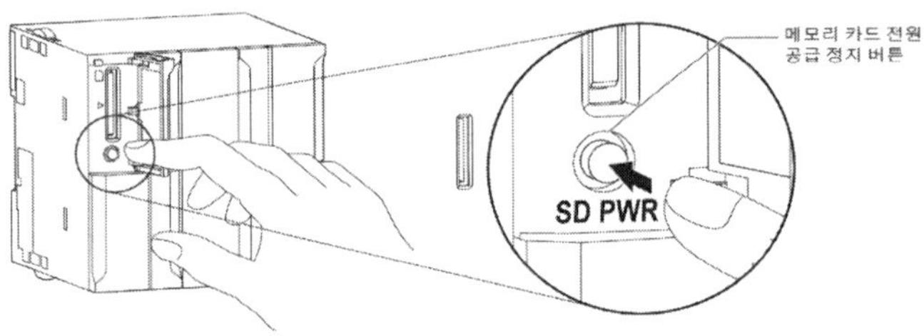

■ 딥스위치 * 딥스위치 4번 On기능 : 안전모드 기동

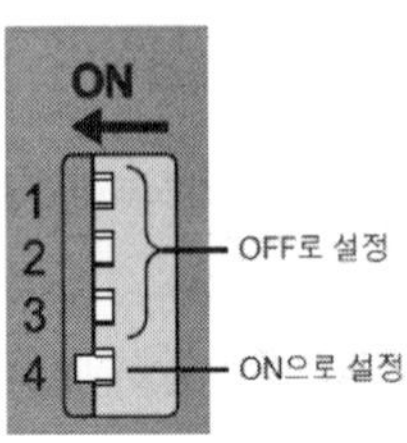

안전 모드를 사용할 때 스위치 4번을 On 한 뒤 컨트롤러의 전원을 켭니다. 안전 모드에서는 CPU 유니트의 전원 투입 시 '프로그램 모드'에서 기동합니다. 전원 투입 시 사용자 프로그램을 실행시키고 싶지 않을 때나 Sysmac Studio를 연결하기 어려울 때 사용하는 기능입니다. 안전 모드는 Sysmac Studio를 연결하기 어려운 경우에 사용하는 기능입니다.

(CPU 유니트의 시스템 서비스가 고 부하 상태이기 때문에 Sysmac Studio와 연결하는 데 필요한 시간을 확보할 수 없을 때 안전 모드에서 CPU와 온라인 하여 원하는 작업을 하는 경우)

■ CPU 유니트의 동작 상태 표시 LED (③)

유니트 전면 상부의 LED를 통해 CPU 유니트의 동작 상태를 확인할 수 있습니다. LED 표시의 내용은 다음과 같습니다.

(○: 점등 / ●: 소등 / ◎: 점멸)

LED 이름	표시색	상태	내용
RUN	녹색	○	운전 모드 정상 동작 중(사용자 프로그램의 실행 중)
		◎ (3초 주기)	'전원 연결 오류'(CPU 랙에 CJ 시리즈 전원 유니트가 연결된) CPU유니트는 동작하지 않음 (동시에 ERROR LED 점등)
		◎ (1초 주기)	기동 중(전원이 기동되면 운전 모드 또는 프로그램 모드로 이동 중)
		●	프로그램 모드에서 운전 정지 중 'CPU 리셋 중' 또는 다음 중 하나의 이상이 발생합니다. ● '전체 정지 이상 레벨의 컨트롤러 이상' ● 'CPU 이상(WDT 이상)'
ERROR	적색	○	자가 진단에 의해 다음 이상을 검출합니다. ● '전체 정지 이상 레벨의 컨트롤러 이상' ● 'CPU 이상(WDT 이상)' CPU 유니트는 운전을 정지하고 모든 출력을 차단(OFF)
		◎ (1초 주기)	자가 진단에 의해 다음 이상을 검출했습니다. ● '부분 정지 이상 레벨의 컨트롤러 이상'(어떤 기능 모듈 전체의 제어가 불가능해지는 이상) ● '가벼운 이상 레벨의 컨트롤러 이상'(기능 모듈의 일부 제어가 불가능해지는 이상) 어느 경우든 CPU 유니트는 운전을 계속합니다. '부분 정지 이상 레벨의 컨트롤러 이상'이 발생한 기능 모듈은 동작을 정지합니다. '가벼운 이상 레벨의 컨트롤러 이상'이 발생한 기능 모듈은 동작을 계속합니다.
		●	CPU 유니트는 정상 동작 중이거나 'CPU 리셋 중' 또는 '감시 정보'가 발생했습니다 (CPU 유니트는 운전을 계속).
BUSY	황색	◎	내장 비휘발성 메모리에 액세스 중
		●	상기 이외
SD PWR	녹색	○	SD 메모리 카드에 대한 전원 공급 실행 중이고 사용가능.
		◎	–
		●	SD 메모리 카드에 대한 전원 공급을 정지 중 또는 SD 메모리 카드를 장착하지 않았거나 또는 장착된 SD 메모리 카드의 파일 포맷이 지원 대상이 아닙니다.
SD BUSY	황색	◎	SD 메모리 카드에 액세스 중
		●	SD 메모리 카드에 액세스되지 않음

■ 내장 EtherNet/IP 포트(PORT1)용 LED (⑩)

(○: 점등 / ●: 소등 / ◎: 점멸)

LED 이름	표시색	상태	내용
NET RUN	-	●	Ethernet 통신을 수행할 수 없습니다. • 전원 OFF 상태 또는 리셋 상태 • MAC 주소 이상, 통신 컨트롤러 이상 발생 중
	녹색	◎	Ethernet 통신을 수행하고 있습니다. • 태그 데이터 링크 연결 확립 중 • BOOTP에 의한 IP 주소 획득 중
		○	정상 기동 상태
NET ERR	-	●	Ethernet 통신에 관한 이상은 발생하지 않았습니다. • 전원 OFF 상태 또는 리셋 상태
	적색	◎	사용자의 대처로 복구할 수 있는 이상이 발생했습니다. • TCP/IP 통신, CIP 통신에서 이상이 발생한 상태 • FTP 서버 설정 이상, NTP 서버 설정 이상 등 • 태그 데이터 링크 설정 이상, 태그 데이터 링크 조회 이상 등
		○	사용자의 대처로 복구할 수 없는 이상이 발생했습니다. • MAC 주소 이상, 통신 컨트롤러 이상 발생 중
LINK/ACT	-	●	링크가 확립되지 않았습니다. • 케이블이 연결되지 않은 상태 • 전원 OFF 상태 또는 리셋 상태
	황색	◎	링크가 확립되어 데이터를 송수신하고 있습니다.
		○	링크가 확립되었습니다.

■ 내장 EtherCAT 포트용(PORT2) LED (⑭)

(○: 점등 / ●: 소등 / ◎: 점멸)

LED 이름	표시색	상태	내용
NET RUN	녹색	○	EtherCAT 통신 중 • I/O 데이터 입출력이 동작
		◎	EtherCAT 통신 확립 중 다음 중 어느 한 상태임을 나타냅니다. • 메시지 통신만 동작 • 메시지 통신과 I/O 데이터 입력만 동작
		●	EtherCAT 통신 정지 중 • 전원 OFF 상태 또는 리셋 상태 • MAC 주소 이상, 통신 컨트롤러 이상 등이 발생 중
NET ERR	적색	○	하드웨어 이상, 예외 처리 등 복구할 수 없는 이상 발생 중
		◎	복구 가능한 이상 발생 중
		●	에러가 없음
LINK/ACT	황색	○	링크 확립
		◎	링크 확립 후 데이터 송수신 중 데이터 송수신할 때마다 점멸
		●	링크 미확립

■ 배터리

배터리는 CPU 유니트 내의 시계 계시 및 전원 유지 변수의 데이터를 전원 OFF 시에도 유지하기 위해 사용합니다.

배터리가 장착되지 않았거나 방전 상태이면 시계의 계시가 중단되며 전원 OFF 시 전원 유지 변수의 데이터가 손실됩니다.

형식	외관	사양
CJ1W-BAT01	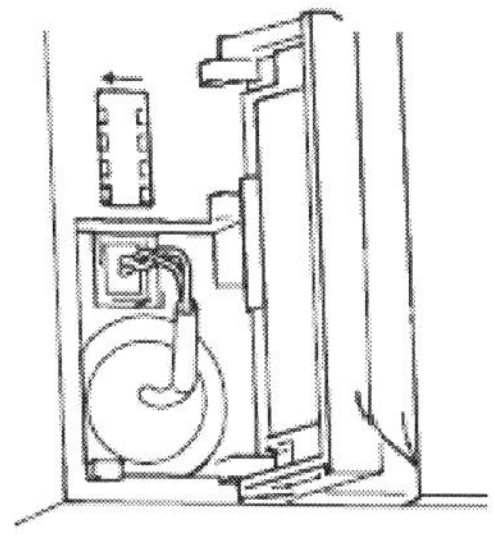	유효 기간(= 최대 수명 시간): 5년(25℃) 다음 값을 전원 OFF 시 유지합니다. • 유지 속성이 있는 변수의 값 • CJ 유니트용 메모리의 HR, DM, EM 영역 • 시계 정보 • 시스템 정의 변수의 일부 • 이벤트 로그

배터리는 전압이 낮아지면(수명이 다 되어 가면) CPU 유니트 전면의 'ERROR' LED가 점멸합니다.

〈배터리 교환방법〉

① 컨트롤러의 전원을 끕니다.
(전원이 처음부터 꺼져있는 경우는 일단 전원을 켜고 5분 이상 전원을 공급하시오.)
② CPU 유니트의 커버 안에 있는 배터리의 커넥터를 빼서 분리한 후 새로운 배터리로 교환합니다.
③ 배터리 교환 후에 컨트롤러의 전원을 켜면 '배터리 전압 저하'가 자동으로 해제됩니다.

※ 배터리 교환 작업은 전원을 끄지 않고 전원이 공급되는 동안 배터리를 교환하는 것도 가능하지만, CPU 유니트의 정밀 부품이 정전기에 의해 손상 및 오작동되는 것을 피하기 위해 무통전 상태에서 실시할 것을 권장합니다.

〈CPU 유니트 내 데이터의 유지/비유지〉

배터리 유무에 의한 CPU 유니트 내 데이터의 유지/비유지는 다음과 같습니다.

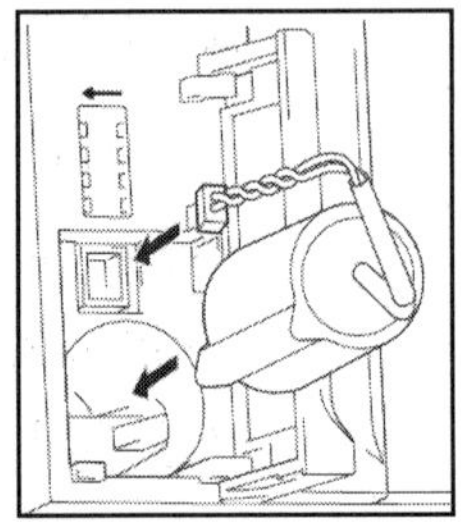

<table>
<tr><th colspan="4" rowspan="2">데이터의 종류</th><th colspan="2">전원 투입시</th></tr>
<tr><th>배터리가 있을 때</th><th>배터리가 없을 때</th></tr>
<tr><td colspan="4">사용자 프로그램</td><td colspan="2" rowspan="2">내장 비휘발성 메모리에 의해 전원 OFF 전의 값을 유지</td></tr>
<tr><td colspan="4">컨트롤러 구성 • 설정</td></tr>
<tr><td colspan="4">이벤트 로그</td><td>전원 OFF 전의 값을 유지</td><td>전원 OFF 전의 값을 유지하지 않음</td></tr>
<tr><td colspan="4">시각 데이터</td><td>정확한 값</td><td>잘못된 값</td></tr>
<tr><td rowspan="6">변수의 값</td><td colspan="3">유지 속성 없음</td><td>초기값(*1)</td><td>초기값(*1)</td></tr>
<tr><td colspan="3">유지 속성 있음</td><td>전원 OFF 전의 값을 유지</td><td>초기값(*1)</td></tr>
<tr><td rowspan="4">AT
(할당대상)
지정있음</td><td colspan="2">비유지 영역 : CIO/WR 영역</td><td>초기값(*1)</td><td>초기값(*1)</td></tr>
<tr><td rowspan="2">유지영역 :
DM 영역</td><td>고기능 유니트용 할당 영역(또는 CJ 고기능 유니트용 디바이스 변수)</td><td rowspan="3">전원 OFF 전의 값을 유지</td><td rowspan="3">초기값(*1)</td></tr>
<tr><td>고기능 유니트용 할당 영역 이외</td></tr>
<tr><td colspan="2">유지영역 : HR/EM 영역</td></tr>
<tr><td colspan="2" rowspan="2">CJ 유니트용 메모리</td><td colspan="2">비유지영역 : CIO/WR 영역</td><td>제로로 클리어</td><td>제로로 클리어</td></tr>
<tr><td colspan="2">유지영역 : HR/DM/EM 영역</td><td>전원 OFF 전의 값을 유지</td><td>일정치 않음</td></tr>
</table>

3) 전원유니트

전원유니트는 각 유니트에 전원을 공급하기 위한 유니트로 전원전압이 AC/DC용이 있습니다.

NJ 시리즈 CPU 랙과 증설 랙을 포함하여 NJ 시리즈 전용 전원 유니트를 사용합니다. CJ용 전원은 물리적 장착은 가능하지만, 사용은 불가능합니다.

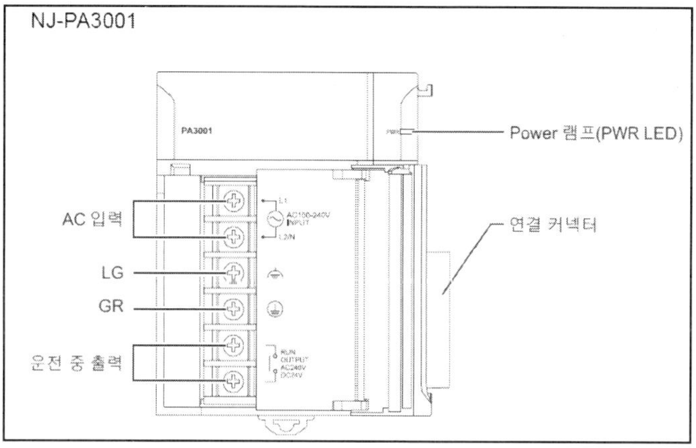

LG단자 : 노이즈 내성 강화, 전격 방지를 위해 단독으로 D종 접지(제3종 접지)를 실시
GR단자 : 감전 방지를 위해 단독으로 D종 접지(제3종 접지)를 실시하십시오.

형식	전원전압	출력용량			RUN접점
		DC5V	DC24V	토탈	
NJ-PA3001	AC100-240V	6.0A	1.0A	30W	있음
NJ-PD3001	DC24V	6.0A	1.0A	30W	있음

랙 소비 전류는 Sysmac Studio의 [구성 · 설정]의 [CPU · 증설 랙] 화면에서 랙 오른쪽 끝에 랙별 폭, 소비 전류, 소비 전력을 확인할 수 있습니다.

참고

아키텍처 변경에 따라 시스템 종료를 위한 시간이 필요하기 때문에 전원 차단 후의 유지 보수 시간을 연장한 NJ전용 전원이 있습니다.

CJ용 전원 유니트도 물리적으로는 장착 가능하지만, 전원 차단 유지 시간을 만족하지 못합니다. 그러므로 CJ용 전원 유니트를 장착하면 CPU는 기동하지 않습니다.

4) 특징

- EtherCAT의 통신 주기와 PLC엔진이 동기하여 동작합니다.
- PLC Open에 준거한 펑션블록을 탑재
- CPU에 모션 기능을 장착(단축 위치 결정/동기 제어/다축 보간 제어)
- 그 밖에 오므론 오리지널 FB군 등을 장착

5) 기존 CJ와의 성능비교

- 래더 제어의 성능은 CJ2H의 약8배 고속
- 모션 성능은 CJ2H의 약4배 고속

비교 항목	NJ501	CJ2H	CJ2H비
LD 명령	1.9ns	16ns	8배
LREAL 명령	26ns	6000ns	230배
모션 제어 (16축 동기)	0.5ms	2ms	4배

1 3 주변기기 구성

1) CJ유니트

NJ유니트 구성은 기존CJ2 PLC와 기본적으로 같습니다.(딘레일 모듈형 접속)

파워 유니트를 시작으로 CPU유니트가 장착되고, 다음으로 왼쪽에서 오른쪽으로 각 입출력 모듈을 접속합니다. 파워와 CPU 유니트에 접속할 수 있는 최대 입출력 유니트의 개수는 10대입니다. 마지막 유니트 다음에는 엔드 커버 유니트를 장착하여 모듈을 종료합니다.

그 이상이 되는 경우에는 I/O컨트롤 유니트와 인터페이스 유니트를 확장케이블 (I/O 연결 케이블)로 연결하여 확장 랙을 구성할 수 있습니다.

I/O컨트롤 유니트, I/O인터페이스 유니트, I/O접속 케이블은 CJ시리즈와 같은 것을 사용할 수 있습니다.

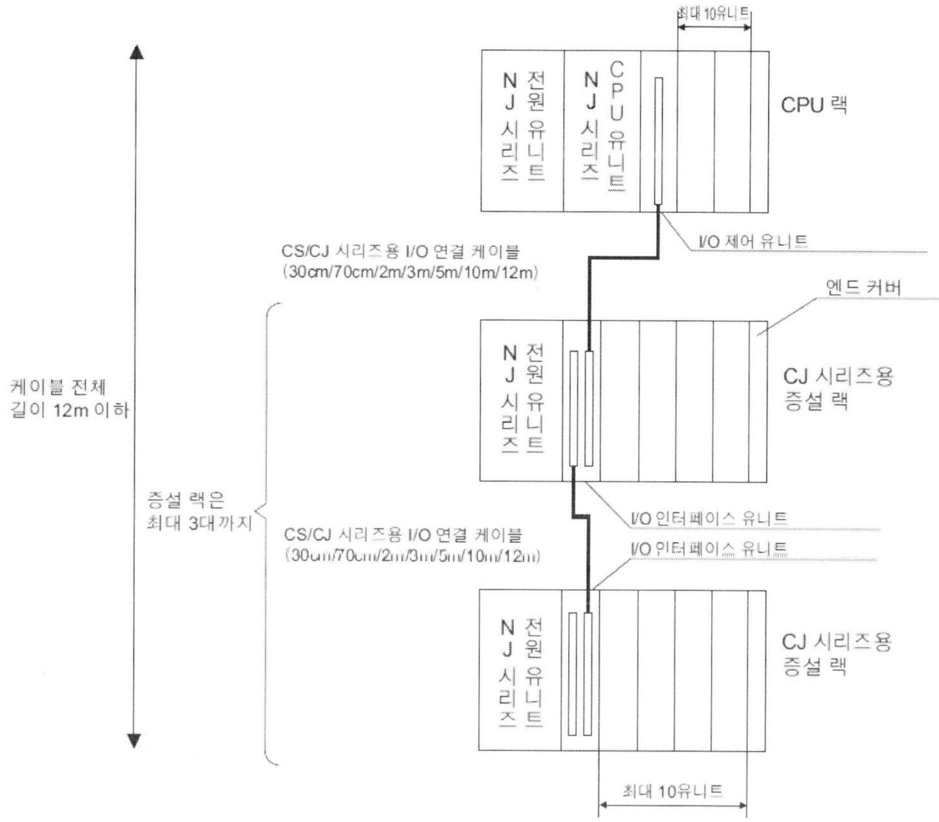

1랙에 10대, 최대3랙을 추가 증설할 수 있습니다. (합계 40대까지 장착가능)

- 기본 I/O 유니트 : 최대 40대
- 고기능 유니트 : 최대 40대
- CPU고기능 유니트 : 최대 16대

명칭	형식
I/O 컨트롤 유니트	CJ1W-IC101
I/O인터페이스 유니트	CJ1W-II101
I/O접속 케이블	CS1W-CN**3

■ 사용 가능한 CJ유니트

다수의 CJ유니트를 사용할 수 있지만 일부 유니트는 사용할 수 없습니다.

종류	유니트 명칭
기본 I/O유니트	모두 사용 가능. ※인터럽트 입력 유니트는 보통 기본 입력 유니트로 사용 가능합니다. I/O인터럽트 태스크를 기동하는 기능은 사용불가)
고기능 I/O유니트	절연형 멀티 입력 유니트
	아날로그 입력 · 출력 · 입출력 유니트
	절연형 직류입력 유니트
	온도조절 유니트
	ID센서 유니트
	고속 카운터 유니트
CPU고기능 유니트	고속 시리얼 커뮤니케이션 유니트
	DeviceNet유니트

기본적인 구성은 아래와 같이 2개의 오픈 네트워크로 접속합니다.

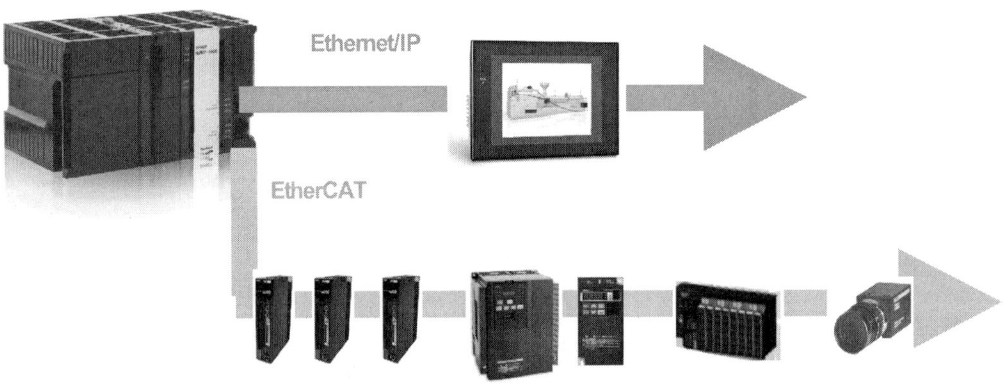

2) EtherCAT

NJ CPU 유니트에는 EtherCAT 통신 마스터 기능 포트를 표준 장비했습니다. EtherCAT(Ethernet Control Automation Technology)은 Ethernet 시스템을 베이스로 한, 보다 고속 / 고효율의 통신을 실현하는 고성능 산업용 네트워크 시스템입니다.

〈특징〉

- 처리속도 100Mbps의 초고속 통신
- Ethernet과의 호환성

EtherCAT 은 독자의 통신 프로토콜이면서도 물리층에는 표준 Ethernet 기술을 채용하고 있기 때문에 Ethernet 케이블을 사용할 수 있습니다.

■ EtherCAT의 구조

EtherCAT은 네트워크의 각 슬레이브로 데이터를 송신하는 것이 아닌, 각 슬레이브에 Ethernet 프레임을 통과시킵니다.

EtherCAT 마스터에서 발신된 Ethernet 프레임은 전체 EtherCAT 슬레이브를 통과한 후, 최종 슬레이브에 의해 반송되어 다시 EtherCAT 마스터로 돌아갑니다.

이 구조로 데이터 전송의 고속성과 리얼타임을 확보합니다.

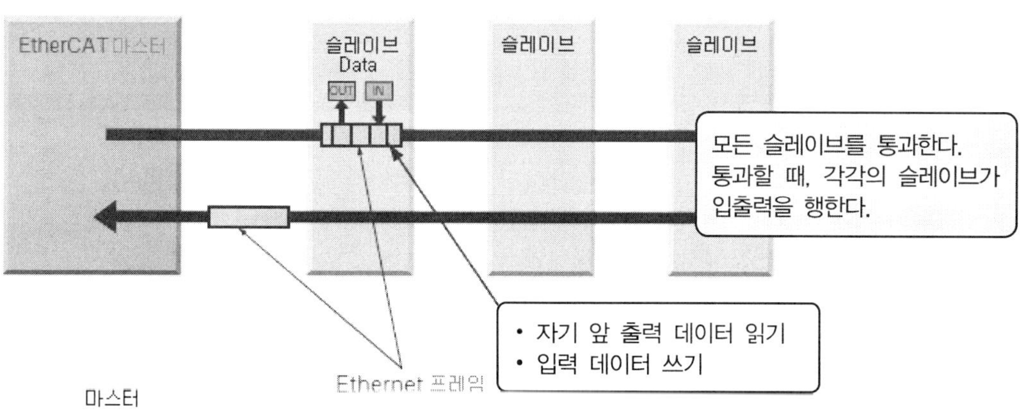

■ 토폴로지

대응하는 토폴로지는 다음의 2가지입니다.

① 데이지 체인 접속

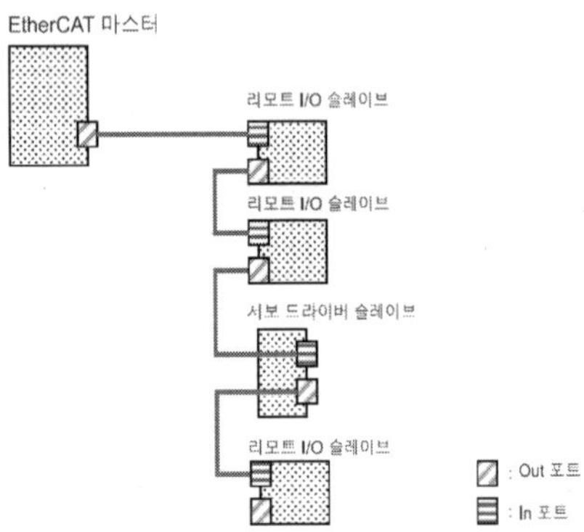

② 분기접속

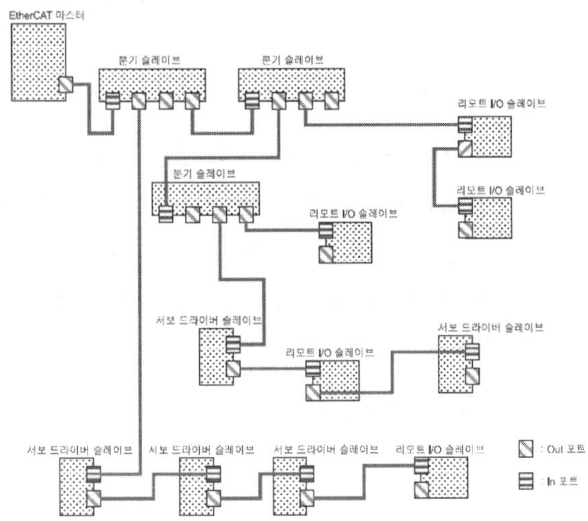

슬레이브 수 : 최대192대

슬레이브 간 케이블 길이 : 100m
(분기유니트와 슬레이브간:100m)

네트워크 합계 길이의 최대값은 구성에 따라 다릅니다.

■ 분기 유니트

EtherCAT전용 분기 유니트(시판되는 Ethernet스위치는 사용 불가능)
3포트(1노드 점유) 및 6포트(2노드 점유) 타입이 있습니다.

DC기능※에 대응합니다.

※DC(Distributed Clock) 기능이란?

모든 EtherCAT디바이스(마스터 포함)에서 같은 「EtherCAT System Time」을 공유하는 것으로 시각 동기를 행하는 기능. DC기능을 실현하기 위해 각 슬레이브에 대해 전파 지연 보정 • 드리프트 보정 • 오프셋 보정을 합니다.

GX-JC03

GX-JC06

슬레이브 명칭	포트 수	형식	치수
EtherCAT전용 분기 유니트	3포트	GX-JC03	세로 90mm, 가로 25mm, 폭 78mm
	6포트	GX-JC06	세로 90mm, 가로 48mm, 폭 78mm

3) EtherNet/IP

EtherNet/IP는 Ethernet을 사용한 산업용 멀티 벤더 네트워크입니다.

EtherNet/IP는 컨트롤러 간의 네트워크로써 뿐만 아니라 필드 네트워크로써도 사용 가능합니다. 또, 표준 Ethernet 기술이 사용되었으므로 다양한 범용 Ethernet 기기와도 함께 사용할 수 있습니다.

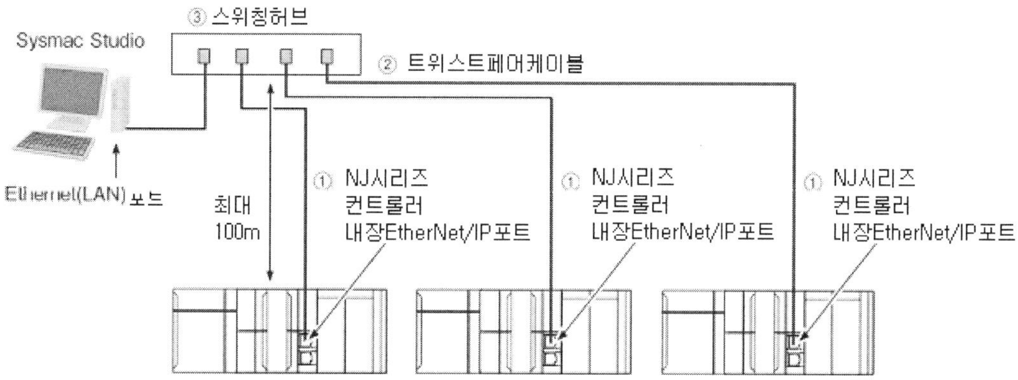

EtherNet/IP 시스템 구성 예

■ 기능사양(NJ시리즈)

NJ시리즈의 내장 EtherNet/IP포트의 특징

- EtherNet/IP통신(태그 데이터링크, CIP메시지 통신)
  네트워크 변수의 갱신 타이밍을 태스크에 동기시킬 수 있음.
  태그의 홀수 바이트 지정 가능
  라우터를 넘어가는 태그 데이터 링크에 대응
  논리 포트의 제약이 없이 CIP메세지 통신이 가능
  Auto/IP에 의한 IP설정없이 툴 접속

• 전용명령에 의한 소켓 통신 기능
소켓통신용에 전용 FB명령을 표준 탑재 (소켓내장)

• NTP대응
시각 맞춤 프로토콜이, SNTP에서 정밀도 높은 NTP에 대응

1.4 Sysmac Studio

자동화 소프트웨어인 Sysmac Studio는 NJ 시리즈를 비롯한 머신 자동화 컨트롤러 및 EtherCAT 슬레이브 등의 설정, 프로그래밍, 디버그, 유지보수를 위한 통합 개발 환경을 제공하는 소프트웨어입니다. Sysmac Studio에서는 NJ 시리즈 CPU 유니트의 페리페럴(USB) 포트 또는 내장 EtherNet/IP 포트에 연결하여 NJ와 온라인으로 연결할 수 있습니다.

1) Sysmac Studio에서 가능한 작업

로직 및 모션 프로그래밍
유니트, 축의 설정
EtherCAT 파라미터 설정
실행 상태 모니터
모션을 포함한 시뮬레이션
캠 에디터

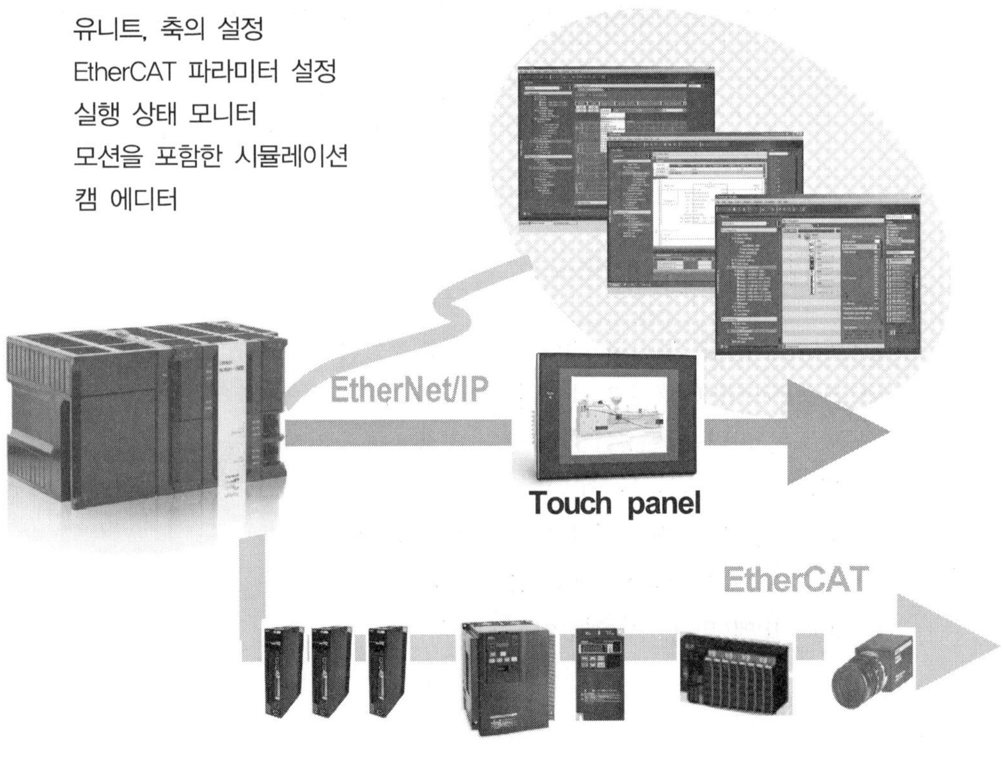

Sysmac Studio는 컨트롤러 뿐만 아니라 주변기기나 EtherCAT의 기기까지 하나의 소프트웨어로 해결하는 통합 개발 환경입니다. 기기의 차이에 관계없이 통일된 조작성을 제공합니다. 설계에서 디버그, 시뮬레이션, 기동, 운용 시작 후의 변경까지 모든 공정을 지원합니다.

■ 기타 지원 소프트웨어

Sysmac Studio 이외에도 소프트웨어 패키지 Sysmac Studio 스탠더드 에디션에는 다음과 같은 소프트웨어가 포함됩니다.

구성 소프트웨어	용도
Sysmac Studio	시퀀스 제어 및 모션 제어를 포함하는 아래 이외의 모든 기능일 때 사용합니다.
Network Configurator	EtherNet/IP 포트로 데그 데이디 링그를 할 때 사용합니다.
CX-Integrator	DeviceNet 유니트나 CompoNet 마스터 유니트로 리모트 I/O 통신을 할 때 사용합니다.
CX-Protocol	시리얼 커뮤니케이션 유니트로 프로토콜 매크로 기능을 사용할 때 사용합니다.
CX-Designer	NS 시리즈 표시기의 화면을 작성할 때 사용합니다.

2) 고속개발

〈실수 방지〉

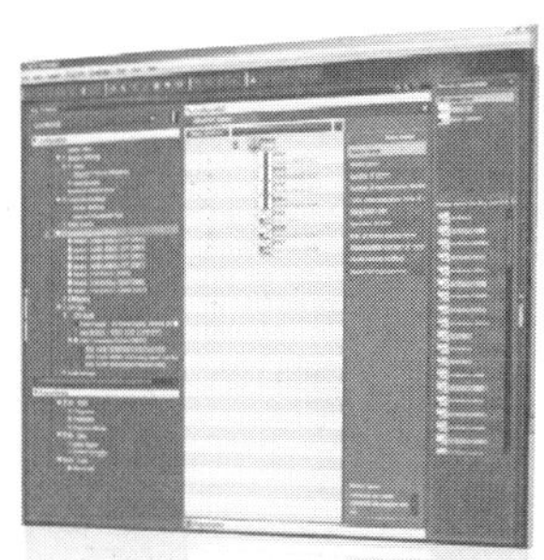

- I/O기기의 변수명 자동 할당
- 필요 시, 필요한 장소에서 검색되는 변수 리스트
- 정보 보호 기능 내장

〈반복 작업 비율 낮춤〉

- 하나의 글로벌 변수 테이블
- 복수의 같은 형태의 데이터 정의를 삭감

〈IEC61131-3준거〉

- 변수를 베이스로 한 프로그래밍
- 라이브러리
- 유연한 프로그램 언어(인라인ST)

3) 종합 테스트 환경

〈3D시뮬레이션〉

- 축의 동작을 간단히 시각화
- I/O와 IEC(논리제어와 모션제어)의 시뮬레이션
- 실제 기기의 데이터를 리얼 타임 트레이스로 실현
- 모든 실시간 실행이 가능

〈데이터 트레이스〉

- 상세한 데이터 확인이 가능

〈현재값 모니터〉

```
IF (CurrentDegree >= INT#10#360) THEN
    CurrentDegree := 0;
END_IF;
ResultSIN := SIN (DegToRad (CurrentDegree));
ResultCOS := COS (DegToRad (CurrentDegree));
ResultTAN := TAN (DegToRad (CurrentDegree));
```

- 변수의 값이 그 장소에서 확인 가능

4) 높은 재 이용성

〈재이용을 간단하게〉

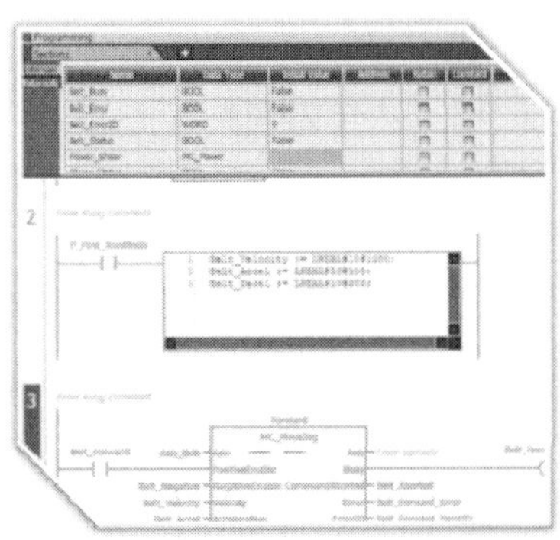

- IEC에 준거한 언어의 유연한 사용, 펑션 블록의 재이용이 가능

〈변수 프로그래밍〉

- 변수 프로그래밍에 의한 재이용시의 코드 어드레스의 재설정 때, 시간을 들일 필요 없음

〈Import / Export〉

- 프로젝트의 Import / Export가능

본 장에서는
소프트웨어 설계를 위해
필요한 기초지식을 공부합니다.

2.1 국제표준(IEC 61131-3)
2.2 변수
2.3 데이터 유형
2.4 프로그램 단위
2.5 실행방식(Task)

2

소프트웨어 설계에 필요한 지식

2.1 국제표준(IEC 61131-3)

1) 왜 IEC 61131-3인가

IEC 61131-3이란, IEC(국제전기표준회의)가 제정한 Programmable Controller의 소프트웨어에 관한 국제표준규격입니다. 글로벌 경쟁 속에서, IEC 61131-3규격의 요구는 점점 높아지고 있습니다. 아시아권은 유럽 기업의 영향으로 보급이 시작되었습니다.

머신 오토메이션 컨트롤러 NJ시리즈는 고객의 장비 설계 생산성 향상을 제일 우선으로 생각하여, IEC 61131-3에 준거한 언어 사양을 탑재하였습니다.

기계 장비 산업은 신흥국을 시작으로 해외의 거점을 두고 발전되어 가고 있습니다. 현재 장비 수출 비중은 점차 증가하게 되어 생산 거점 자체를 해외에 두고 있는 곳이 많아져가고 있습니다. 기계 메이커의 경쟁의 장이 국내에서 글로벌로 옮겨 가고 있습니다.

최근 생산 설비의 고도화와 다양화 뿐만 아니라, 글로벌 경쟁에서 우위를 확보하기 위해 기계 장비의 다기능 화와 고기능화 및 성능 향상에 대한 요구는 점점 높아지고 있습니다.

이에 따라 기계의 제어를 담당하는 프로그래머블 로직 컨트롤러(이후 PLC)의 프로그램도 한층 더 대규모화와 복잡화가 진행되고 있습니다.

PLC는 릴레이 회로를 대체하는 제어 장치로 개발되었습니다. 기존 PLC 프로그램은 시퀀스 제어에 적합한 래더 언어로 작성이 주류였습니다. 래더 언어는 릴레이 회로를 기호화 한 언어입니다. 하지만 기계 자체의 다기능화와 고기능화에 따라, PLC 프로그램은 시퀀스 제어뿐만 아니라, 아래와 같은 다양한 제어에 대응하고 있습니다.

- 모션 제어
- 주변기기와 연결하기위한 인터페이스 제어
- 정보 처리 등

다양한 제어에 대한 대응이 PLC 프로그램의 대규모화와 복잡화의 하나의 요인이 되고 있습니다. 이 때문에 프로그램 전체에서 차지하는 시퀀스 제어의 비율이 작아지는 경향이 강해지고 있습니다.

프로그램의 대규모 화와 복잡화는 필연적으로 개발 공정의 증가를 초래하지만, 기계 설비의 라이프 사이클을 단기화할 뿐입니다. 따라서 프로그램 개발의 생산성 향상과 품질 향상의 양립이 점점 심각한 문제가되고 있습니다.

한편, 글로벌 경쟁, 프로그래밍을 담당 개발 설계 기술자 및 유지 보수 기술자 등의 인재 확보에도 과제를 던지고 있습니다. 해외에 생산 거점 및 개발 거점의 진출은 현지의 우수한 인재 확보와 교육이 필수적입니다.

국내 현장에서도 우수한 기술자가 차례차례로 포기해 나감으로 인해 인력 부족이 심화되고 있습니다. 인력 부족을 보완하기 위한 교육 비용도 증가 추세에 있습니다. 생산성 향상과 품질 향상을 양립시키는 데 효율적인 프로그래밍 기법의 도입이 유효한 수단으로 생각됩니다.

그리고 글로벌 관점에서의 인재 확보 및 교육 비용 절감은 국소적이고 독자적인 기술에서 국제적이고 표준적인 프로그래밍 기술 채용이 효과적입니다.

이러한 상황에서, PLC 국제표준규격인 IEC 61131-3을 준수하는 프로그래밍 기법 도입이 진행되고 있습니다.

국제진기표준회의(IEC)는 PLC에 관한 표준규격을 규성하고 있습니다.

- IEC 61131-1(JIS B 3501) : PLC의 일반 정보
- IEC 61131-2(JIS B 3502) : PLC장치에의 요구 사항 및 시험
- IEC 61131-3(JIS B 3503) : PLC의 프로그램 언어

IEC61131-3 도입이 선행된 유럽의 유저가 본 가치

(1) 가독성(Readability)
(2) 재이용성(Reusability)
(3) 멀티 언어(Variety of programming language:IL/LD/ST/SFC/FBD)
(4) 이식성(Portability among multi-vender's programs)
(5) 교육비의 삭감(Reducing education cost)
(6) 학교 교육(Education background)
(7) 글로벌 스탠다드(Global standard)
(8) 엔드 유저 지정(Service engineer at end-user requests the standard)

2) IEC 61131-3이란

IEC 61131-3 은 컴퓨터 기술의 진화를 예측하여, Maker나 기종에 의존하지 않고, 소프트웨어의 부품화 및 재이용화, 기술난이도나 어플리케이션에 맞춰 언어를 선택하여

사용할 수 있도록 다 언어 지원이라는 컨셉으로 유럽에 본부를 두고 있는 보급단체 PLCopen이 1993년 제창한 국제 규격입니다. 그리고 이러한 컨셉 실현을 위해 하기 5가지를 목표하고 있습니다.

① 용도 별 5가지 언어 사용

(프로그래밍 문법과 프로그래밍 컨트롤러 (PC, Controller)에 대한 프로그래밍 언어의 통합 실현)

- 그래픽 베이스 언어

LD (래더 다이어그램) : 시퀀스 제어에 적합한 언어

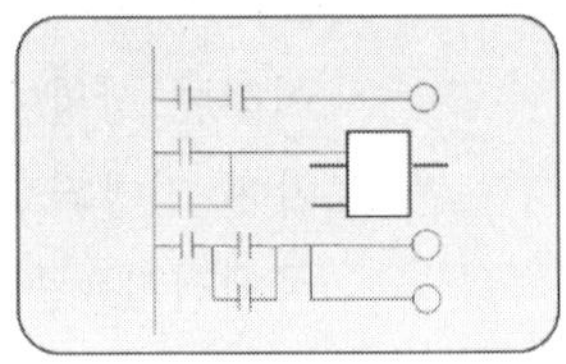

*LD

FBD (Function Block Diagram) : 데이터 흐름을 정의하는 프로세스 제어에 적합한 언어로 세이프티 CPU에서 FBD언어 사용

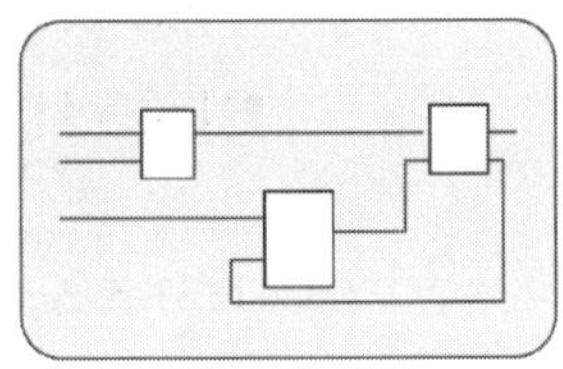

*FBD

- 텍스트 베이스 언어

IL (Instruction List)

```
POP_STK: LD  O
         ST  OFLO
         LS  OTR
         LT  PTR
```

*IL

ST (Structured Text 구조적 텍스트) : 수치연산 / 정보처리에 적합한 언어

```
FOR n:=3 TO 50 DO
  Value := Value + n;
  toggle := NOT toggle;
END_FOR
```

*ST

• 순차 함수 차트 베이스 언어 (SFC : Sequential Function Chart)
  프로그램 전체 상태 제어

NJ/NX 컨트롤러에서는 기계제어에 LD와 ST언어를 사용하고 있습니다.

② 변수 채용으로 하드웨어에 의존하지 않는 프로그래밍 실현
③ POU, 태스크를 사용한 프로그램의 구조화 실현
④ Maker간의 차이를 줄이고 도입 교육의 효율화
⑤ 세계 공통 프로그래밍 규격 통일

2.2 변수

1) 변수란

변수= (이름) + (형태) + (속성)

변수란 외부와 주고받은 입출력 데이터나 POU 내부 처리 시의 일시 데이터를 저장하는 장소로서 이름이나 데이터 형식 등의 속성을 가진 데이터의 저장 장소를 말합니다.

즉, IEC61131-3에서는, Address 즉 주소가 아닌 이름으로 프로그래밍을 합니다. 이 이름을 변수 또는 변수명이라고 부릅니다. 변수 프로그래밍에 의해 프로그램 재이용성이 높아지고, 개발공수를 줄일 수 있습니다.

NJ 시리즈 시스템에서는 외부와의 입출력 정보를 주고받는 것이나 데이터 연산 등의 처리를 모두 변수를 통해서 실행합니다.

기존 PLC(CJ시리즈)에서도 변수 프로그래밍이 가능했지만, NJ에서는 더욱 사용하기 쉽고 본격적인 변수 프로그래밍이 가능합니다.

• 대응하는 데이터형, 속성을 충분히 갖춤
• 명령어, 하드웨어 환경과도 변수에 대응

변수는 메모리 주소 할당을 할 필요가 없습니다. (기존 PLC 방식) 또한 변수를 특정 메모리 주소에 할당할 수도 있습니다.

다시 말하면, NJ 시리즈 CPU 유니트는 변수를 위한 메모리 영역을 자동으로 할당하며

(AT지정), 필요에 따라 기존 PLC처럼 어드레스를 할당하여 데이터를 지정할 수도 있습니다.

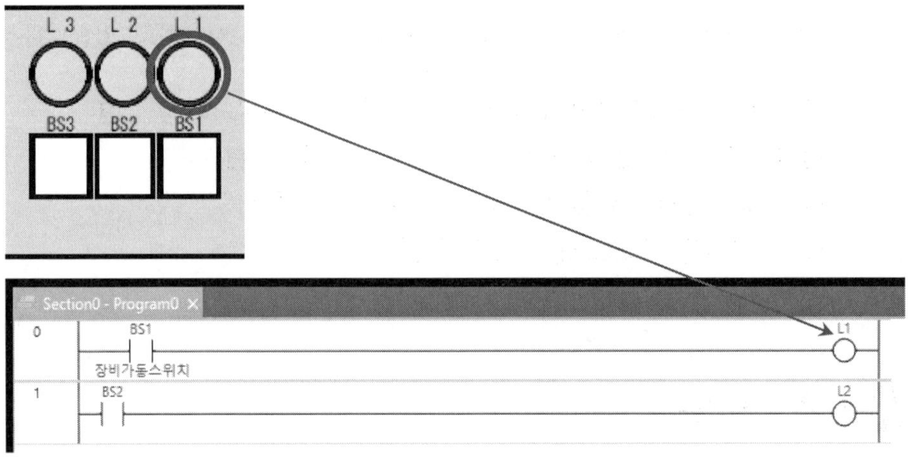

여기에서는 상기 장비의 실제 L1~L3 램프 명(변수 명)을 하기 프로그래밍에 직접 사용하였습니다. (※ 변수명은 접점 위, 접점 아래에 삽입할 수 있고 초록색 문자는 변수 코멘트)

2) 변수의 종류

변수는 크게 3가지 종류로 나눌 수 있습니다.

<table>
<tr><th colspan="3">변수</th><th>속성 설정가능 여부</th><th>엑세스 대상</th></tr>
<tr><td colspan="3">사용자 정의 변수</td><td>모든 속성 설정 가능</td><td>CPU 유니트 내부</td></tr>
<tr><td rowspan="3">준 사용자 정의 변수</td><td rowspan="2">디바이스 변수</td><td>EtherCAT 슬레이브의 디바이스 변수</td><td rowspan="3">일부 속성 설정 가능</td><td>'축'에 할당하지 않은 EtherCAT 슬레이브</td></tr>
<tr><td>CJ 유니트 디바이스 변수</td><td>CJ 시리즈 기본 I/O 유니트, CJ 시리즈 고기능 유니트</td></tr>
<tr><td colspan="2">캠 데이터 변수</td><td>서보 드라이버, 엔코더 입력 슬레이브, CPU 유니트 내부</td></tr>
<tr><td rowspan="6">시스템 정의 변수</td><td colspan="2">PLC 시스템 변수</td><td rowspan="6">모든 속성 설정 불가능</td><td>CPU 유니트 내부</td></tr>
<tr><td rowspan="3">모션 제어 시스템 변수</td><td>MC 공통 변수</td><td rowspan="3">서보 드라이버, 앤코더 입력 슬레이브, CPU 유니트 내부</td></tr>
<tr><td>축 변수</td></tr>
<tr><td>축 그룹 변수</td></tr>
<tr><td colspan="2">EtherNet/IP 시스템 변수</td><td>내장 EtherNet/IP 포트</td></tr>
<tr><td colspan="2">EtherCAT 마스터 시스템 변수</td><td>내장 EtherCAT 마스터 포트</td></tr>
</table>

(1) 사용자 정의 변수

모든 속성을 사용자가 정의하는 변수입니다.

사용자 정의 변수의 종류		POU 타입		
		프로그램	FB	FUN
로컬 변수	내부 변수	○	○	○
	입력 변수	없음	○	○
	출력 변수	없음	○	○
	입출력 변수	없음	○	○
글로벌 변수		○(*)	○(*)	○(*)
외부 변수		○	○	○

가. 로컬 변수

로컬변수란 POU 내부에서만 사용하는 변수로, POU의 로컬 변수 테이블에서 정의(선언)합니다. POU의 외부에서는 로컬 변수의 값을 참조할 수 없습니다. 다른 POU에서 동일한 이름의 로컬 변수를 선언해도 메모리상에서는 다른 변수로 인식합니다.

나. 글로벌 변수

글로벌 변수란 모든 POU(프로그램, FB, FUN)에서 읽고 쓸 수 있는 변수로서, 글로벌 변수 테이블에서 정의(선언)합니다. 여러 POU 간의 인터페이스가 될 변수로 사용됩니다. 글로벌 변수가 선언된 CPU 유니트에서 동작하는 POU라면 어떤 POU에서도 읽고 쓸 수 있습니다. 그러나 다른 CPU 유니트에서 동작하는 POU에서는 읽고 쓸 수 없습니다.

슬레이브/유니트 구성에서 생성된 '디바이스 변수' 및 축/축 그룹에서 자동 생성되는 '축/축 그룹 변수'는 자동으로 글로벌 변수로 등록됩니다.

다. 외부 변수

POU에서 그 외부를 참조하기 위한 변수입니다.

등록한 글로벌 변수를 POU에서 참조합니다

* 글로벌 변수를 외부 변수로 정의하면 외부 변수를 통해 글로벌 변수를 참조할 수 있습니다.

(2) 준 사용자 정의 변수

변수 속성의 일부를 설정할 수 있는 변수입니다. 특정 대상의 데이터에 액세스하기 위한 변수로 디바이스 변수와 캠 데이터 변수가 있습니다.

가. 디바이스 변수

디바이스 변수는 장치의 데이터에 액세스하는 변수입니다. 장치는 CPU 유니트에서 I/O 리프레시를 수행할 대상의 총칭입니다. EtherCAT 슬레이브 또는 CJ 유니트를 나타냅니다. 장치 및 장치의 액세스 대상 데이터에 따라 다음과 같은 종류가 있습니다.

디바이스 변수의 종류	장 치	엑세스 대상 데이터
EtherCAT 슬레이브의 디바이스 변수	'축'에 할당되지 않은 EtherCAT 슬레이브	EtherCAT상의 슬레이브의 프로세스 데이터
CJ 유니트 디바이스 변수	CJ 시리즈 기본 I/O 유니트	기본 I/O 유니트의 실제 I/O 데이터
	CJ 시리즈 고기능 유니트	고기능 유니트의 운전용 데이터, 설정용 데이터

디바이스 변수는 I/O 포트를 통해 EtherCAT 슬레이브 또는 CJ 유니트에 액세스합니다. I/O 포트는 장치 액세스용 논리 포트입니다.

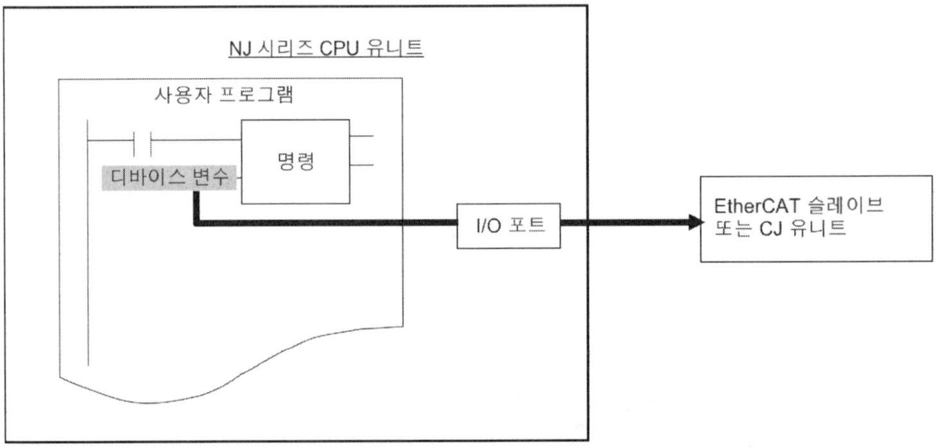

나. 캠 데이터 변수

모션 제어에서 캠 테이블의 데이터에 액세스하는 변수입니다.

(3) 시스템 정의 변수

시스템 정의 변수는 NJ 시스템에 의해 명칭 등의 모든 속성이 미리 정의되어 있으며 특정 기능이 할당되어 있는 변수입니다. 명칭 등의 속성을 사용자가 변경할 수는 없습니다.

특정 기능은 기능 모듈마다 있으므로 기능 모듈마다 시스템 정의 변수가 존재합니다. 시스템 정의 변수의 종류는 다음과 같습니다.

기능 모듈	시스템 정의 변수의 종류
PLC 기능 모듈	PLC 시스템 변수
모션 제어 기능 모듈	모션 제어 시스템 변수
EtherNet/IP 기능 모듈	EtherNet/IP 시스템 변수
EtherCAT 마스터 기능 모듈	EtherCAT 마스터 시스템 변수

시스템 정의 변수는 이미 글로벌 변수 테이블 또는 각 POU의 로컬 변수 테이블에 등록되어 있습니다. 변수명은 고정입니다. "_(밑줄)"로 시작하는 것과 "P_"로 시작하는 것으로 이루어집니다.

읽기 전용 시스템 정의 변수와 읽기/쓰기가 가능한 시스템 정의 변수가 있습니다. 사용자 프로그램, 외부에서의 통신 또는 Sysmac Studio/NS 시리즈 표시기에서 읽고 써서 사용합니다. 시스템 정의 변수는 기본적으로 기능 모듈별로 분류합니다.

변수명은 다음 카테고리명으로 시작됩니다.

기능 모듈	카테고리명
NJ시리즈 컨트롤러의 시스템 전체	_(없음)
PLC 기능 모듈	_PLC
	_CJB
모션 제어 기능 모듈	_MC
EtherCAT 마스터 기능 모듈	_EC
EtherNet/IP 기능 모듈	_EIP

그리고 모션 제어 시스템 변수는 모션 제어 기능의 내용에 따라 다음과 같이 분류됩니다.

모션 제어 시스템 변수	기능의 내용
MC 공통 변수	모션 제어 기능 모듈 공통 처리
축 변수	축의 제어
축 그룹 변수	축 그룹의 제어

예) NJ 시스템 컨트롤러의 시스템 전체 기능관련 시스템 정의 변수

① 시계관련

변수명	_CurrentTime				
이름	시스템 시각			글로벌/로컬	글로벌
기능	CPU 유니트의 내부 시계 데이터가 저장됩니다.				
데이터 형식	DATA_AND_TIME			값의 범위	DT#1970-01-01-00:00:00~ DT#2106-02-06-23:59:59
R/W 엑세스	R	유지	비유지	네트워크 공개	공개
사용자 프로그램에서의 사용 가능 여부	가능	관련 명령	시계 기능용 명령		

② 프로그래밍 관련

변수명	P_On				
이름	상시 ON 플래그			글로벌/로컬	글로벌
기능	항상 TRUE를 나타내는 플래그입니다.				
데이터 형식	BOOL			값의 범위	TRUE
R/W 엑세스	R	유지	비유지	네트워크 공개	비공개
사용자 프로그램에서의 사용 가능 여부	가능	관련 명령	-		

변수명	P_Off				
이름	상시 OFF 플래그			글로벌/로컬	글로벌
기능	항상 FALSE를 나타내는 플래그입니다.				
데이터 형식	BOOL			값의 범위	FALSE
R/W 엑세스	R	유지	비유지	네트워크 공개	비공개
사용자 프로그램에서의 사용 가능 여부	가능	관련 명령	-		

<table>
<tr><td>변수명</td><td colspan="5">P_CY</td></tr>
<tr><td>이름</td><td colspan="3">캐리 플래그</td><td>글로벌/로컬</td><td>로컬</td></tr>
<tr><td>기능</td><td colspan="5">일부 명령에서 갱신하는 플래그입니다.</td></tr>
<tr><td>데이터 형식</td><td colspan="3">BOOL</td><td>값의 범위</td><td>TRUE, FALSE</td></tr>
<tr><td>R/W 엑세스</td><td>R</td><td>유지</td><td>비유지</td><td>네트워크 공개</td><td>비공개</td></tr>
<tr><td>사용자 프로그램에서의 사용 가능 여부</td><td>가능</td><td>관련 명령</td><td colspan="3">-</td></tr>
</table>

③ CJ유니트용 메모리의 특수 보조 릴레이 관련

<table>
<tr><td colspan="2">변수명</td><td colspan="5">_CJB_SIO00Restart
…
_CJB_SIO95Restart</td></tr>
<tr><td colspan="2">이름</td><td colspan="3">고기능 I/O 유니트 재시작 플래그</td><td>글로벌/로컬</td><td>글로벌</td></tr>
<tr><td colspan="2">기능</td><td colspan="5">기동시 고기능 I/O 유니트가 재시작됩니다.
(재시작 처리 후 시스템에서 FALSE가 됩니다.)
각 비트가 호기 번호에 대응합니다.
명령 실행 시 재시작 플래그를 TRUE로 한 경우 다음 태스크 주기의 리프레시 처리시부터 재시작 처리가 시작됩니다.</td></tr>
<tr><td colspan="2">데이터 형식</td><td colspan="3">BOOL</td><td>값의 범위</td><td>TRUE, FALSE</td></tr>
<tr><td colspan="2">R/W 엑세스</td><td>RW</td><td>유지</td><td>비유지</td><td>네트워크 공개</td><td>공개</td></tr>
<tr><td colspan="2">사용자 프로그램에서의 사용 가능 여부</td><td>가능</td><td>관련 명령</td><td colspan="3">• ResetUnit</td></tr>
<tr><td rowspan="2">특수 보조 릴레이 주소</td><td>CH</td><td colspan="5">A502～A507</td></tr>
<tr><td>비트</td><td colspan="5">A502.00～A507.15</td></tr>
</table>

④ PLC기능 모듈 기능 이상 관련

<table>
<tr><td>변수명</td><td colspan="5">_PLC_ErrSta</td></tr>
<tr><td>이름</td><td colspan="3">PLC 기능 모듈 이상 Status</td><td>글로벌/로컬</td><td>글로벌</td></tr>
<tr><td>기능</td><td colspan="5">PLC 기능 모듈과 관련된 컨트롤러 이상 발생 중에는 TRUE가 됩니다.
PLC 기능 모듈과 관련된 컨트롤러 이상이 발생하지 않았을 때는 FALSE가 됩니다.</td></tr>
<tr><td>데이터 형식</td><td colspan="3">WORD</td><td>값의 범위</td><td>16#0000～16#00F0</td></tr>
<tr><td>R/W 엑세스</td><td>R</td><td>유지</td><td>비유지</td><td>네트워크 공개</td><td>공개</td></tr>
<tr><td>사용자 프로그램에서의 사용 가능 여부</td><td>가능</td><td>관련 명령</td><td colspan="3">• GetPLCError
나음 선용 녕령으로 해제 가능
• ResetPLCError</td></tr>
</table>

⑤ 모션제어 기능 모듈

변수명	_MC_ErrSta				
이름	모션 제어 기능 모듈의 이상 Status			글로벌/로컬	글로벌
기능	모션 제어 기능 모듈에서 감지한 이상의 상태를 나타냅니다. 사용자 프로그램에서 사용(직접 참조)할 수 있습니다.				
데이터 형식	WORD			값의 범위	16#0000~16#40F0
R/W 엑세스	R	유지	비유지	네트워크 공개	공개
사용자 프로그램에서의 사용 가능 여부	가능	관련 명령	• GetMCError • ResetMCError • MC_Reset • MC_GroupReset		

⑥ EtherCAT마스터 기능 모듈

변수명	_EC_LinkOffErr				
이름	링크 OFF 이상			글로벌/로컬	글로벌
기능	통신 컨트롤러의 링크 미확립을 검출한 경우 TRUE가 됩니다.				
데이터 형식	BOOL			값의 범위	TRUE, FALSE
R/W 엑세스	R	유지	비유지	네트워크 공개	공개
사용자 프로그램에서의 사용 가능 여부	가능	관련 명령	EtherCAT 이상 해제 명령 • ResetECError		

3) POU에서 본 사용자 정의 변수의 종류

(1) 글로벌 변수

유니트/슬레이브 구성에서 자동 생성된 디바이스 변수 및 전체 축 설정 테이블에서 자동 생성된 '축/축 그룹 변수'는 자동으로 글로벌 변수에 등록됩니다.

■ 글로벌 변수의 스코프※

모든 POU(프로그램, FB, FUN)에서 글로벌 변수에 액세스 할 수 있습니다. 그러나 불충분한 액세스에 의한 트러블을 방지하기 위해 POU에서 액세스 하는 경우 [외부 변수]로 정의한 후에 액세스 합니다.

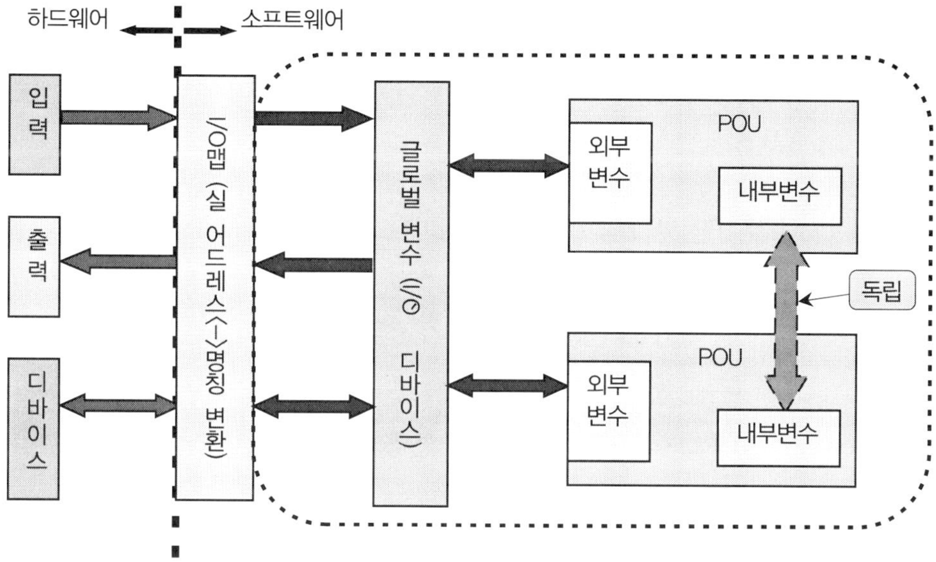

※ 스코프(scope)란 ?

프로그램 중에 변수명 등이 액세스 가능한 유효 범위로 프로그램의 어디서든 액세스 가능하게 되어있는 변수를 글로벌 스코프(global scope)라 하고 내부 변수는 POU 안에서만 액세스 할 수 있다. 이것을 로컬 스코프(local scope)라 합니다.

슬레이브/유니트 구성에서 자동 생성한 디바이스 변수 및 전 축 설정 테이블에서 자동 생성한「축/축 그룹 변수」는 자동적으로 글로벌 변수에 등록됩니다.

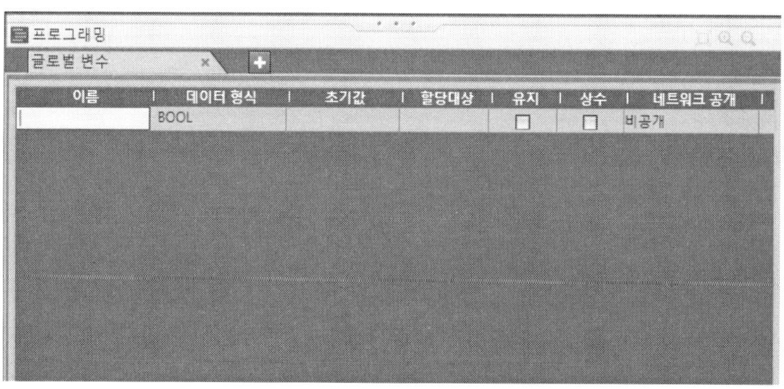

글로벌 변수에 등록되면 어떤 POU에서도 참조할 수 있게 됩니다.

예) POU에서 글로벌 변수를 사용하는 방법

POU에서 글로벌 변수 액세스는 외부 변수를 통해서 합니다.

각 POU(프로그램, FB, FUN)의 로컬 변수 테이블에서 [외부 변수]를 선택하고 글로벌 변수를 외부 변수에 등록합니다.

POU(프로그램)의 외부변수 등록 이미지

(2) 로컬 변수

각 POU의 로컬 변수 테이블을 정의(선언)합니다.

펑션과 펑션 블록의 경우, 추가로 [입력 변수], [출력 변수], [입출력 변수], [되돌림 값(펑션 블록만)]이 있습니다.

■ 로컬 변수의 스코프

각 POU의 내부에서만 사용 가능한 변수입니다.

POU의 외부에서 로컬 변수의 값을 참조할 수 없습니다.

같은 이름의 내부 변수를 다른 POU에서 정의 내려도 각각의 변수마다 다른 할당처로 할당됩니다.

주의

네트워크 변수는 글로벌 변수만 등록 가능하므로, 로컬 변수에서는 정의할 수 없습니다.

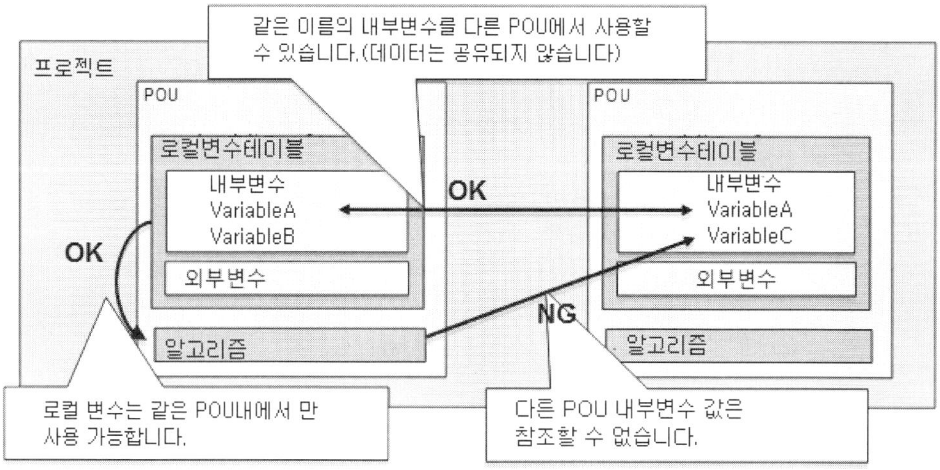

POU(프로그램)의 내부 변수의 등록 예

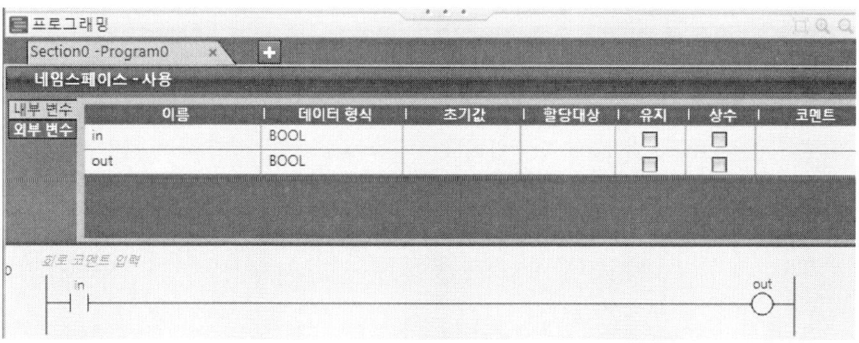

4) 변수속성

변수는 하기 속성을 가집니다.

속성	설명
변수명	변수를 식별하기 위한 명칭입니다. 하나의 POU 내에서 동일한 변수명의 변수를 여러 개 선언할 수 없습니다. 단, 다른 POU에서 동일한 변수명의 로컬 변수를 선언하는 것은 가능하며, 다른 변수로 취급됩니다.
데이터 유형	변수가 표현하는 값의 형식과 범위입니다.

<table>
<tr>
<td>AT(할당대상) 지정</td>
<td>
이 속성은 변수의 할당 메모리 주소를 CJ 유니트용 메모리로 지정하기 위해 사용합니다. 주로 다음 고기능 유니트의 할당 임의 영역을 지정할 때 지정합니다.
• DeviceNet 유니트 사용 시의 고정 할당 영역
• DeviceNet 유니트 사용 시 또는 CompoNet 마스터 유니트(통신 모드 번호 8)의 CX-Integrator로 지정한 자유 할당 영역
• 고속 카운터 유니트 사용 시의 확장 메모리
• 프로세스 입출력 유니트 사용 시의 확장 메모리
• EtherNet/IP 유니트 사용 시의 대상 노드 정보나 사용자 정의 Status 영역용

데이터 영역이 속성을 설정하지 않은 경우 변수는 메모리의 임의의 주소(변수 메모리)에 자동으로 할당됩니다.
<table>
<tr><th>영역</th><th>표현</th></tr>
<tr><td>CIO</td><td>0~6143</td></tr>
<tr><td>WR</td><td>W0~511</td></tr>
<tr><td>HR</td><td>H0~1535</td></tr>
<tr><td>DM</td><td>D0~32767</td></tr>
<tr><td>EM</td><td>NJ501-□□□□ : E0_0~E18_32767
NJ301-□□□□ : E0_0~E3_32767</td></tr>
</table>
AT(할당대상) 지정하는 경우 Sysmac Studio의 변수 테이블의 '할당대상'의 열에 다음과 같이 입력합니다.
변수 테이블 및 I/O 맵의 '할당대상'의 열에 다음과 같이 표시됩니다.
<table>
<tr><th>변수 종류</th><th>'할당대상' 열에서의 입력 및 표시</th><th>예</th></tr>
<tr><td>워드 주소에 AT(할당대상) 지정한 사용자 정의 변수</td><td>%[채널 주소]</td><td>%D100</td></tr>
<tr><td>비트 주소에 AT(할당대상) 지정한 사용자 정의 변수</td><td>%[채널 주소].[비트 위치]</td><td>%W0.00</td></tr>
</table>
※ EtherCAT슬레이브는 AT지정할 수 없습니다. 반드시 디바이스 변수를 사용하여 지정합니다.
</td>
</tr>
<tr>
<td>유지</td>
<td>전원 차단 시에 값을 유지합니다. (CPU 본체에 배터리를 장착 시)
생산데이터 등 CPU 유니트의 전원이 꺼진 후에도 유지하고 싶은 데이터를 저장하는 변수는 유지 있음으로 지정해두면 편리합니다.</td>
</tr>
<tr>
<td>초기값</td>
<td>이하의 어느 경우에 임의 값을 설정하고 싶을 때에 사용합니다.
• 전원 투입 시
• 운전 모드로 변환 시
• 사용자 프로그램 전송 시 '유지 변수를 초기화'를 설정한 경우
• 전체 정지 이상 레벨의 컨트롤러 이상 발생 시
초기값을 설정해두면 변수를 초기화하는 프로그램을 생략할 수 있습니다. 예를 들어 레시피 등의 데이터를 초기값으로 미리 설정해둘 수 있습니다.</td>
</tr>
<tr>
<td>콘스탄트
(상수)</td>
<td>값을 바꿔쓸 수 없는 속성입니다.
고정 정수 설정을 하고 싶은 경우 사용합니다.</td>
</tr>
</table>

네트워크 공개	CIP통신과 데이터 링크 기능에 의해 컨트롤러 외부에서의 변수의 읽고 쓰기가 가능합니다.
통신쓰기 불가	CIP메세지 통신에 의해 값을 쓰는 것을 금지할 수 있습니다. (장래 대응 예정)
엣지	입력 변수의 기동/멈춤을 설정할 수 있습니다. BOOL 형식의 입력 변수만 설정할 수 있습니다.(펑션 블록 만) 사용 용도 : 입력 파라미터의 기동/종료만을 FB 측에서 수신하고 싶은 경우 예를 들어 입력 파라미터에 변화가 있을 때만 FB를 기동하는 경우 등에 사용합니다.

〈변수 사용의 장점〉

주소기반의 PLC

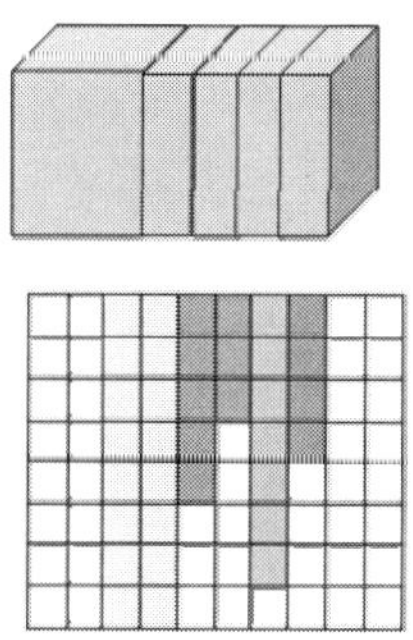

- 짜여진 메모리 틀에 데이터를 각각 할당
- 메모리 맵 및 코멘트 리스트가 필요
- 유니트 순서 변경 또는 메모리 부족 시 전체적인 프로그램 수정이 불가피
- 설계 시 미리 전체 구상을 파악하고 있어야 함

변수기반의 PLC

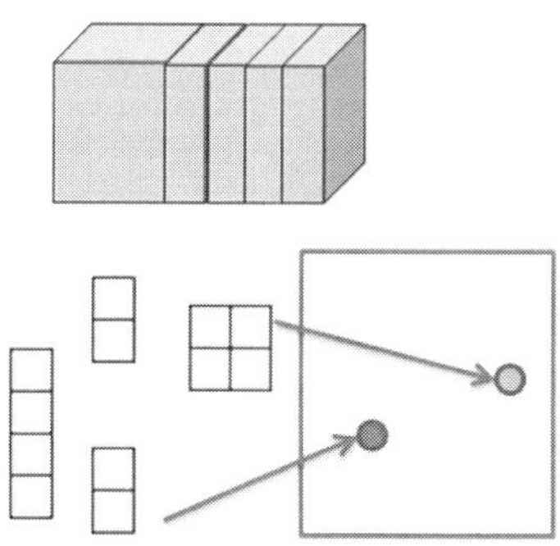

- 메모리 틀이 없는 자유로운 구성
- 변수명 만으로 기능 파악 용이
- 유니트 순서 변경 및 메모리 부족 시에도 프로그램 변경 불필요
- 매우 유연한 구조로 다양한 구성 가능

지금까지의 장비는 하드웨어의 구성 및 설정에 따라 소프트웨어(프로그래밍)의 I/O 맵이 결정되는 구조였기 때문에, 하드웨어(유니트, 슬레이브)의 접속 순서 변경에 따라 소프트웨어의 메모리도 바꿔야 하는 불편함이 있었습니다.

하지만 NJ에서는 하드웨어 변경이 있어도 I/O맵의 변수만 변경하면 됩니다.

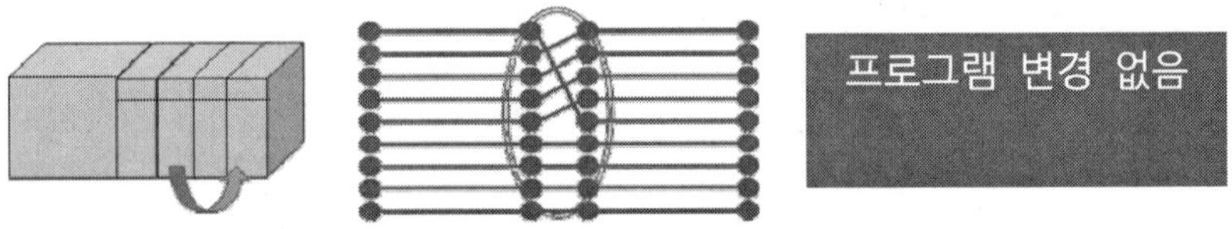

재이용성 향상 구조

4) 변수 명 등 프로그램 관련 명칭의 제한

(1) 문자 제한

프로그램 관련 명칭	사용할 수 있는 문자	예약어	멀티바이트 문자 사용 가능 여부	대문자/소문자의 구별
변수명 (POU 인스턴스명 포함)	● 사용할 수 있는 문자 • 0~9, A~Z, a~z • 반각 가나 • _(밑줄) • 멀티 바이트 문자 (예 : 일본어) 예약어는 뒤에 설명하는 '예약어'를 참조하십시오. ● 조합하여 사용할 수 없는 문자 • 숫자(0~9)로 시작하는 문자열 • P_로 시작하는 문자열 • 밑줄로 시작하는 문자열 • 밑줄(_)이 2개 이상 연속된 문자열 • 밑줄(_)로 끝나는 문자열 • 식별자를 구성하는 문자열의 앞 또는 끝에 1문자 이상의 확장 공백 종류(전각 공백 등 유니코드까지 확장한 공백 계열 문자)를 포함하는 문자열	뒤에 설명하는 '예약어' 참조	가능	구별 안함
POU 정의명				
데이터 형식명				
구조체 멤버명 공용체 멤버명				
열거자				
태스크 이름				
이름 공간명				
변수명의 전체 경로				
장치명				
섹션명				구별
축 이름				구별 안함
축 그룹명				
캠 테이블 이름				

(2) 예약어

ST구문에 키워드로 사용되는 IF, CASE, FOR 등의 예약어는 변수명으로 사용불가

(3) 이름 중복

- 동일한 CPU 유니트에서 글로벌 변수명의 중복
- 동일한 POU 내에서 변수명의 중복

- 동일한 POU 내에서 섹션명의 중복
- 동일한 구조체 또는 공용체 내에서의 멤버명의 중복
- 동일한 열거 형식 내에서 열거자의 중복
- 로컬 변수명과 글로벌 변수명의 중복
- POU명과 데이터 형식명의 중복
- 데이터 형식명과 변수명의 중복
- 열거자와 다른 열거 형식의 열거자와 중복
- 열거자와 변수명의 중복

2.3 데이터 유형

■ NJ에서 사용할 수 있는 데이터 유형

<table>
<tr><th>분류</th><th colspan="2">데이터 형식</th><th>데이터 형식명</th></tr>
<tr><td rowspan="12">기본 데이터 형식</td><td colspan="2">부울 형식</td><td>BOOL</td></tr>
<tr><td colspan="2">비트열 형식</td><td>BYTE, WORD, DWORD, LWORD</td></tr>
<tr><td rowspan="2">정수 형식</td><td>부호 있음</td><td>SINT, INT, DINT, LINT</td></tr>
<tr><td>부호 없음</td><td>USINT, UINT, UDINT, ULINT</td></tr>
<tr><td colspan="2">실수 형식</td><td>REAL, LREAL</td></tr>
<tr><td colspan="2">지속 시간 형식</td><td>TIME</td></tr>
<tr><td colspan="2">날짜 형식</td><td>DATE</td></tr>
<tr><td colspan="2">시각 형식</td><td>TIME_OF_DAY</td></tr>
<tr><td colspan="2">날짜 및 시각 형식</td><td>DATE_AND_TIME</td></tr>
<tr><td colspan="2">문자열 형식</td><td>STRING[256]
데이터 형식으로 'STRING[256]'을 선택한 후 문자열 크기(NULL 포함)를 나타내는 '[ ]' 내의 값을 편집하시오.</td></tr>
<tr><td>데이터 형식의 속성</td><td>배열 형식 지정</td><td>ARRAY[?..?] OF ?
데이너 형식으로 'ARRAY[?..?] OF ?'를 선택한 후 아래와 같이 '?' 부분을 편집하십시오.
예) ARRAY[0..9] OF INT
0부터 9까지 10개의 INT 형식 요소를 가진 배열 변수
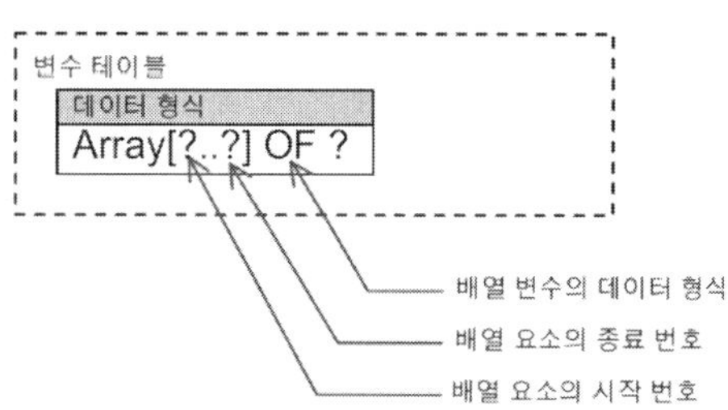
</td></tr>
</table>

<table>
<tr><td rowspan="2"></td><td rowspan="2"></td><td></td><td>다차원 배열의 지정 방법:
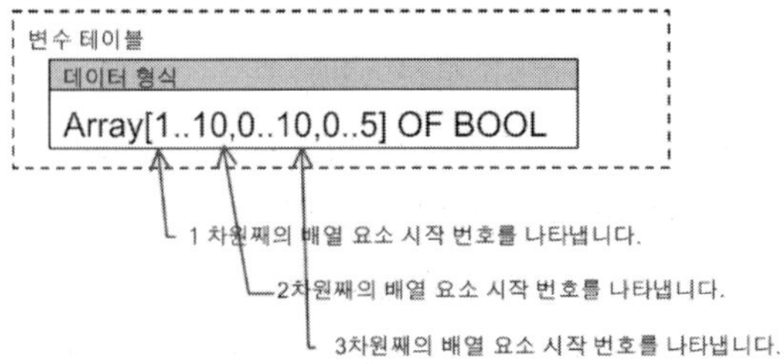
</td></tr>
<tr><td>범위 형식 지정</td><td>정수 형식(INT, SINT, DINT, LINT, UINT, USINT,, UDINT, ULINT)의 변수는 범위 내의 값을 갖도록 지정할 수 있습니다.
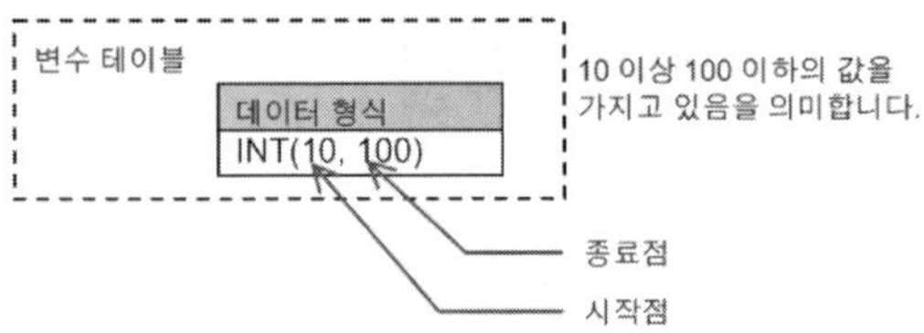
</td></tr>
<tr><td rowspan="3">파생 데이터 형식</td><td colspan="2">구조체 형식</td><td>데이터 형식 편집기의 구조체 형식 그룹에서 사용자가 정의한 구조체 형식의 데이터 형식명 또는 시스템 정의 구조체 형식의 데이터 형식명입니다.</td></tr>
<tr><td colspan="2">공용체 형식</td><td>데이터 형식 편집기의 공용체 형식 그룹에서 사용자가 정의한 열거 형식의 데이터 형식명 또는 시스템 정의 열거 형식의 데이터 형식명입니다.</td></tr>
<tr><td colspan="2">열거 형식</td><td>데이터 형식 편집기의 열거 형식 그룹에서 사용자가 정의한 열거 형식의 데이터 형식명 또는 시스템 정의 열거 형식의 데이터 형식 명입니다.</td></tr>
<tr><td colspan="3">POU 인스턴스 형식</td><td>시스템에서 정의한 FB명 또는 사용자가 정의한 FB명</td></tr>
</table>

1) 기본 데이터 형식

데이터 형식이란 변수가 표현하는 값의 형식과 범위를 정의하는 속성입니다. 데이터 형식의 종류에 따라 해당 변수의 선언 시 확보되는 메모리의 크기가 다릅니다. 메모리의 크기가 클수록 표현할 수 있는 값의 범위가 커집니다.

분류	데이터 형식	데이터 크기 (용량값)	배열 (경계값)	값의 범위	기술 범위
부울 형식	BOOL	16비트	2바이트	FALSE, TRUE	BOOL#0, BOOL#1 FALSE, TRUE
비트 열 형식	BYTE	8비트	1바이트	BYTE#16#00~FF	BYTE#2#01011010 BYTE#2#0101_1010 BYTE#16#5A (구분 문자 '_'를 사용할 수도 있습니다.)
	WORD	16비트	2바이트	WORD#16#0000~FFFF	
	DWORD	32비트	4바이트	DWORD#16#00000000~ FFFFFFFF	
	LWORD	64비트	8바이트	LWORD#16#0000000000000000~ FFFFFFFFFFFFFFFF	
정수 형식	SINT	8비트	1바이트	SINT#-128~+127	100 INT#2#00000000_01100100 INT#8#144 INT#10#100 INT#16#64 -100
	INT	16비트	2바이트	INT#-32768~+32767	
	DINT	32비트	4바이트	DINT#-2147483648~+2147483647	
	LINT	64비트	8바이트	LINT#-9223372036854775808~ +9223372036854775807	
	USINT	8비트	1바이트	USINT#0~+255	
	UINT	16비트	2바이트	UINT#0~+65535	
	UDINT	32비트	4바이트	UDINT#0~+4294967295	
	ULINT	64비트	8바이트	ULINT#0~+18446744073709551615	
실수 형식	REAL	32비트	4바이트	REAL#-3.402823e+38~-1.175495e-38 0 -1.175495e-38~3.402823e+38 +∞/-∞	REAL#3.14 LREAL#3.14 3.14 -3.14 1.0E+6 1.234c4
	LREAL	64비트	8바이트	LREAL#-1.79769313486231e +308~-2.22507385850721e-308 0 2.22507385850721e-308~ 1.79769313486231e+308 +∞/-∞	
지속 시간 형식	TIME	64비트	8바이트	T#-9223372036854.775808ms (T#-106751d_23h_47m_16s_854.775 808ms)~T#+9223372036854.775807 ms(T#+106751d_23h_47m_16s_854. 775807ms)	T#12d3h3s T#3s56ms TIME#6d_10m TIME#16d_5h_3m_4s T#12d3.5h T#10.12s T#61m5s(T#1h1m5s와 동일) TIME#25h_3m
날짜 형식	DATE	64비트	8바이트	D#1970-01-01~D#2106-02-06 (1970년 1월 1일~ 2106년 2월 6일)	선두에 'DATE#' 또는 'date#' 또는 'D#' 또는 'd#'을 붙이고 '연-월-일'로 기술합니다. (예) d#1994-09-23
시각 형식	TIME_OF_DAY	64비트	8바이트	TOD#00:00:00.000000000~ TOD#23:59:59.999999999 (0시 0분 0.000000000초 ~23시 59분 59.999999999초	선두에 'TIME_OF_DAY#' 또는 'time_of_day#' 또는 'TOD#' 또는 'tod #'을 붙이고 '시:분:초'로 기술합니다. (예) tod#12:16:28.12
문자열 형식	STRING	(반각 문자수 +1) *8비트	1바이트	문자 코드 : UTF-8 0~1986바이트(반각 영숫자로 0~1985문자, 한국어로 0~661문자가 기준입니다) 기본값 크기는 256바이트입니다.	"(반각의 작은 따옴표)로 묶어서 기술합니다. (예) 'OMRON' 'PLC'

(1) BYTE형(1바이트)

- 가장 아래 자릿수를 「비트0」이라 합니다.
- 비트값은 1 또는 0으로 표현하는데, 1비트값을 BOOL형 변수로 표현하는 경우는 1이 TRUE, 0이 FALSE가 됩니다.

기술 예:

- BYTE#2#1111_1111
- BYTE#2#1111111

예) WORD와 BYTE의 비교

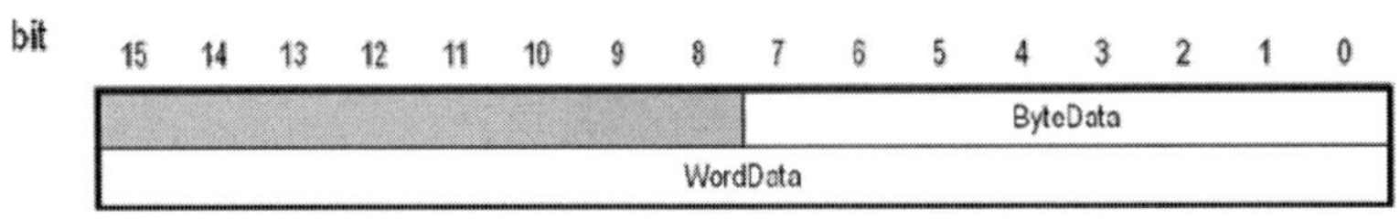

(2) SINT / USINT형(1바이트)

- SINT : Short Integer, USINT : Unsigned Short Integer
- 가장 하위 자릿수를 「비트0」이라 합니다.

기술 예:

- SINT#10
- 10

예) INT와 SINT의 비교

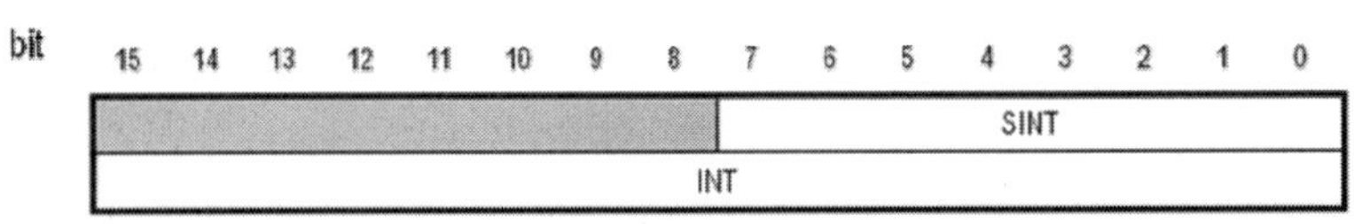

(3) TIME형(8바이트)

- 값의 범위 : T#-9223372036854.775808ms ~ T#+9223372036854.775807ms
- 값의 표현 : d(일), h(시), m(분), s(초), ms(밀리초)로 구분하여 기술
- 최소 단위 : 0.000001ms

용도 예

- 타이머 명령의 설정 시간과 경과 시간은 TIME형
- 규정한 지속 시간이 어느 제어를 행함
- 규정한 지속 시간이 경과해도 신호가 입력되지 않으면 에러 조건을 성립시킴

기술 예

- TIME#6d_10M (6일과 10분의 경우)
- T#12d3.5h
- T#61m (T#1h1m와 같은 의미가 됩니다.)

(4) DATA형 (8바이트)

- 날짜형
- 값의 범위 : D#1970-01-01 ~ D#2106-02-06(1970년1월1일~2106년2월6일)
- 값의 표현 : '년-월-일'로 기술

기술 예 : D#2011-11-20

(5) TIME_OF_DAY형 (8바이트)

- 시각형
- 값의 범위 : TOD#00:00:00.000000000 ~ TOD#23:59:59.999999999
  (0시0분0.000000000 초 ~ 23시59분59.999999999초)
- 값의 표현 : '시:분:초'로 기술

기술 예 : Tod#12:14:59

(6) DATE_AND_TIME형 (8바이트)

- 날짜 시각형
- 값의 범위 : DT#1970-01-01-00:00:00.000000000 ~ DT#2554 07 21 23:34:33.709551615
  (1970년 1월1일0시0분0.000000000 초 ~ 2554년7월21일23시34분33.709551615초)
- 값의 표현 : '년-월-일-시:분:초'로 기술

기술 예 Dt#2011-11-29-12:14:59

용도 예

- 이벤트나 알람이 발생한 일시를 기록
- 특정 일시에 어느 이벤트를 발생시켜 장치 제어를 행할 때

(7) 문자열 형식 : STRING[256]

문자열은 데이터 유형으로 STRING을 사용하고 있습니다.
괄호 안의 숫자는 문자열 유형이 표현할 수 있는 BYTE수를 가리킵니다.
[256]은 하나의 문자열 변수로 표현할 수 있는 최대 데이터 크기입니다.

참고

NJ에서 STRING 유형은 문자 코드로서 UTF-8을 채용하고 있습니다.
UTF-8은 유니코드의 한 종류로 다음과 같은 특징을 갖습니다.
1. 1문자는 1Byte에서 4Byte로 표현
2. 영어 알파벳은 1Byte로 아스키코드 치환 (16#0000~16#007F)
3. 각 언어권에 따라 크기가 다름, 라틴, 그리스 어는 2Byte
4. 동아시아계(한자, 가나, 한국어, 중국어 등) 문자는 기본 3Byte or 4Byte
NJ에서는 기본 9개국어 동작보증범위로 함
(한국어, 일본어, 영어, 스페인어, 독일어, 프랑스어, 이탈리아어, 중국어(간체 / 번체)

문자열의 데이터 표현은 싱글 쿼테이션으로 감싸게 되면 (' ') 표현할 수 있고 변수에 대입은 「:=」 기호를 사용합니다.

```
Str:'문자열';
```

문자열 형 데이터는 문자열 데이터 간의 결합 명령 CONCAT 또는 문자열 데이터의 개수를 구하는 LEN 명령 등을 사용하여 활용합니다. 그 외에도 데이터 문자 추출과, 치환 등의 프로그램으로 사용됩니다.

2) 배열

배열 지정은 같은 속성 데이터를 정리하여 1개의 덩어리로써 취급하는 데이터형에 대한 지정입니다. 기본 데이터형, 파생 데이터형에 대해 가능합니다. 모션 제어의 좌표값과 같이 같은 개념의 데이터를 복수 취급하는 경우에 편리합니다. 배열지정을 구성하는 데이터를 '요소'라고 합니다.

그리고 배열 지정 전체를 나타내는 배열 변수명에 선두부터 번호를 매기고 첨자로 표현합니다. 첨자는 대괄호로 [ ]로 감싸 표현하며, 정수, 변수 모두 가능합니다.

배열지정 작성 방법

❶ 변수 테이블에서 데이터 형식란에 'A'라고 입력하고, 후보가 되는 데이터 형식명에서 'ARRAY[?..?]OF ?'를 선택합니다.

❷ [?..?] 부분의 왼쪽 ?에 요소의 시작 번호, 오른쪽 ?에 종료 번호, OF ?의 ? 부분에 데이터 형식을 입력하고 변수를 등록합니다.

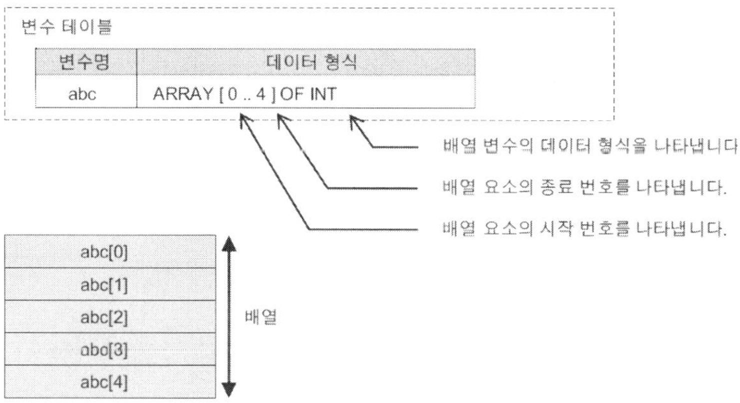

1차원의 배열 지정은 요소가 1열로 배열된 1차원 데이터라고 생각할 수 있습니다. 동일하게 2차원, 3차원 배열 지정을 설정할 수 있습니다. 그 경우, 배열 지정 요소는 배열 지정 변수명에 차원과 동일한 수의 첨자를 붙여서 표현합니다. 차원 수의 최대값은 3입니다.

참고

배열 지정 요소는 배열 지정 전체를 나타내는 배열 지정 변수명에 선두에서부터 요소 번호를 붙여서 나타냅니다.

요소 번호는 반각 대괄호([])로 묶습니다. 요소 번호는 상수, 변수 모두 사용 가능하며, 데이터형식은 SINT, INT, DINT, USINT, UINT, UDINT 데이터 형을 사용합니다. 또한, 변수를 사용할 경우 동작은 다음과 같습니다.

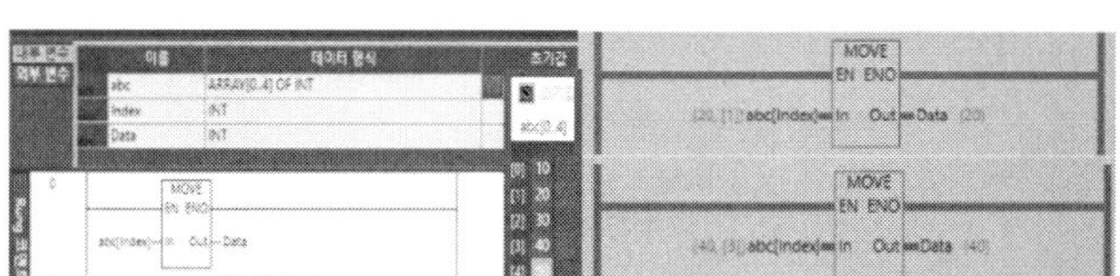

2차원 배열 지정

변수 테이블

변수명	데이터 형식
abc	ARRAY [0..5 .. 0..3] OF INT

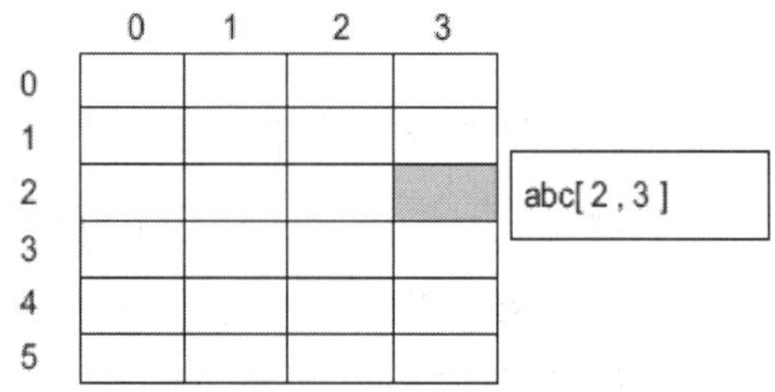

3차원 배열 지정

변수 테이블

변수명	데이터 형식
ITEM	ARRAY [0..1, 0..2, 0..3] OF INT

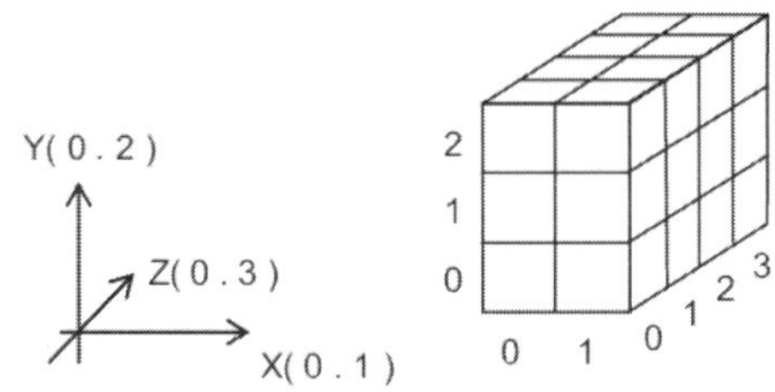

■ 지정가능한 차원수

분류	데이터형	최대 차원수
기본 데이터형	BOOL형, 비트열 형, 정수형, 실수형, 지속 시간형, 날짜형, 시각형, 날짜시각형, 문자열형	3차원
파생 데이터형	구조체형, 공용체형, 열거형	3차원
POU인스턴스형		1차원

※ 구조체 형식을 요소로 하는 배열 지정을 설정할 수도 있습니다.
또한 배열 지정을 멤버로 하면 구조체 형식을 설정할 수도 있습니다.

■ 사양

항목	사양
배열 지정 변수의 최대 요소수	65535
요소번호	0~65534 (요소는 개시 번호가 0이외여도 상관 없습니다.)

<table>
<tr>
<td>지정 가능한
데이터형</td>
<td>
<table>
<tr><th>분류</th><th>데이터형</th><th>사용</th></tr>
<tr><td>기본 데이터형</td><td>BOOL형, 비트열형, 정수형, 실수형, 지속시간형, 날짜형, 시각형, 날짜시각형, 문자열형</td><td>가능</td></tr>
<tr><td>파생 데이터형</td><td>구조체형, 공용체형, 열거형</td><td>가능</td></tr>
<tr><td>POU인스턴스형</td><td></td><td>가능</td></tr>
</table>
</td>
</tr>
<tr>
<td>첨자</td>
<td>
정수 : 0~65534의 정수값
변수 :
<table>
<tr><th>분류</th><th colspan="2">데이터형</th><th>사용</th></tr>
<tr><td rowspan="3">기본 데이터형</td><td rowspan="2">정수형</td><td>SINT, INT, DINT, USINT, UINT, UDINT
주 : 배열지정의 변수도 가능</td><td>가능</td></tr>
<tr><td>LINT, ULINT</td><td>불가</td></tr>
<tr><td colspan="2">BOOL형, 비트열형, 실수형, 지속시간형, 날짜형, 시각형, 날짜시각형, 문자열형</td><td>불가</td></tr>
<tr><td>파생 데이터형</td><td colspan="2">구조체형, 공용체형, 열거형</td><td>불가</td></tr>
<tr><td>POU인스턴스형</td><td colspan="2"></td><td>불가</td></tr>
</table>
연산식 : ST 언어의 경우만 연산식 지정 가능
예) y := x[a+b];
</td>
</tr>
</table>

2.4 프로그램 단위

1) 프로그램의 구성

프로그램 POU는 로컬 변수 테이블과 알고리즘부로 이루어져 있습니다. 알고리즘부의 안에 펑션 또는 펑션블록을 기술할 수 있습니다.

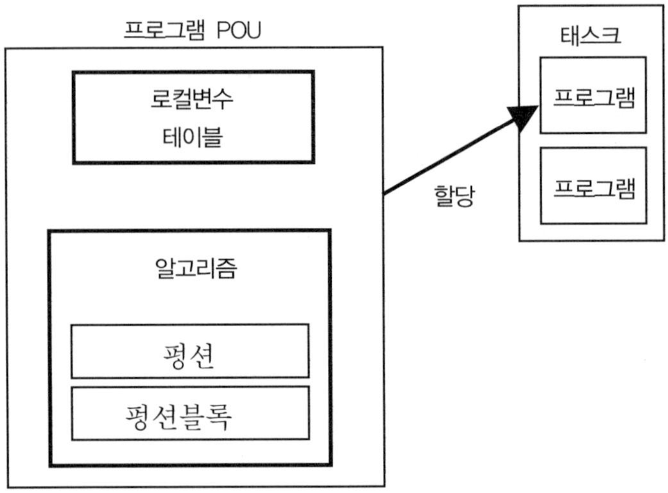

2) POU(Program Organization Unit)란

IEC61131-3에서는 프로그램을 부품화하고 재이용하기 쉽도록 구조를 정리하였습니다.

이 프로그램의 재이용 단위를 POU라고 부르며 이 POU는 프로그램, 펑션(FUN), 펑션블록(FB)으로 구성됩니다.

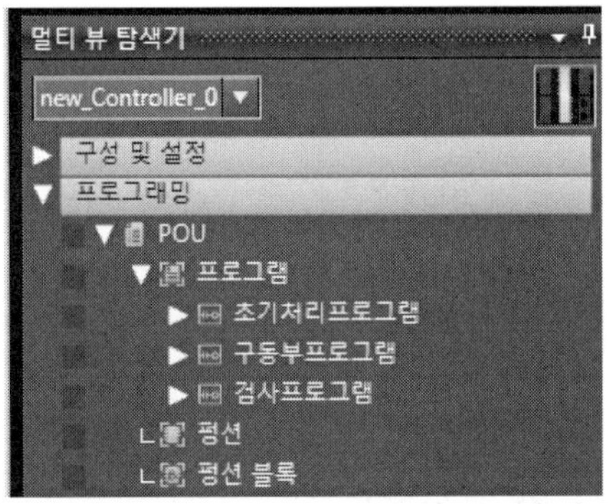

이 POU(Program Organization Unit)는 소프트웨어 재이용 단위가 되며, POU의 인스턴스(이름)는 로컬 변수에 할당됩니다. 글로벌 변수에 할당할 수는 없습니다. 이것도 POU를 재이용하기 쉽게 하기 위한 구조입니다. 그리고 복수의 POU를 조합함으로써 User Program 전체를 구성할 수 있습니다.

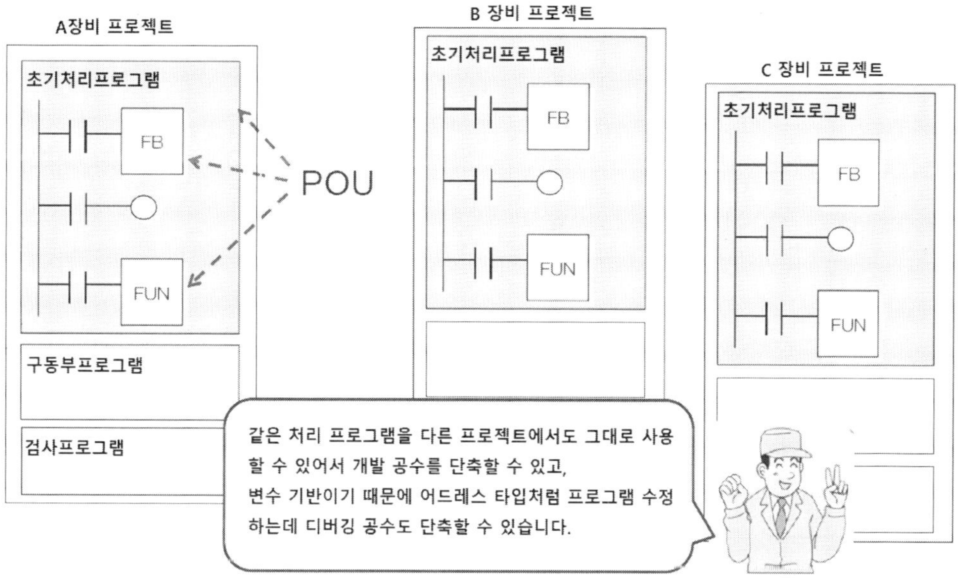

펑션블록(FB)과 펑션(FUN)은, 기존 PLC에서 사용했던 명령어와 같으며 타이머와 전송명령 등과 같은 기능 등 범용 명령어 기능들은 표준 펑션블록(FB)과 펑션(FUN)으로서 IEC61131-3에서 규정하고 있습니다. NJ/NX에서는 이러한 표준 FB/FUN 외에도 사용하기 편리한 FB/FUN들을 제공하고 있습니다.

그리고 FB/FUN은 유저의 독자 알고리즘으로 구성하실 수도 있습니다.

3) 소프트웨어 모델 POU와 Task

유저프로그램의 실행단위인 POU는 Task와 연결함으로써 실행 타이밍과 실행 속성을 부여할 수 있습니다

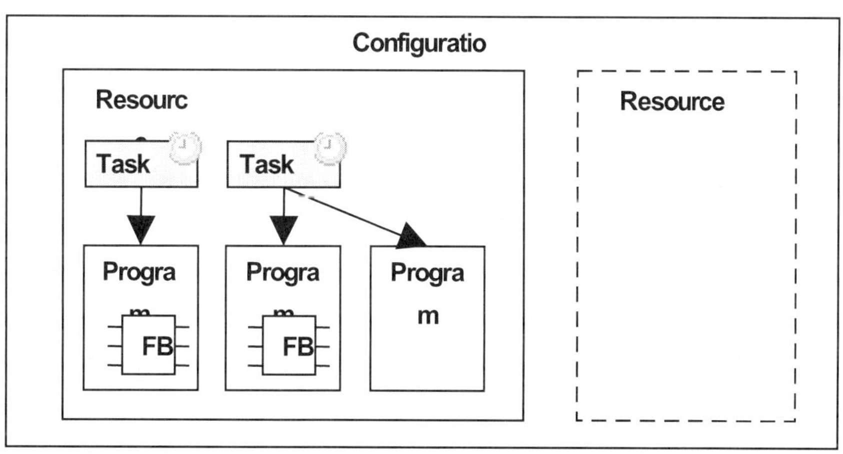

POU를 작업 지시서라고 가정했을 때 Task는 우선순위에 해당하는 작업이라고 할 수 있습니다.

2.5 실행방식(Task)

IEC 61131-3에서, Task란 유저 프로그램을 실행하는 조건을 지정하는 기능을 말합니다. 태스크에는 다음과 같은 종류가 있습니다.

❶ 정주기 태스크
❷ 이벤트 발생 시 태스크

각 태스크에는 실행 타이밍과 실행 우선도가 할당됩니다.

- 실행 우선도가 높은 태스크의 처리가 종료한 후, 다음으로 실행 우선도가 높은 태스크의 처리가 시작됩니다.
- 실행 우선도가 낮은 태스크의 실행 중에, 실행 우선도가 높은 태스크의 처리가 인터럽트 가능한지는 PLC의 사양에 따라 다릅니다.

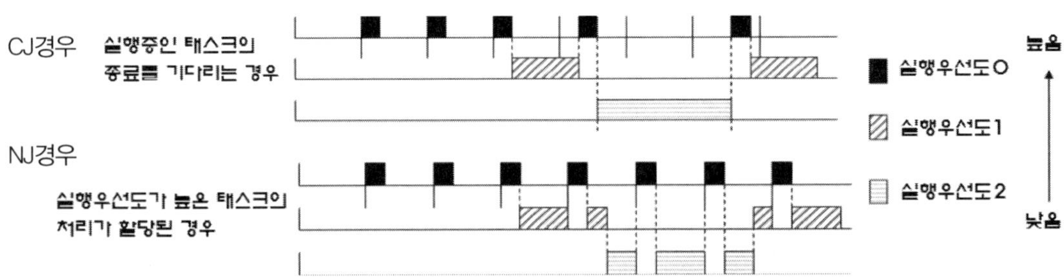

CJ시리즈의 태스크와, IEC 61131-3의 태스크의 개념은 다릅니다.

CJ시리즈의 태스크는 IEC 61131-3의 프로그램과 태스크를 합한 개념입니다. 인터럽트 태스크를 제외하고, 다른 태스크의 처리가 도중에 인터럽트 하는 일은 없습니다.

NJ시리즈에서는 태스크에 프로그램 및 I/O를 할당할 수 있습니다. 또 태스크는 정해진 주기로 동작하고, 우선 순위가 높은 태스크가 우선 실행됩니다.

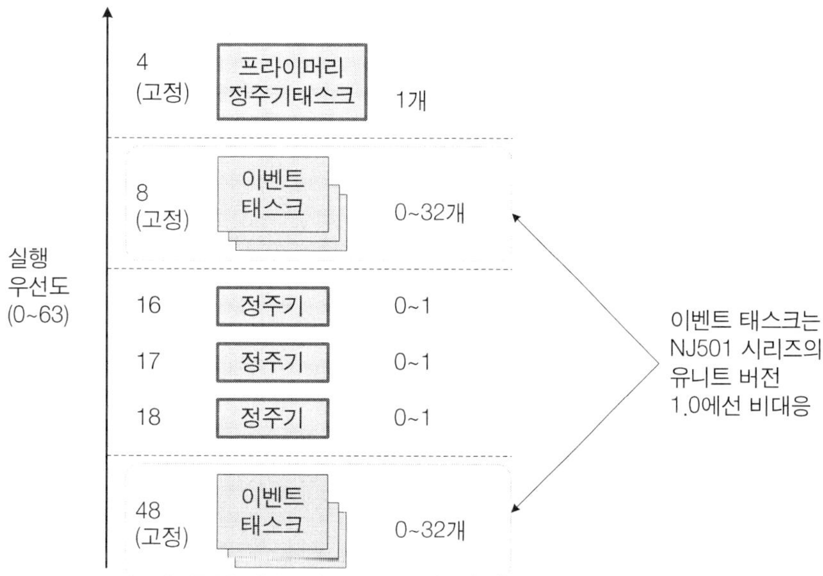

1) 태스크의 사양

■ NJ시리즈에는 다음의 3종류가 있습니다.

종류	내용	태스크수	우선도
프라이머리 정주기 태스크	최우선하여 실행됩니다. 모션 제어 주기 및 EtherCAT의 통신 주기와 같은 정주기로 반드시 실행됩니다.	1개	4(고정)
정주기 태스크	프라이머리 정주기 태스크의 빈 시간에, 정주기로 실행됩니다.	0~3개	16, 17, 18
이벤트 태스크 [유니트 Ver.1.1]	조건 성립 시에 프라이머리 정주기 태스크의 빈 시간에 1회만 실행됩니다. 실행 조건의 종류 : • 명령에 의한 실행, 변수의 조건식 일치 • CJ 유니트 외부 입력	0~32개	8(고정), 48(고정)

■ 태스크의 사양

항목	사양
1태스크당 프로그램 수	최대 128개
프라이머리 정주기 태스크의 태스크주기	500μs, 1ms, 2ms, 4ms

정주기 태스크의 태스크주기	정주기 태스크의 태스크 주기는, 프라이머리 정주기 태스크의 정수배를 설정합니다. 아래의 어느 것이든 설정 가능합니다.

프라이머리 정주기 태스크의 태스크 주기	설정할 수 있는 정주기 태스크의 태스크 주기
500µs	1ms, 2ms, 3ms, 4ms, 5ms, 8ms, 10ms, 15ms, 20ms, 25ms, 30ms, 40ms, 50ms, 60ms, 75ms, 100ms
1ms	1ms, 2ms, 3ms, 4ms, 5ms, 8ms, 10ms, 15ms, 20ms, 25ms, 30ms, 40ms, 50ms, 60ms, 75ms, 100ms
2ms	2ms, 4ms, 8ms, 10ms, 20ms, 30ms, 40ms, 50ms, 60ms, 100ms
4ms	4ms, 8ms, 20ms, 40ms, 60ms, 100ms

■ 프라이머리 정주기 태스크

프라이머리 정주기 태스크는 태스크의 실행 우선도가 가장 높은 태스크입니다. NJ시스템에서는 기본적으로 항상 동작하는 태스크입니다. 지정 주기마다 I/O 리프레쉬, 시스템 공통 처리, 유저 프로그램, 모션 제어를 실행합니다.

프라이머리 정주기 태스크는 EtherCAT 통신주기와 동기한 주기로 I/O리프레쉬를 반드시 실행하기 때문에 리프레쉬 간격 또한 항상 일정합니다. 이러한 구조에 의해 모션 동작제어의 정도가 올라가며 지연에 의한 가공불량과 텍타임 지연 등을 방지할 수 있습니다.

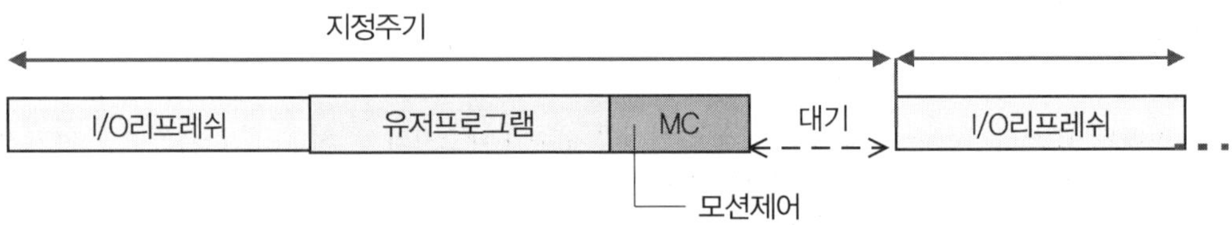

■ 정주기 태스크

프라이머리 주기의 정수배의 주기마다 유저 프로그램을 실행하는 태스크입니다. 프라이머리 정주기 태스크와는 다른 주기로 제어를 행하는 경우, 정주기 태스크를 사용합니다.

예) 동기 제어와 고속 응답이 필요한 제어는 프라이머리 정주기 태스크, 장치 전체의 제어는 정주기 태스크로 분할합니다.

- 태스크 전체를 0~3개까지 할당할 수 있습니다.
- 태스크마다 우선도를 정할 수 있습니다.(우선도 16, 17, 18)

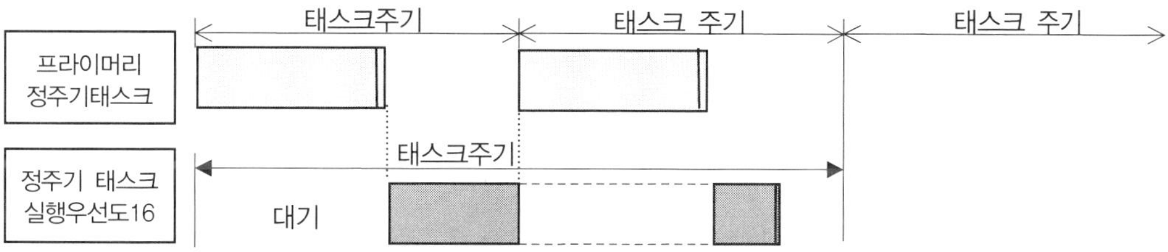

2) I/O리프레쉬

유니트 단위, EtherCAT슬레이브 단위로 할당 가능합니다.

분류	I/O리플래쉬 대상	할당 단위	할당 가능한 태스크
CJ시리즈 유니트	기본I/O유니트	유니트 단위	프라이머리 태스크 또는 정주기 태스크(16)
	고기능I/O유니트		
	CPU고기능 유니트		
EtherCAT 슬레이브	서보 드라이버, 카운터	슬레이브 단위	프라이머리 태스크
	범용 슬레이브		프라이머리 태스크 또는 정주기 태스크(16)

3) EtherCAT통신주기와 I/O리프레쉬의 관계

■ 프라이머리 정주기 태스크에 슬레이브를 할당한 경우

프라이머리 정주기 태스크의 태스크 주기로 리플래시가 실행됩니다.

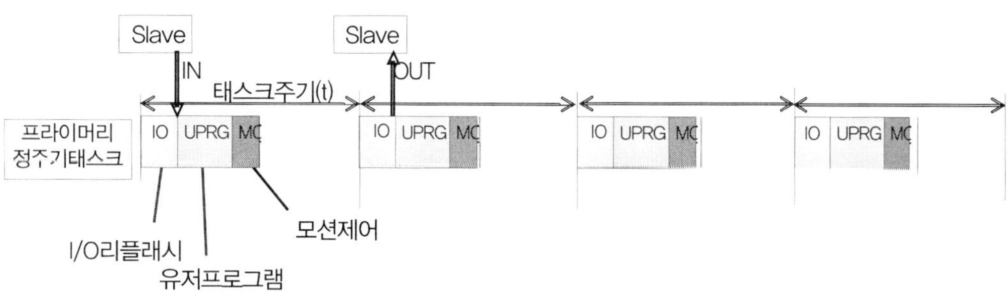

■ 정주기 태스크에 슬레이브를 할당한 경우

EtherCAT의 통신 처리는 실제로는 프라이머리 태스크로 행해집니다.

Sysmac Studio의 태스크 설정에서 정주기 태스크에 할당하면, 외관상 정주기 태스크의 주기에 리플래쉬 하고 있는 것처럼 동작합니다.

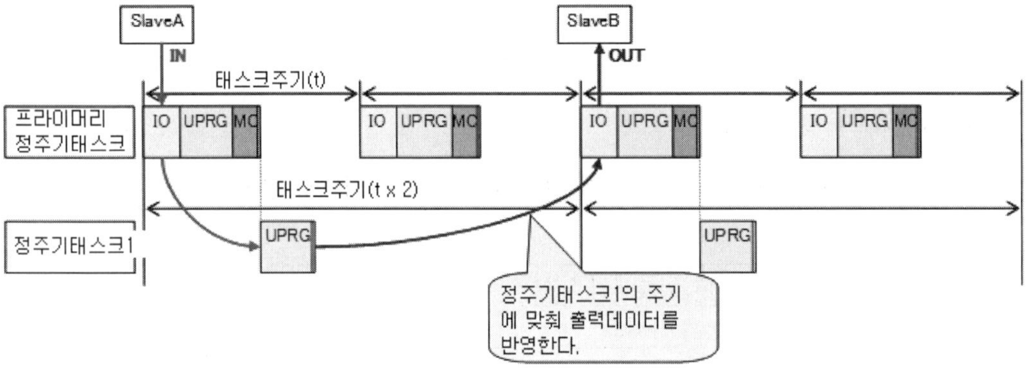

4) 시스템 서비스

CPU유니트가 Task처리와는 별도로 실행하는 처리를 말합니다.

■ 시스템 서비스의 종류

시스템서비스 종류	내용
USB포트서비스	주변 툴이나 터치판넬, 상기 PC등에서 서비스를 요구 (CIP, FINS, HTTP)에 대한 처리
내장 EtherNet/IP포트 서비스	주변 툴이나 터치판넬, 상기 PC, 그밖의 PLC 등에서의 서비스 요구 (CIP, FINS, HTTP)에 대한 처리 • 통신명령(CIP, FINS, 소켓)의 실행
내장EtherCAT포트 서비스	• EtherCAT메세지 통신 실행
CJ고기능 유니트 서비스	• CJ고기능유니트와의 이벤트서비스 실행 • 통신명령(CIP, FINS)의 실행
메모리카드 서비스	• FTP액세스 • 서포트 소프트에서 메모리카드 조작 • 메모리카드 명령 실행
비동기 명령 서비스	비동기 명령 실행
자기진단처리	하드웨어 고장이나 펌웨어의 불량, 유저설정이나 잘못된 프로그램 등의 진단

■ 시스템 서비스의 실행 타이밍

시스템 서비스는, 태스크 실행의 빈 시간(모든 태스크의 실행이 완료되어 있는 상태)에, 실행합니다.

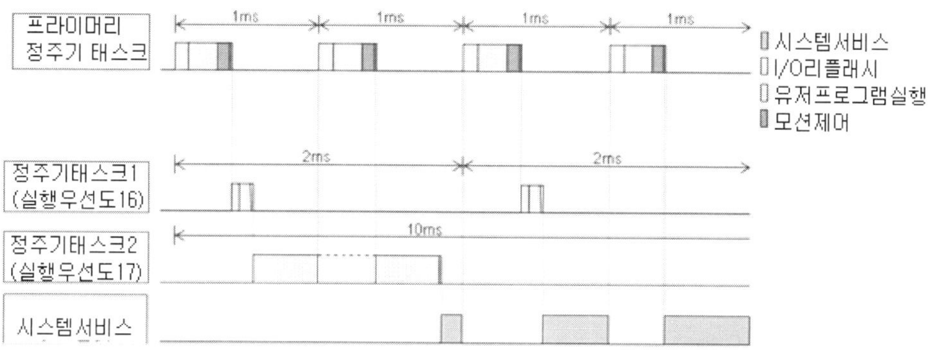

5) Task 실행시간 모니터 표시

① 멀티 뷰 익스플로러의 [구성 · 설정] - [태스크설정]을 클릭합니다.

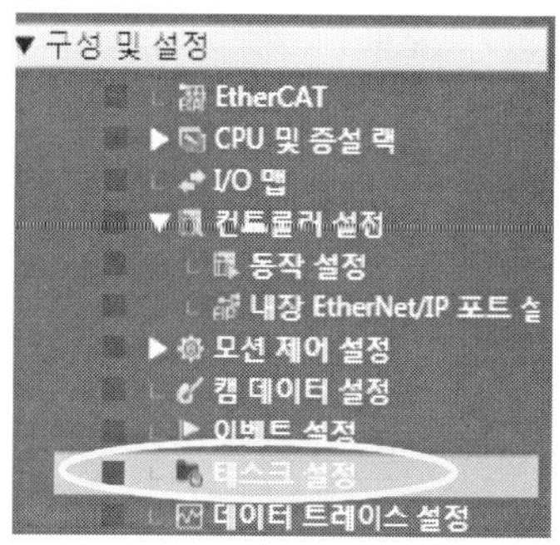

② 편집 윈도우에 표시된 편집화면에서, [태스크 실행시간 모니터]를 클릭합니다.

③ 태스크 실행시간 모니터가 표시됩니다.

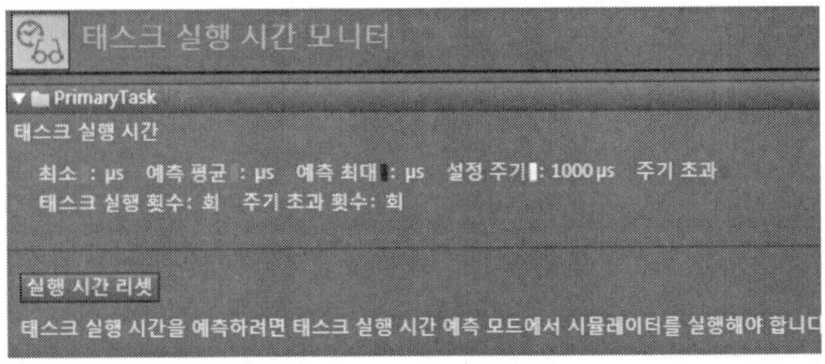

이 장에서는
기자재를 사용하여
NJ시스템을 구축합니다.

3.1 Sysmac Studio의 시작
3.2 컨트롤러와의 온라인 연결
3.3 CPU랙의 구성 · 설정
3.4 EtherCAT 설정
3.5 I/O 맵 설정
3.6 컨트롤러 설정
3.7 POU의 등록
3.8 변수의 등록

3

NJ 시스템 설정

3 1 Sysmac Studio의 시작

1) Sysmac Studio의 기동과 종료

(1) Sysmac Studio의 기동과 종료

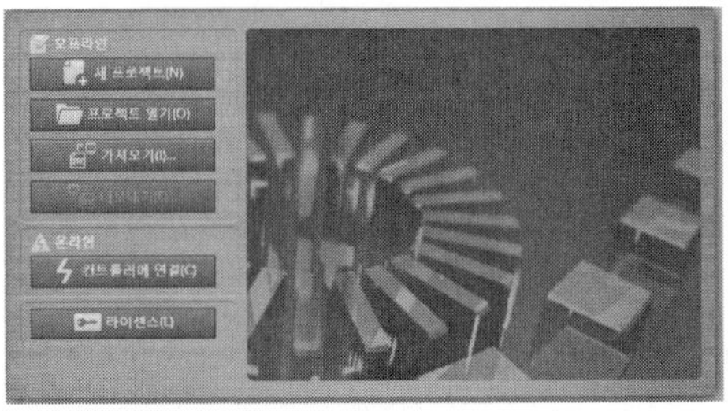

① 바탕화면의 Sysmac Studio 아이콘을 더블 클릭합니다.
(또는 [모든 프로그램]-[OMRON]-[Sysmac Studio]-[Sysmac Studio]를 선택합니다.)

② 종료할 때는 타이틀 바 오른쪽 상단의 [×]를 클릭합니다.
※ 프로젝트를 연 후에는 메뉴 바의 [파일] - [종료]로도 할 수 있습니다.

2) 신규 프로젝트 작성 및 저장

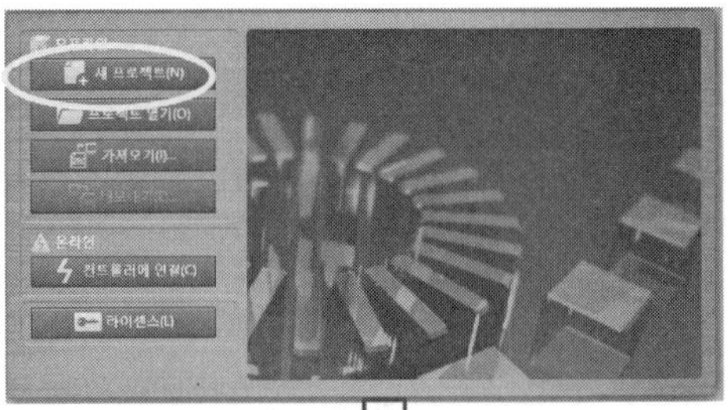

① [새 프로젝트]를 클릭합니다.

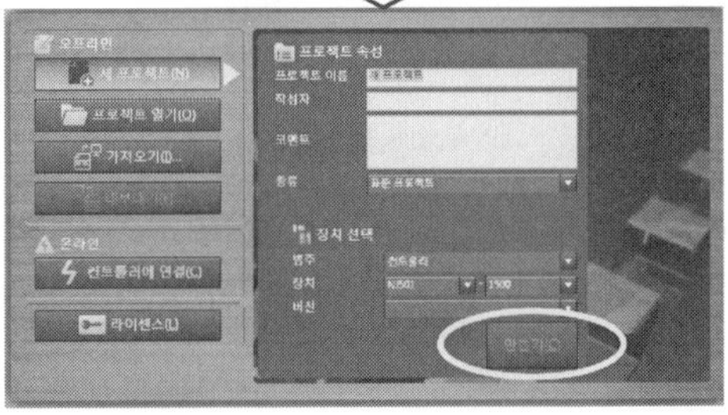

② [프로젝트 속성] 대화 상자가 표시되면 다음과 같은 설정을 합니다.

- [프로젝트 이름] (필수)
- [작성자] (임의)
- [코멘트] (임의)
- [장치선택] 의 [장치]와 [버전]은 (필수)

※ 필수 항목을 입력하지 않으면 디폴트 프로젝트 파일이 생성됩니다.

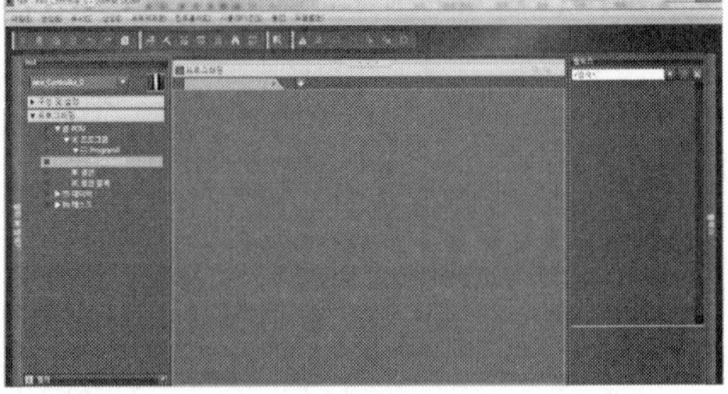

③ [만들기]를 클릭합니다.
프로젝트 파일이 작성됩니다.

3) 프로그램 파일 저장/닫기

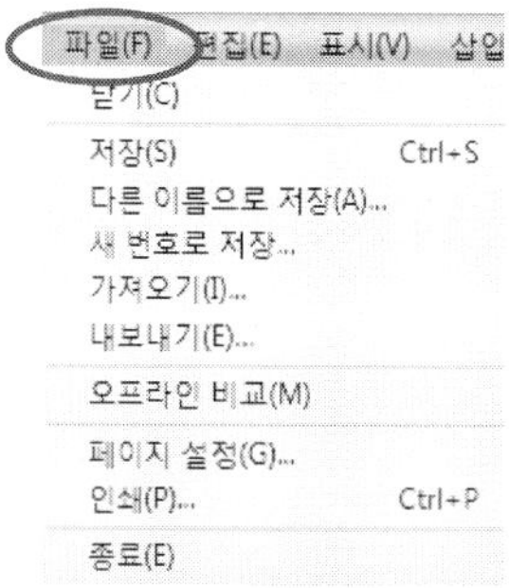

① [파일]-[저장]을 선택합니다.

② [파일] - [닫기] 를 선택합니다.

4) 프로그램 파일 열기

① [프로젝트 열기]를 클릭합니다.

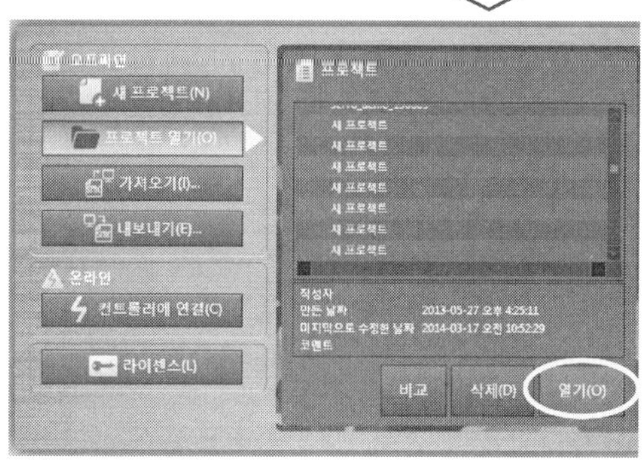

② 일람에서 대상 파일에 커서를 두고, [열기]를 클릭합니다.

5) 프로그램 파일 Export

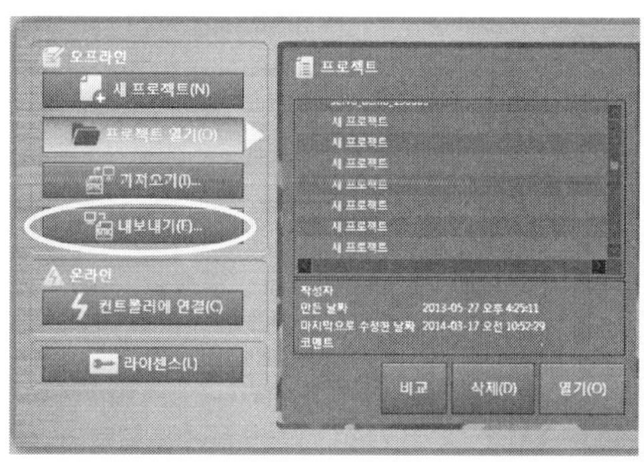

다른 PC에서 파일을 이용하고자 할 경우나, 파일 저장하는 곳을 지정하고자 할 경우에는 내보내기를 실행해 주십시오.

방법 1)
프로젝트 윈도우에서 내보내기할 프로젝트를 선택,
[내보내기]를 클릭합니다.

방법 2)
어플리케이션 윈도우의 [파일] 메뉴에서 [내보내기]를 선택합니다.

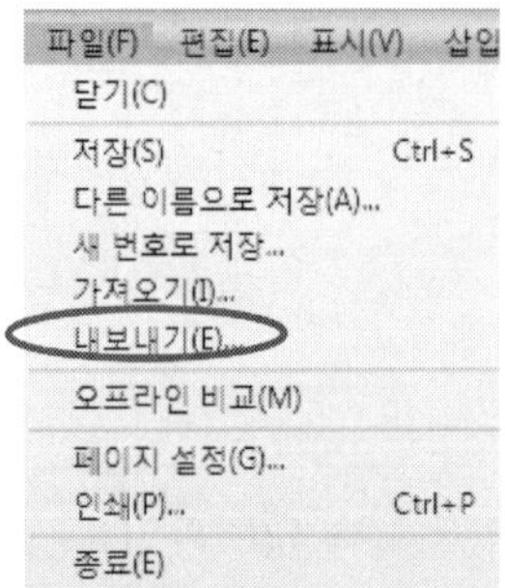

6) 프로그램 파일 Import

방법 1)
프로젝트 윈도우에서, [가져오기] 버튼을 클릭합니다.

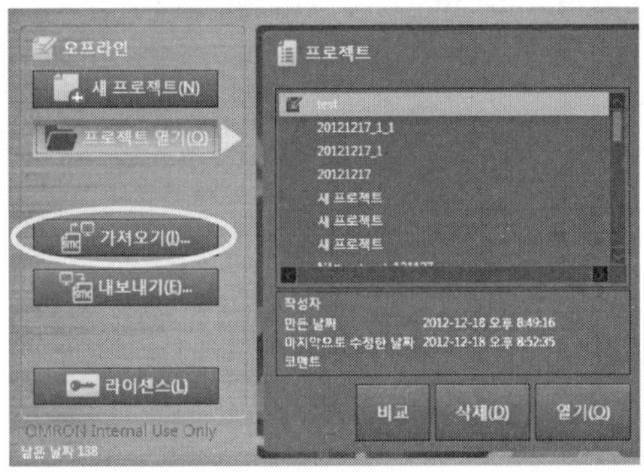

방법 2)
어플리케이션 윈도우의 [파일] 메뉴에서 [가져오기]를 선택합니다.

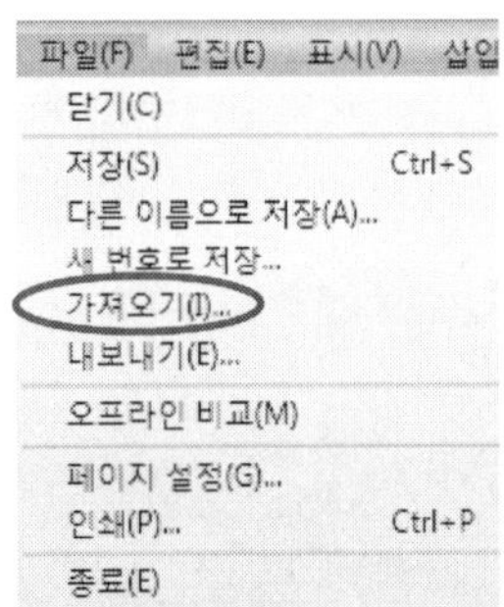

7) Sysmac Studio의 윈도우

■ 구성 · 설정화면

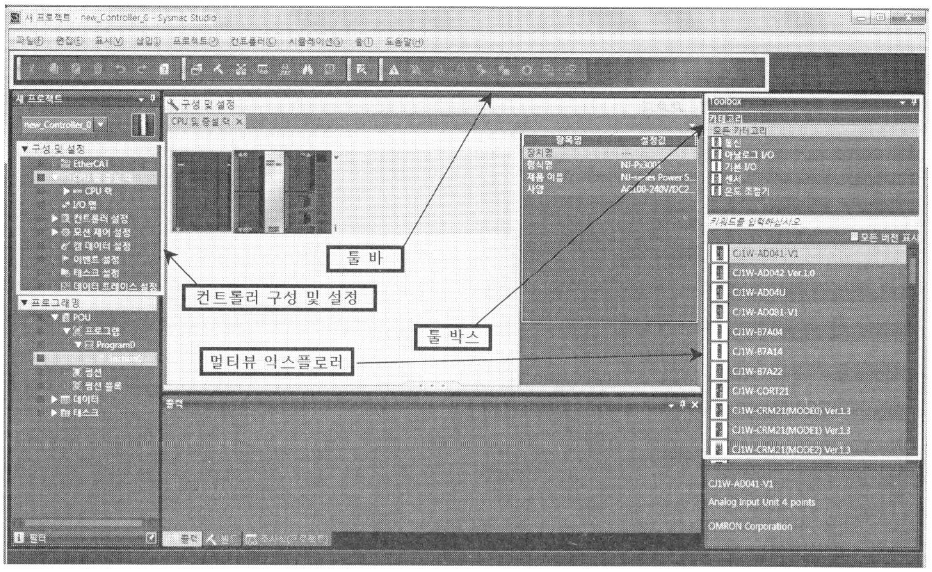

■ 프로그래밍 회면

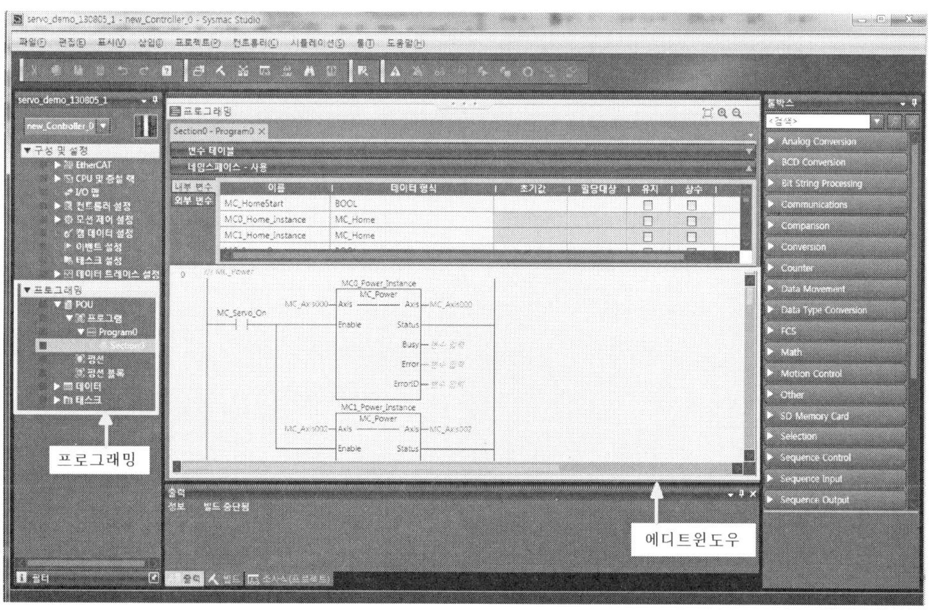

8) 온라인 접속

Sysmac Studio의 프로젝트와 컨트롤러를 통신가능한 상태로 합니다.

■ 온라인접속

메뉴바에서 [컨트롤러] - [온라인]을 선택합니다. 또는 툴바에서도 선택 가능합니다.

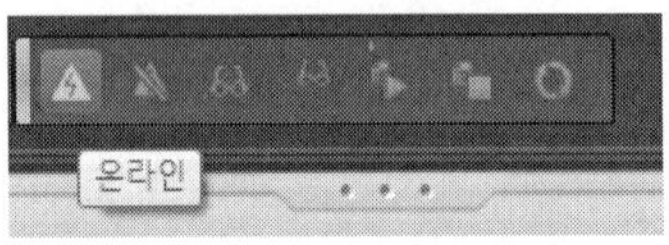

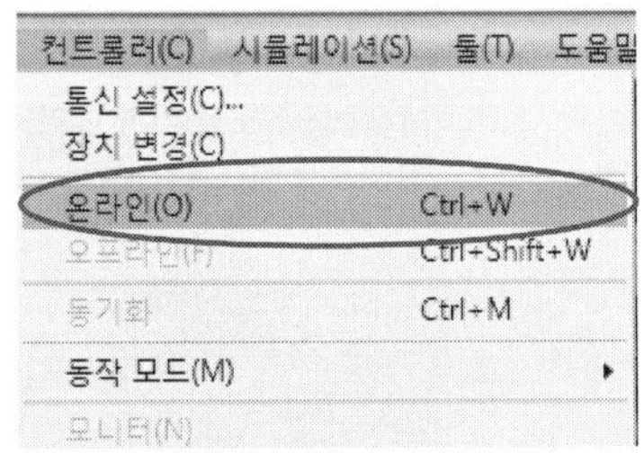

※ 처음 온라인 접속을 할 때 이름을 가입하지 않으면 메시지가 나오므로, 프로젝트의 이름을 기입합니다. 한번 기입하면 다음부터는 표시되지 않습니다.

■ 온라인 접속 종료

메뉴바에서 [컨트롤러] - [오프라인]을 선택합니다. 또는 툴바에서도 선택 가능합니다.

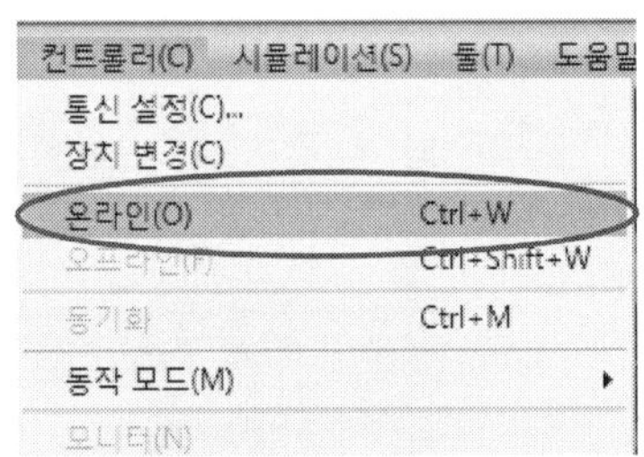

9) 동기

Sysmac Studio의 데이터와 NJ시리즈 컨트롤러의 데이터를 조합하여, 어느 방향으로 전송할지를 유저가 선택하는 기능입니다.

① 메뉴바에서 [컨트롤러] - [동기화]를 선택합니다. (툴바에서도 선택 가능합니다.)

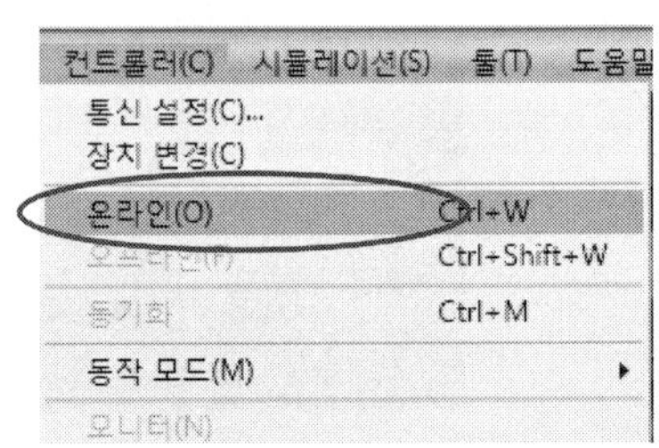

② 툴 윈도우에 동기 윈도우가 표시됩니다.

Sysmac Studio와 컨트롤러 내 프로그램, 설정 데이터의 조합이 개시됩니다.

아이콘	문자색	상태	설명
없음	White	동기완료	Sysmac Studio의 데이터와 NJ컨트롤러의 데이터가 일치합니다.
	Red	상이함	Sysmac Studio의 데이터와NJ컨트롤러의 데이터가 다릅니다. • 조합 항목의 데이터가 하나라도 다른 경우 • 동기 데이터의 표시 순서가 다른 경우(표시 순서가 다른 경우는 Sysmac Studio측의 순서로 표시됩니다)
	Green	한쪽에만 존재함	Sysmac Studio측 또는 NJ컨트롤러 측에만 데이터가 있습니다.
	Gray	빌드 미완료	빌드 미 완료 또는 에러가 발생하고 있습니다.
		동기 대상 외	CJ시리즈 고기능 유니트 파라미터 또는 EtherCAT 슬레이브의 파라미터를 가리킵니다.

③ 동기 확인 옵션을 선택합니다.

옵션	기본값	유효	설명
유지 변수의 현재값을 초기화합니다.	선택 안함	컨트롤러에 쓰기	다운로드 후 유지 변수의 현재값을 클리어합니다.
프로그램의 소스를 전송하지 않습니다. 이 옵션을 변경하면 전체 데이터를 재전송합니다. (*1)	선택 안함	컨트롤러에 쓰기	프로그램을 전송하지 않습니다. 이 확인 작업을 실행한 후에는 다른 PC에서 업로드해도 프로그램은 표시되지 않습니다. 단, 변수나 설정은 이 확인 작업에 관계 없이 전송합니다.
고기능 유니트 설정과 백업 파라미터(동기 대상 이외)는 전송하지 않습니다. (*2)	선택	양방향 전송	유니트 및 EtherCAT 슬레이브의 파라미터를 전송 대상에서 제외시킵니다.

④ 동기윈도우에 표시된 조합 항목에서 전송항목을 선택하여, [전송]을 클릭합니다.

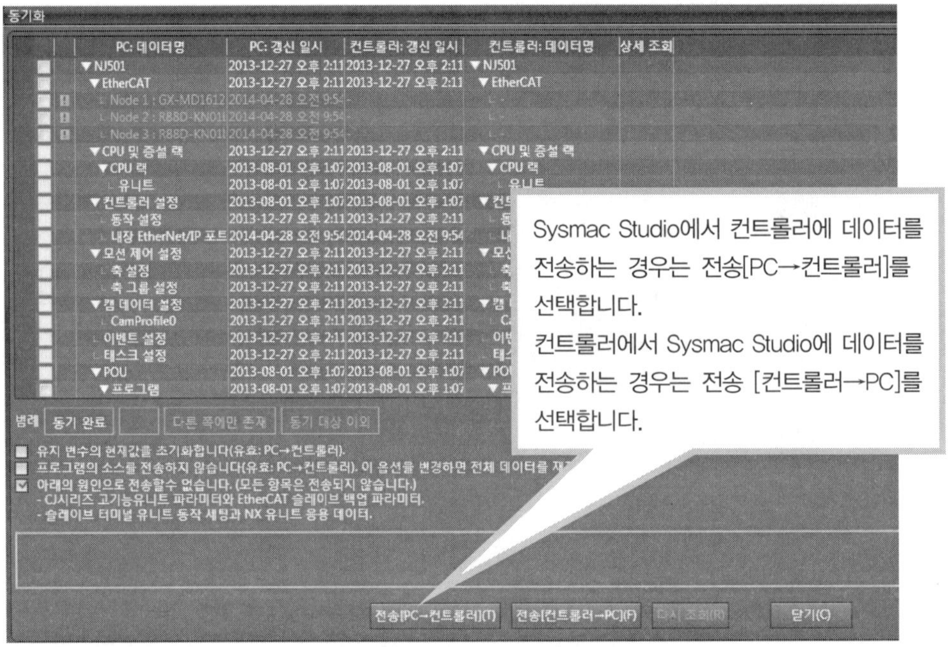

⑤ 프로그램 전송이 완료하면, 동기 윈도우 좌측 하단에 「동기는 완료했습니다」로 표시됩니다.

3.2 컨트롤러와의 온라인 연결

컨트롤러와 온라인으로 연결하는 방법은 연결 형태에 따라 다음의 4종류가 있습니다.

연결방법	연결도	연결 방법에 대한 설명
직접연결 - USB	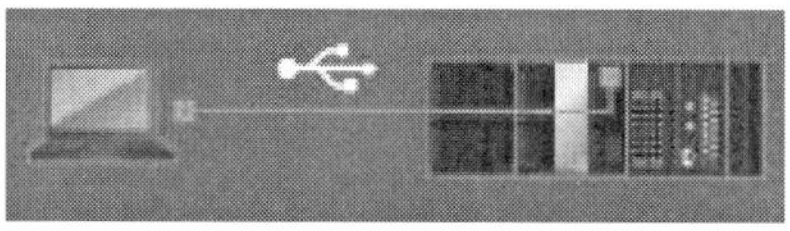	PC의 USB 포트와 컨트롤러의 USB포트를 직접 연결합니다. *초기 설정의 연결 형태입니다.
직접연결 - Ethernet	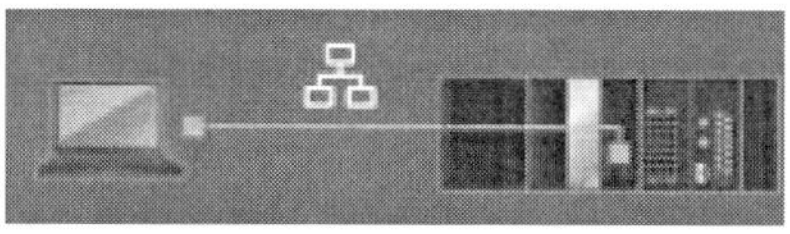	PC의 Ethernet 포트와 크로스 케이블을 사용하여 컨트롤러의 EIP 포트를 직접 연결합니다.
USB - 리모트연결	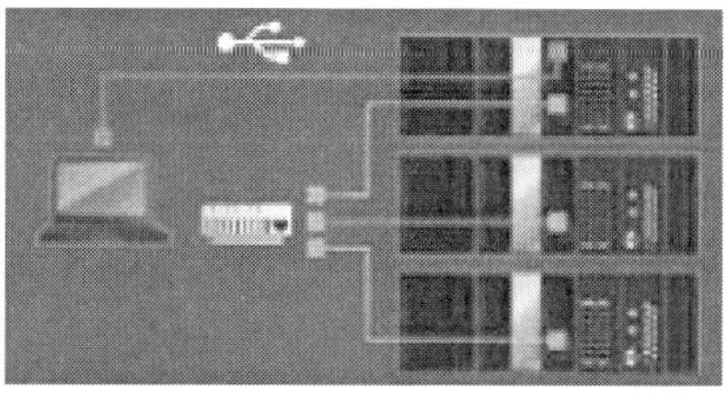	PC의 USB 포트에서 컨트롤러의 USB 포트에 직접 연결하고 컨트롤러의 Ethernet 네트워크를 경유하여 다른 컨트롤러에 연결합니다.
EtherNet - HUB연결	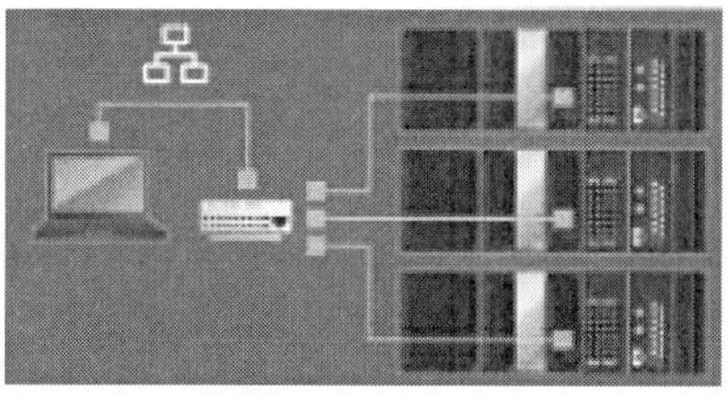	PC의 Ethernet 포트에서 Ethernet 네트워크를 경유하여 컨트롤러에 연결합니다.

3.3 CPU 랙의 구성・설정

NJ시리즈 CPU・증설 랙에 장착하는 유니트 구성을 Sysmac Studio에서 작성하여, 고기능 유니트 설정을 합니다.

Sysmac Studio에서, 실제 기기를 구성하는 것처럼 유니트를 구성할 수 있습니다.

1) CPU·증설 랙 설정 방법

① 멀티 뷰 익스플로러 [구성·설정] - [CPU·증설랙]을 더블 클릭합니다. (또는 우 클릭하여 [편집]을 선택합니다)

② 에디트 윈도우 안의 [구성·설정]에서 [CPU·증설 랙]이 표시됩니다.

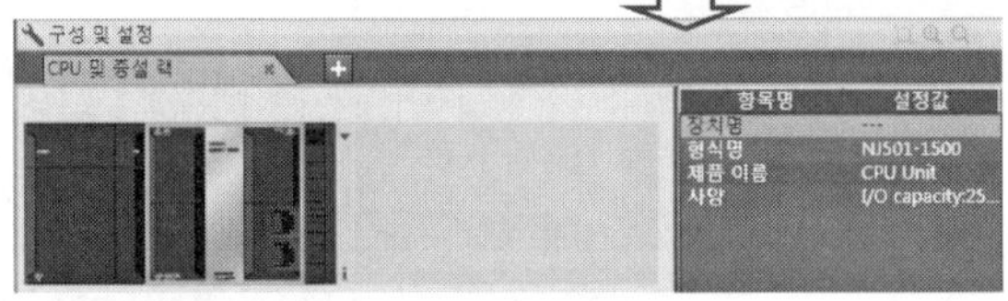

2) 유니트 삽입

① 화면 우측 툴박스의 [카테고리] 안의 [아날로그I/O]를 선택하면 아날로그 유니트만 아래에 표시됩니다.

② 툴박스의 기종 선택 윈도우에 선택한 유니트를 드래그하여, [CPU·증설 랙] 위에 드롭합니다.

③ 유니트가 삽입됩니다.

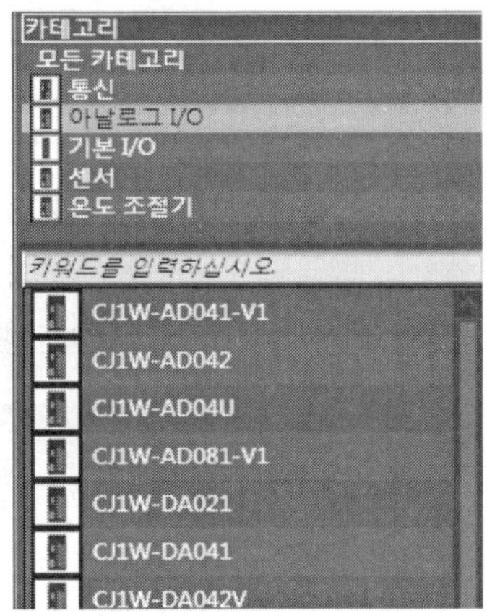

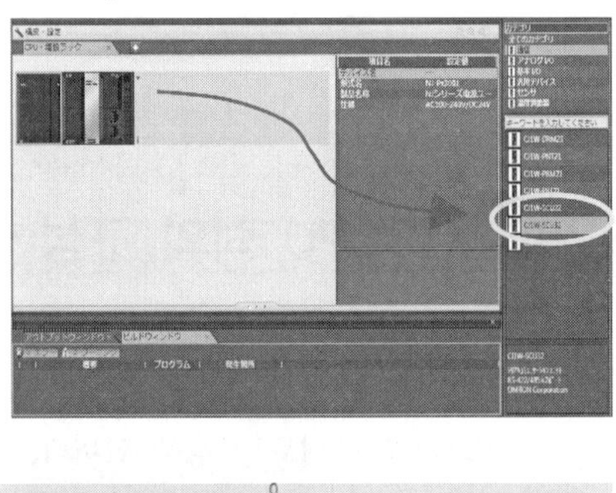

3) 유니트의 기종변경 순서

① 기종 변경할 유니트([CPU·설랙]위)를 우클릭하여 [형식변경]을 선택합니다.

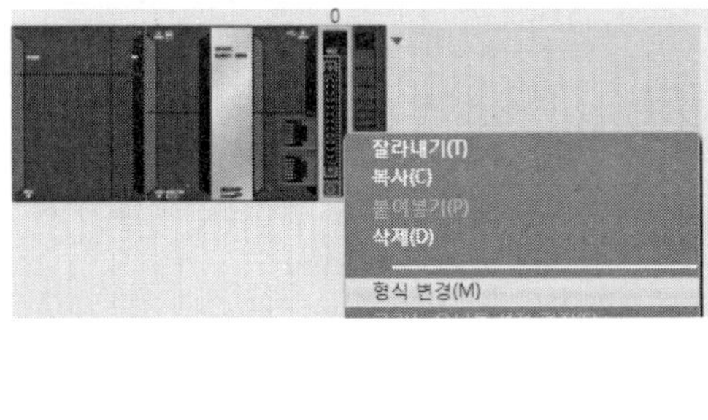

② [형식변경] 윈도우가 표시됩니다.

③ 유니트를 선택하고, [확인]을 클릭합니다.

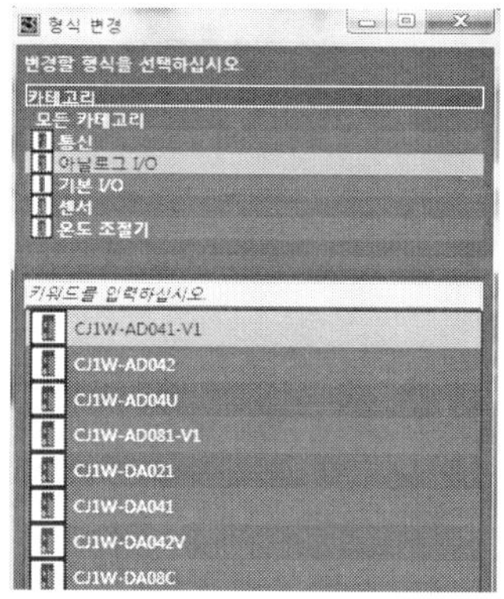

4) 유니트의 복사/붙여넣기

① 복사할 유니트를 우 클릭하여 [복사]를 선택합니다.

② 삽입할 위치의 유니트를 우클릭하여 [붙여넣기]를 선택합니다.
유니트가 생성됩니다.

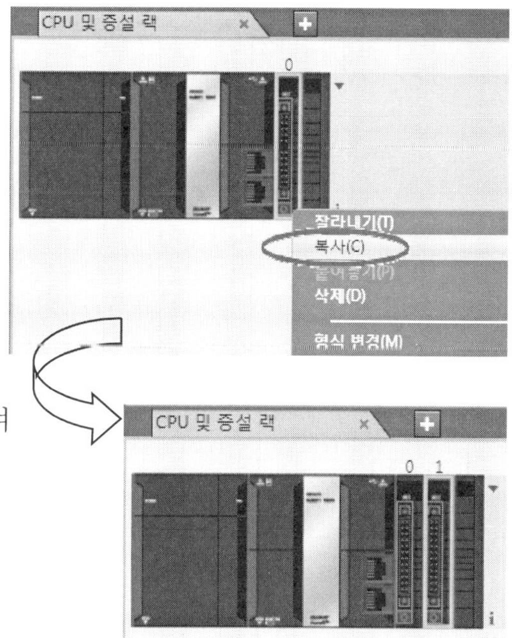

5) 고기능 유니트 설정

① [CPU·증설 랙] 부분에서 대상 유니트를 더블 클릭합니다. (또는 우 클릭하여 [고기능 유니트설정 편집]을 선택합니다.)

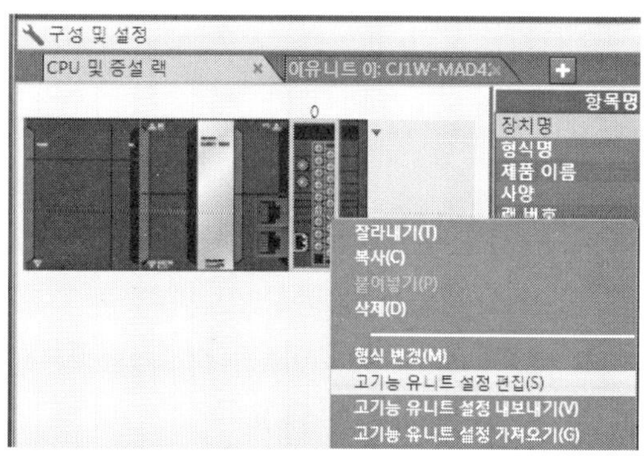

② 선택한 유니트의 [파라미터 편집] 다이얼로그 박스가 표시됩니다.

③ 각 항목 설정을 하여, [OK]를 클릭합니다.

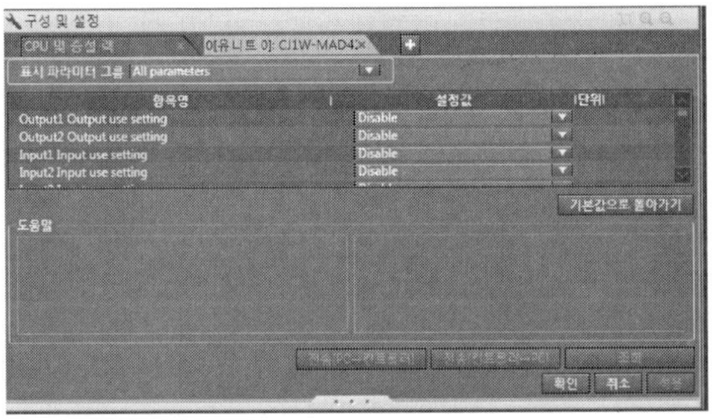

3 4 EtherCAT 설정

NJ시리즈 CPU 유니트의 내장 EtherCAT 포트에 접속하는 EtherCAT 슬레이브의 구성을 Sysmac Studio에서 작성합니다. 그리고 EtherCAT 마스터와 슬레이브의 설정을 합니다.

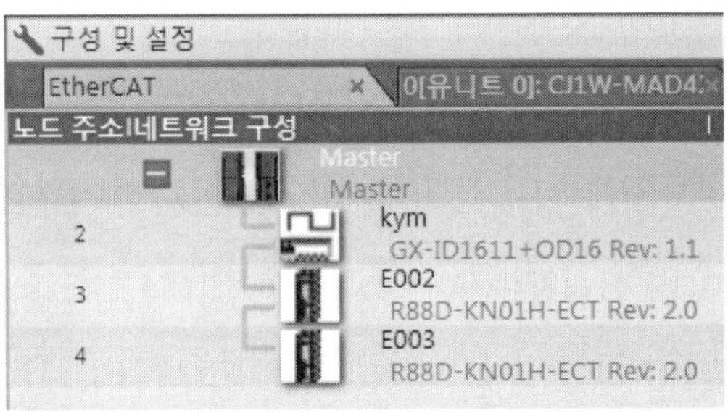

1) EtherCAT구성의 작성 순서

① 멀티 뷰 익스플로러의 [구성·설정] - [EtherCAT]을 더블 클릭합니다.(또는 우 클릭하여 [편집]을 선택합니다.)

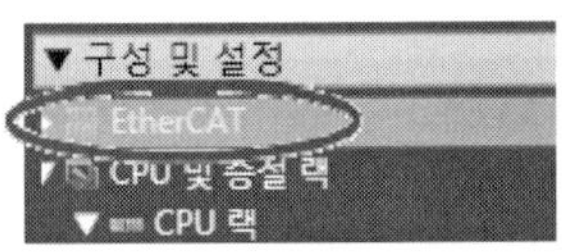

② [구성·설정] 편집화면 안에 EtherCAT의 구성 편집화면이 표시됩니다. 마스터 슬레이브가 등록되어 있습니다.

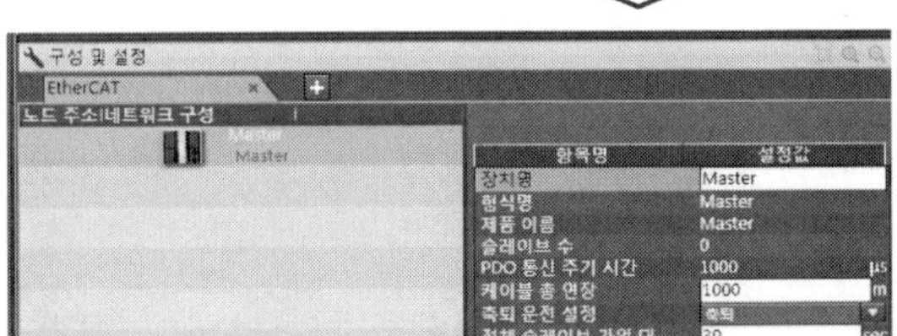

③ 슬레이브를 등록합니다. 툴박스에서 슬레이브를 선택합니다. [구성·설정] 안의 (EtherCAT 편집화면)의 토폴로지 표시 내 마스터 상에 드래그&드롭합니다. 또는 툴박스의 슬레이브 상에서 더블 클릭하면 순서대로 추가됩니다.

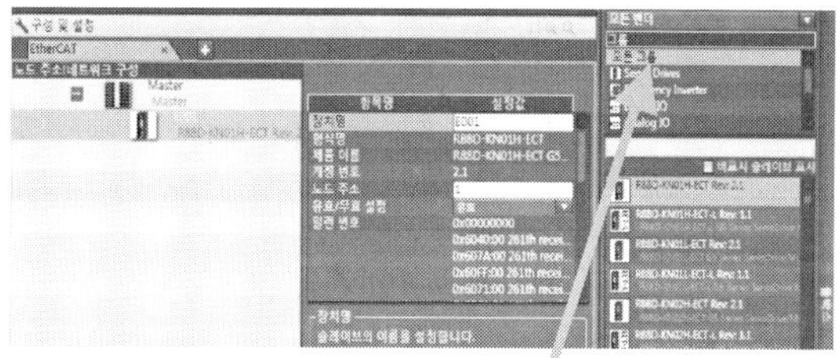

※ 모델명 검색 기능

④ 마스터 아래 슬레이브가 추가됩니다.

⑤ 슬레이브를 추가합니다. 툴박스에서 슬레이브를 선택합니다. [구성·설정] 안의 (EtherCAT 편집화면) 토폴로지 표시 내의 슬레이브 위에 드래그 & 드롭합니다.

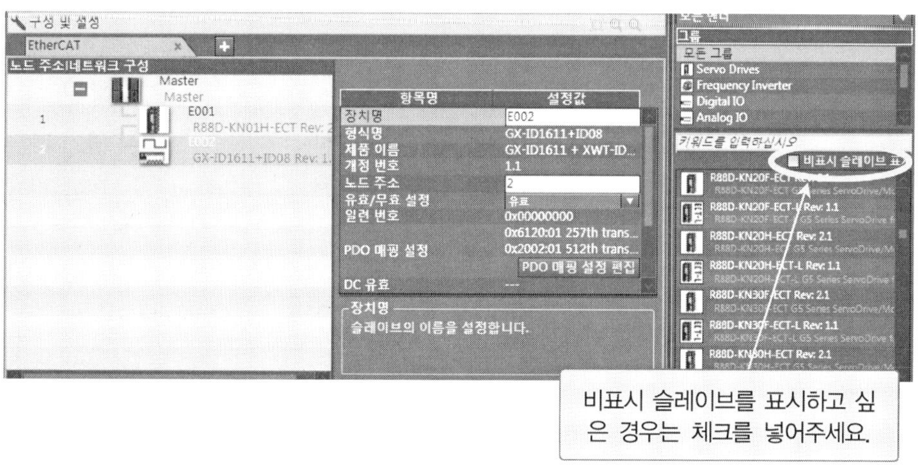

주의

슬레이브를 등록할 때는, 실제 **슬레이브와 같은 순서**로 등록해 주십시오.
순서가 다르면 네트워크 구성 이상이 됩니다.

2) 마스터 설정 순서

① [구성·설정] 편집 내 (EtherCAT 편집화면)의 마스터 아이콘을 선택합니다.

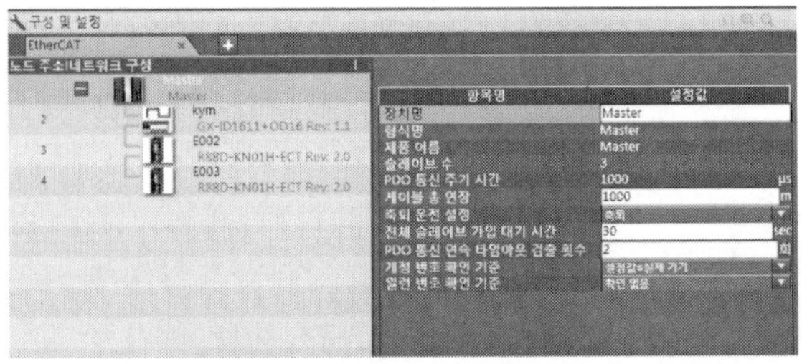

② [마스터 파라미터 설정] 표시됩니다. 마스터의 파라미터 설정을 합니다.

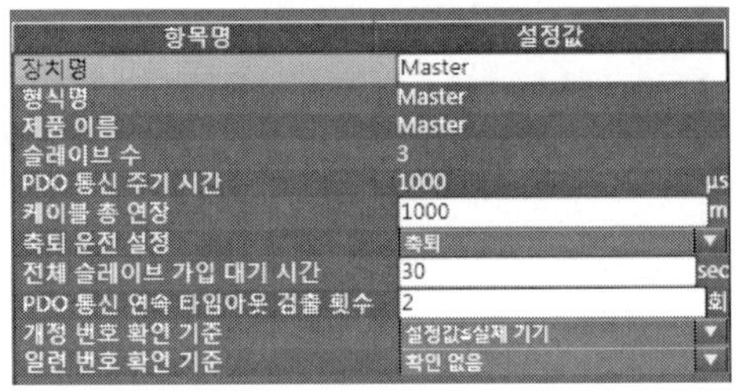

3) 슬레이브 설정 순서

① [구성·설정] 편집 내 (EtherCAT 편집화면) 슬레이브 아이콘을 선택합니다.

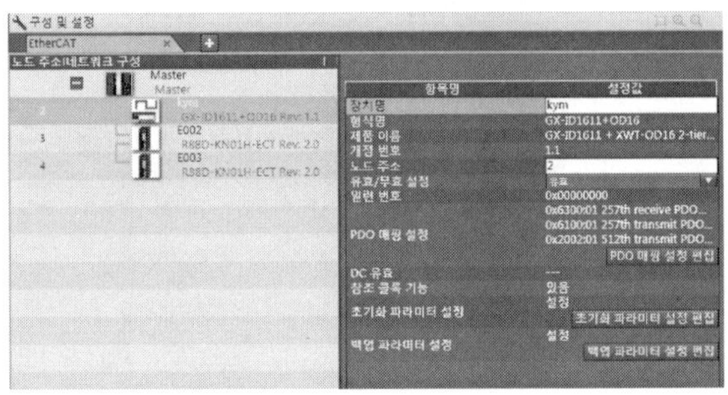

② [슬레이브 파라미터 설정]이 표시됩니다. 슬레이브의 파라미터 설정을 합니다.

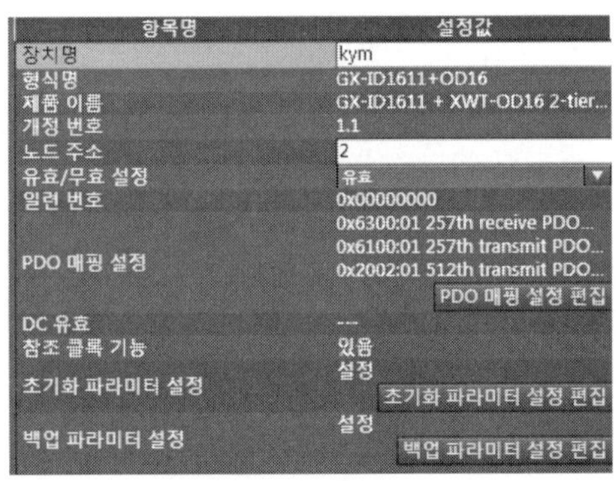

3.5 I/O 맵 설정

■ I/O맵

I/O맵이란, 하드웨어와 소프트웨어라는 두 관계를 연결해주는 구조조직입니다. 이 맵에 의해, 하드웨어가 변경이 되어도, 소프트웨어에 영향은 거의 없어집니다.

지금까지의 기기...

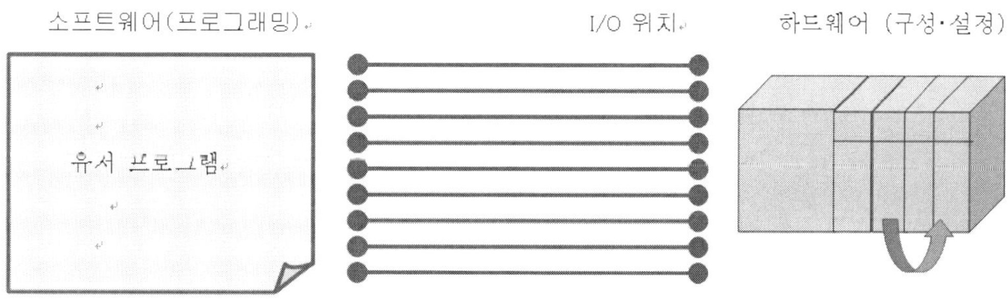

NJ는...

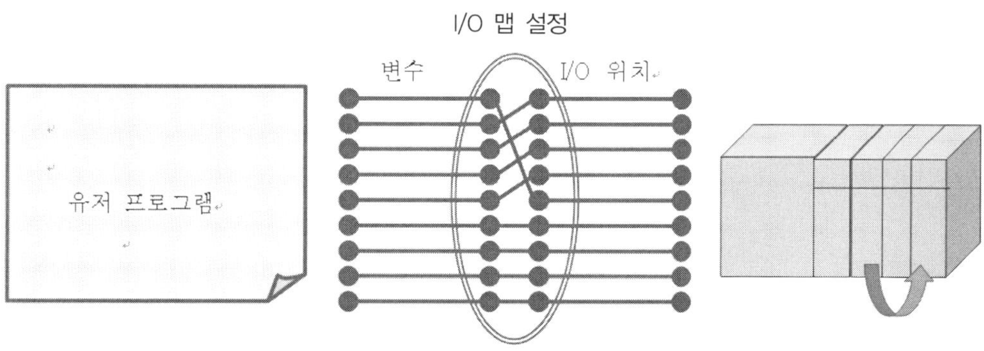

I/O맵 설정에서는 디바이스 변수[1]의 생성 및 확인을 합니다.

[1] I/O Port(프로그램이 외부 디바이스(유니트/슬레이브)와, 데이터를 주고받기 위한 논리적인 인터페이스)에 할당된 변수를 말합니다.

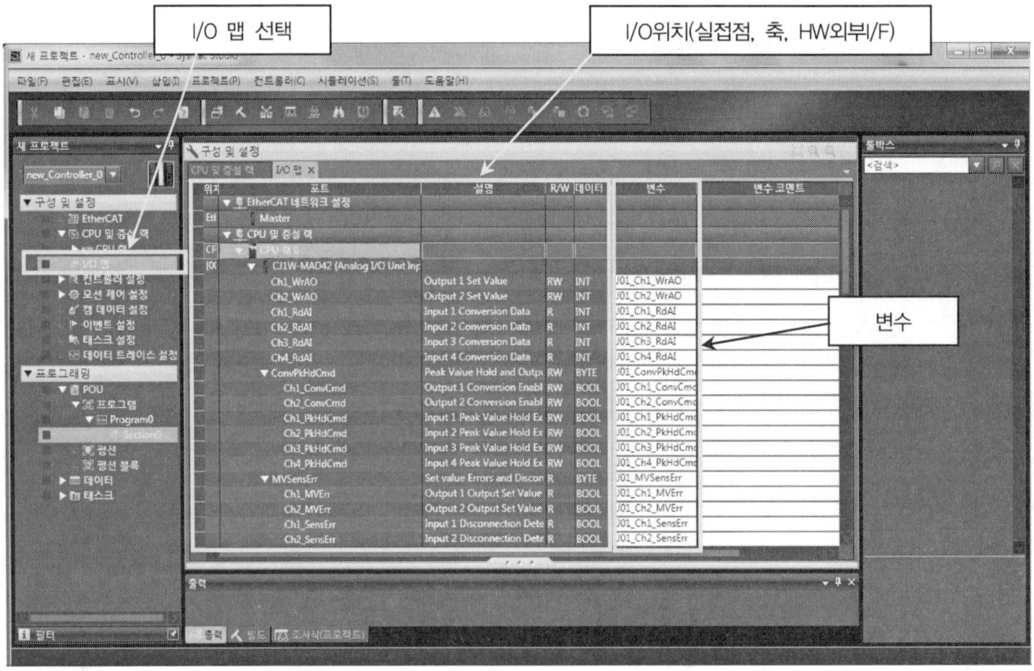

상기 I/O맵에서, 디바이스 변수를 신규 등록합니다.
디바이스 변수 명을 자동생성하는 방법과, 수동 입력하는 방법이 있습니다.

1) 디바이스 변수를 자동 생성하는 경우

디바이스 변수를 자동생성할 때 변수명은, 「디바이스명」 + 「I/O포트 명」 입니다.
「디바이스 명」 의 Default는, 다음과 같습니다.

- 슬레이브의 경우, 「E」 + 「01부터 연속번호」
- 유니트의 경우, 「J」 + 「01부터 연속번호」

■ 자동 생성된 디바이스 변수의 속성

속성	설정 내용	설정 변경
이름	• 자동 생성하는 경우: [장치명]+[I/O 포트명] '장치명'은 기본적으로 다음과 같습니다. CJ 유니트의 경우 'J'+'01부터 연속된 번호'가 됩니다. EtherCAT 슬레이브의 경우 'E'+'001부터 연속된 번호'가 됩니다. • 수동 입력하는 경우: 임의의 변수명	가능
데이터 형식	• 'I/O 포트'의 데이터 형식과 동일한 크기일것	가능
할당대상	• EtherCAT 슬레이브 디바이스 변수: ECAT://node#[노드 번호]/ [I/O 포트명] • CJ 유니트 디바이스 변수: IOBus://rack#[랙 번호]/slot#[슬롯 번호]/ [I/O 포트명]	불가능
유지	• EtherCAT 슬레이브 디바이스 변수: 비유지 • CJ 유니트 디바이스 변수 중 '유저용 데이터'(CIO 영역)에 할당된 변수: '비유지', '설정용 데이터'(DM 영역)에 할당된 변수: '유지'	불가능
상수	I/O 포트가 'R'(읽기 전용)인 '설정용 데이터'(DM 영역)에 할당된 변수는 '있음'. 그 이외는 '없음'	가능
네트워크 공개	비공개	가능
코멘트	사용자 코멘트	가능

※ 오프라인에서 조작합니다.

① 멀티 뷰 익스플로러의 [구성·설정] - [I/O맵]을 더블 클릭합니다. (또는 우 클릭하여 [편집]을 선택합니다.)

② [I/O맵] 영역의 유니트 1개 또는 복수의 I/O포트를 선택하여 우클릭해서 [디바이스 변수 생성]을 선택합니다.

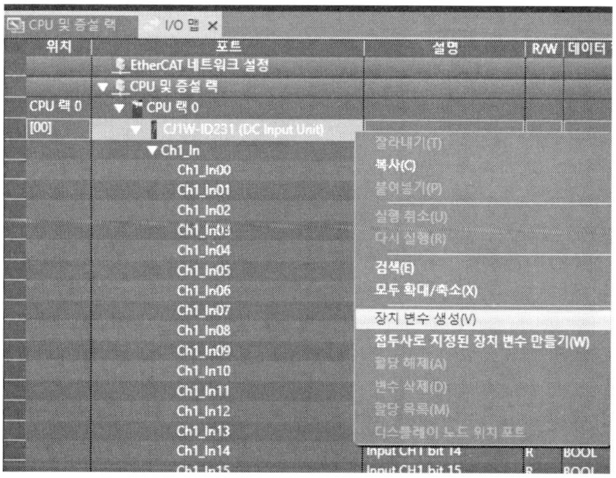

③ 유니트의 I/O포트에 대하여, 디바이스 변수가 자동적으로 할당됩니다. [스코프]에서 지정한 변수 테이블에 등록됩니다.

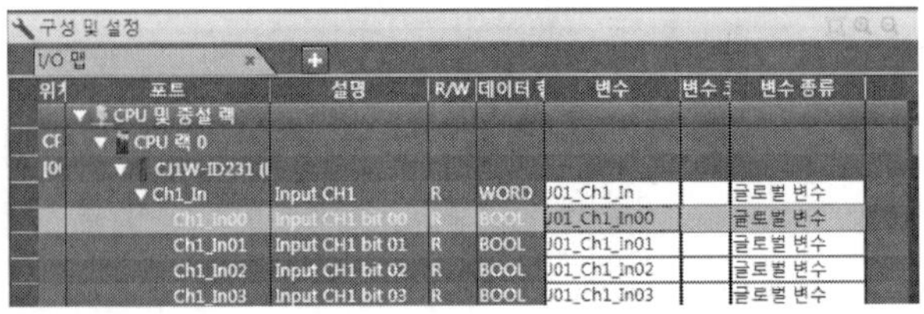

<장치 명을 변경할 경우>

(a) 멀티 익스플로러 윈도우의 [CPU·증설 랙]을 더블 클릭합니다. (또는 우 클릭하여 [편집]을 선택합니다.)

(b) [CPU·증설 랙]의 대상 유니트에 커서를 놓습니다.

(c) [유니트 정보]의 「장치 명」을 임의의 명칭으로 설정합니다.

2) 디바이스 변수를 수동 생성할 경우

※오프라인에서 조작합니다.

① [I/O맵] 영역에서, I/O포트를 선택합니다.

② 「변수」 열에 변수 명을 입력합니다.

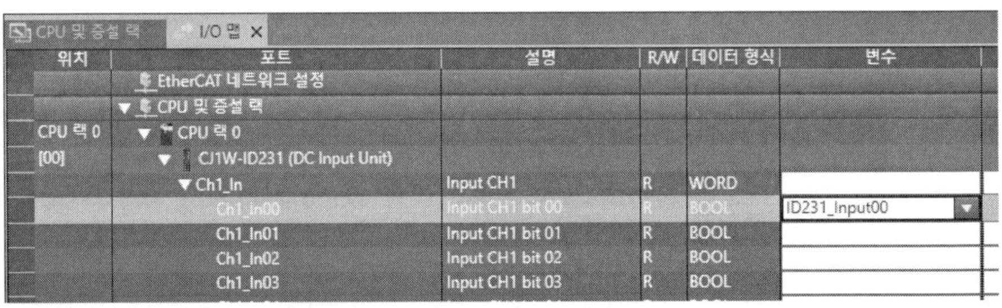

③ 유니트의 I/O포트에 대하여, 디바이스 변수가 할당되고, [스코프]에서 지정된 변수 테이블에 등록됩니다.

3) Excel에서 작성할 경우

Excel에서 표를 작성하고, 디바이스 변수를 등록합시다.

■ 기자재의 I/O할당 (예)

CJ1W-ID231(DC Input Unit) 포트	데이터 형식	변수
Ch1_In	WORD	ID231유니트1Ch
Ch1_In00	BOOL	SW1
Ch1_In01	BOOL	SW2
Ch1_In02	BOOL	SW3

① Excel 포맷을 작성합니다.

[I/O맵] 영역 상의 [Write output 1st word]에서 복사하고자 하는 영역을 선택하고, 우 클릭을 하여 복사합니다.

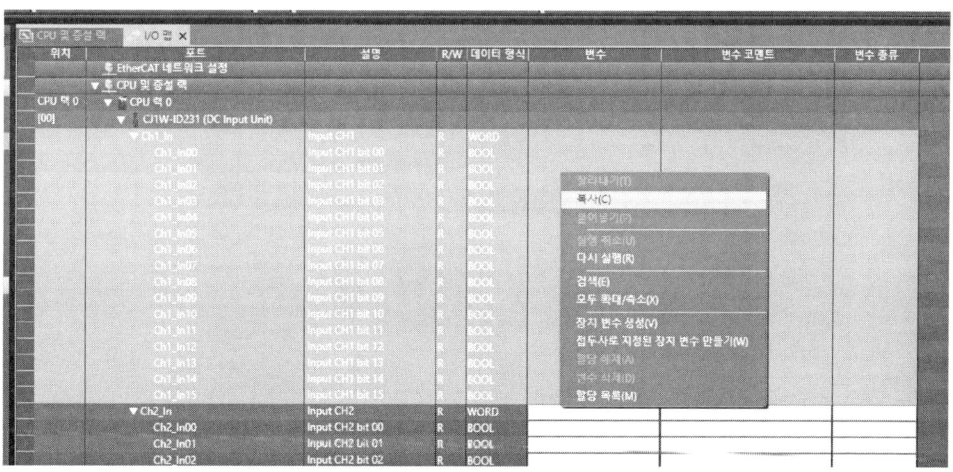

② Excel시트에 붙여넣기 합니다.

위치	포트	설명	R/W	데이터 형식	변수	변수 코멘트	변수 종류
	Ch1_In	Input CH1	R	WORD			
	Ch1_In00	Input CH1 bit 00	R	BOOL	SW1	Main_SW	글로벌 변수
	Ch1_In01	Input CH1 bit 01	R	BOOL	SW2	기동	글로벌 변수
	Ch1_In02	Input CH1 bit 02	R	BOOL	SW3	정지	글로벌 변수
	Ch1_In03	Input CH1 bit 03	R	BOOL	SW4		글로벌 변수
	Ch1_In04	Input CH1 bit 04	R	BOOL	SW5		글로벌 변수
	Ch1_In05	Input CH1 bit 05	R	BOOL	SW6		글로벌 변수
	Ch1_In06	Input CH1 bit 06	R	BOOL	SW7		글로벌 변수
	Ch1_In07	Input CH1 bit 07	R	BOOL	SW8		글로벌 변수
	Ch1_In08	Input CH1 bit 08	R	BOOL	SW9		글로벌 변수
	Ch1_In09	Input CH1 bit 09	R	BOOL	SW10		글로벌 변수
	Ch1_In10	Input CH1 bit 10	R	BOOL			
	Ch1_In11	Input CH1 bit 11	R	BOOL			
	Ch1_In12	Input CH1 bit 12	R	BOOL			
	Ch1_In13	Input CH1 bit 13	R	BOOL			
	Ch1_In14	Input CH1 bit 14	R	BOOL			
	Ch1_In15	Input CH1 bit 15	R	BOOL			

③ 변수를 입력합니다.

④ I/O맵에서 붙여넣은 범위 모두를 복사합니다.

⑤ I/O맵의 변수 셀에서 우클릭을 하고, 붙여넣기 합니다.

CPU 랙 0	▼ CPU 랙 0						
[00]	▼ CJ1W-ID231 (DC Input Unit)						
	▼ Ch1_In	Input CH1	R	WORD			글로벌 변수
	Ch1_In00	Input CH1 bit 00	R	BOOL	SW1	Main_SW	글로벌 변수
	Ch1_In01	Input CH1 bit 01	R	BOOL	SW2	기동	글로벌 변수
	Ch1_In02	Input CH1 bit 02	R	BOOL	SW3	정지	글로벌 변수
	Ch1_In03	Input CH1 bit 03	R	BOOL	SW4		글로벌 변수
	Ch1_In04	Input CH1 bit 04	R	BOOL	SW5		글로벌 변수
	Ch1_In05	Input CH1 bit 05	R	BOOL	SW6		글로벌 변수
	Ch1_In06	Input CH1 bit 06	R	BOOL	SW7		글로벌 변수
	Ch1_In07	Input CH1 bit 07	R	BOOL	SW8		글로벌 변수
	Ch1_In08	Input CH1 bit 08	R	BOOL	SW9		글로벌 변수
	Ch1_In09	Input CH1 bit 09	R	BOOL	SW10		글로벌 변수
	Ch1_In10	Input CH1 bit 10	R	BOOL			글로벌 변수
	Ch1_In11	Input CH1 bit 11	R	BOOL			글로벌 변수
	Ch1_In12	Input CH1 bit 12	R	BOOL			글로벌 변수
	Ch1_In13	Input CH1 bit 13	R	BOOL			글로벌 변수
	Ch1_In14	Input CH1 bit 14	R	BOOL			글로벌 변수
	Ch1_In15	Input CH1 bit 15	R	BOOL			글로벌 변수
	▼ Ch2_In	Input CH2	R	WORD			

⑥ I/O맵에 변수가 등록됩니다.

또는 Excel에서 변수의 순서대로 변수명과 코멘트를 작성하여 원하는 변수의 첫 행 위치에 붙여넣기 하면 상기 과정과 같이 변수를 한 번에 작성할 수 있습니다.

SW1	Main_SW
SW2	기동
SW3	정지
SW4	
SW5	
SW6	
SW7	
SW8	
SW9	
SW10	

3.6 컨트롤러 설정

1) 동작설정

「전원 투입 시 모드」 등 PLC기능 모듈의 동작 및 라우팅테이블에 관한 설정을 합니다.

① 멀티 뷰 익스플로러의 [구성·설정]-[컨트롤러설정]-[동작설정]을 더블 클릭합니다.(또는 우 클릭하여 [편집]을 선택합니다.)

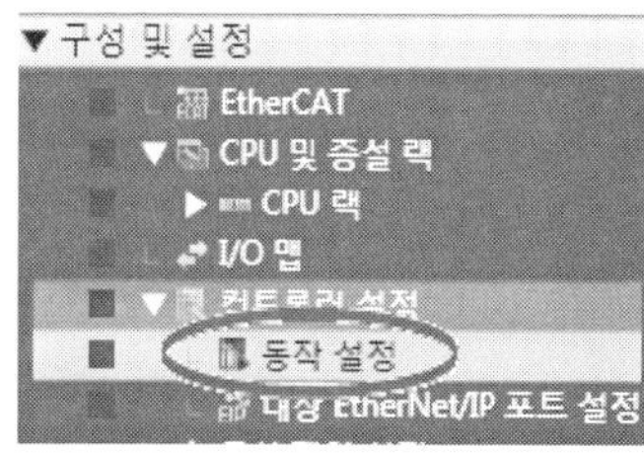

② [구성·설정] 안에 여러 항목설정이 표시됩니다.

③ 각 항목을 설정합니다.

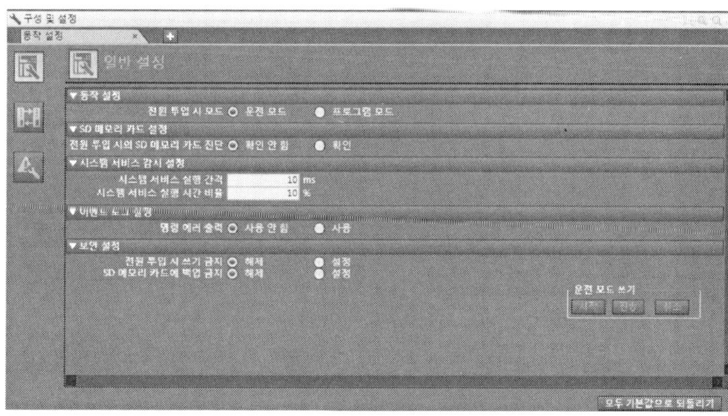

설정내용에 범위 외 등의 오류가 있는 경우, 해당부분이 적색으로 표시됩니다.

설정카테고리	설정항목	설명
동작설정	전원 투입시 모드	전원 투입 시의 동작모드를 선택합니다.
SD메모리 카드 설정	전원 투입시 SD메모리 카드진단	전원 투입 시 장착되어 있는 SD 메모리 카드에 자기진단(파일 시스템 체크와 수리)을 실행할 지를 설정합니다.
시스템 서비스 감시 설정	시스템 서비스 실행간격 [ms]	시스템 서비스를 실행할 간격을 설정합니다.
	시스템 서비스 실행시간비율 [%]	CPU 유니트 전체 처리에 대한 시스템 서비스를 실행할 비율을 설정합니다.
Security설정	전원 투입시 쓰기 보호	전원 투입 시에 CPU유니트를 덮어쓰기 금지 상태로 할 것 인지를 설정합니다.
운전모드변환	• 개시 • 전송 • 캔슬	프로젝트와 컨트롤러의 파라미터가 일치할 경우, 운전모드 중에도 전원 투입 시 쓰기 보호된 파라미터 설정을 쓸 수 있습니다.

2) 내장 EtherNet/IP포트 설정

컨트롤러에 내장되어 있는 EtherNet/IP포트 통신을 위한 설정(TCP/IP 설정 등)을 합니다.

① 멀티 뷰 익스플로러의 [구성·설정]-[컨트롤러 설정] -[내장 EtherNet/IP포트 설정]을 더블 클릭합니다. (또는 우클릭해서 [편집]을 선택합니다.)

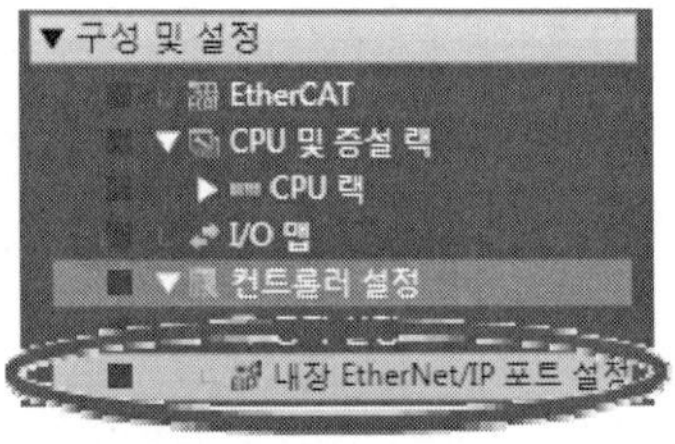

② [구성·설정] 안에 [내장 EtherNet/IP포트 설정] 표시가 있습니다. 각 아이콘 버튼을 클릭하며 설정합니다.

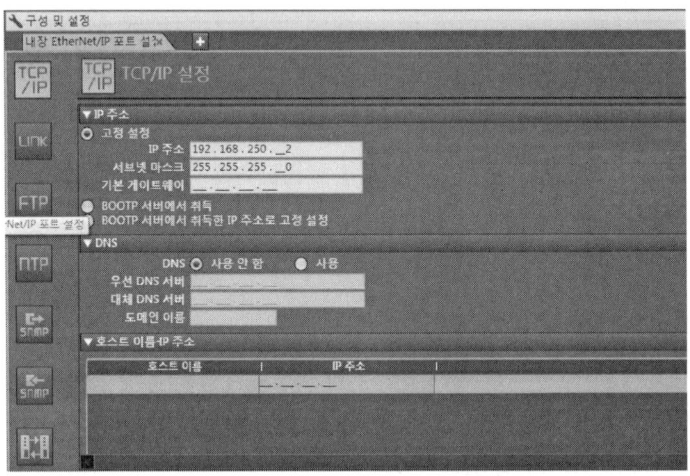

항목명	아이콘버튼	설명
TCP/IP		EtherNetIP 포트의 TCP/IP 설정을 합니다.
LINK설정		EtherNetIP 포트의 전송속도를 설정합니다.
FTP		FTP서버 사용/미사용 설정 및 사용 필요 설정을 합니다.
NTP		NTP기능(자동시간조정)을 사용/미사용 설정, 사용시 필요 설정을 합니다.
SNMP		SNMP(감시기능)을 사용/미사용 설정, 사용시 필요 설정을 합니다.
SNMP 트랩		SNMP트랩(네트워크 이상 검출) 사용/미사용 설정, 사용시 필요 설정을 합니다.
FINS		내장 EtherNet/IP포트의 FINS통신 설정을 합니다. 상세 내용은 뒷쪽에서 「FINS설정」 에서 설명합니다.

3.7 POU의 등록

1) POU(Program Organization Unit)란

프로그램 실행처리를 구성하는 부품을 말합니다. 구성단위에 따라 프로그램, 펑션, 펑션블록 부품이 있습니다. 멀티 뷰 익스플로러 내의 [프로그래밍] - [POU]에서, 프로그램, 펑션, 펑션블록을 등록하고, 실행 알고리즘을 기술합니다.

2) POU의 표시

① 멀티 뷰 익스플로러 안의 [프로그래밍] - [POU]를 더블 클릭합니다.

② POU 아래에 「프로그램」, 「펑션」, 「펑션블록」 항목이 표시됩니다.

③ [프로그램]을 더블 클릭합니다.
[Program0] - [Section0]이 표시됩니다.

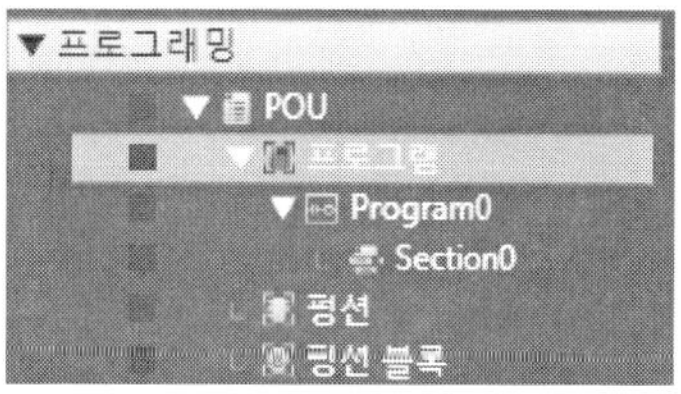

④ [Section0]을 더블 클릭합니다.(또는 우 클릭하여 [편집]을 선택합니다.)

⑤ 프로그램 영역에 변수 테이블과 래더 에디터가 표시됩니다. 로컬 변수 등록 및 래더 작성을 할 수 있습니다.

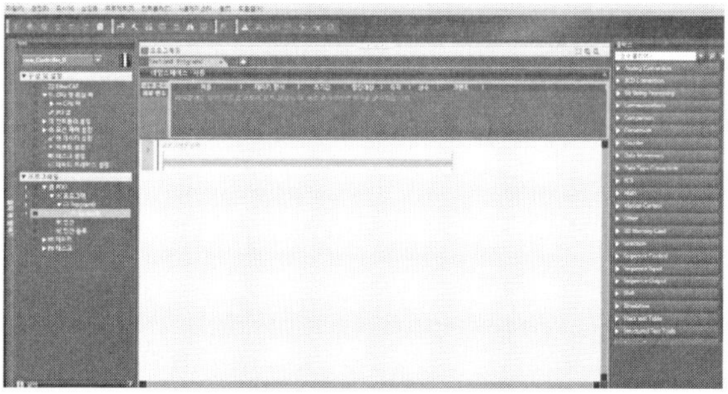

〈참고1〉 POU 추가 등록방법

① 멀티 뷰 익스플로러의 [프로그래밍] - [POU] - [프로그램]을 우 클릭합니다.

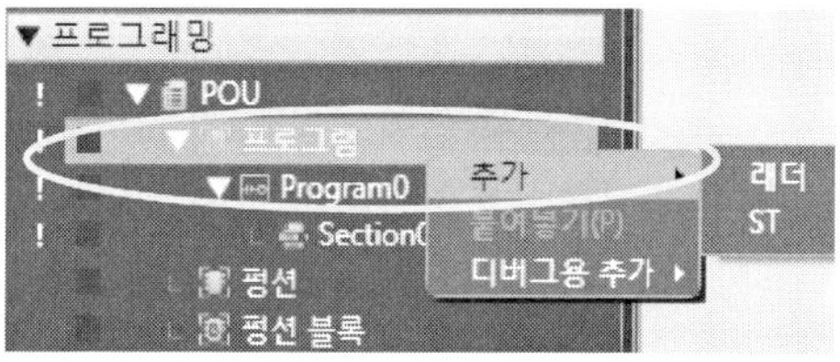

② [추가] - [래더]를 선택합니다.

③ [프로그램] 항목 아래에 [Program1] - [Section0]이 추가됩니다.

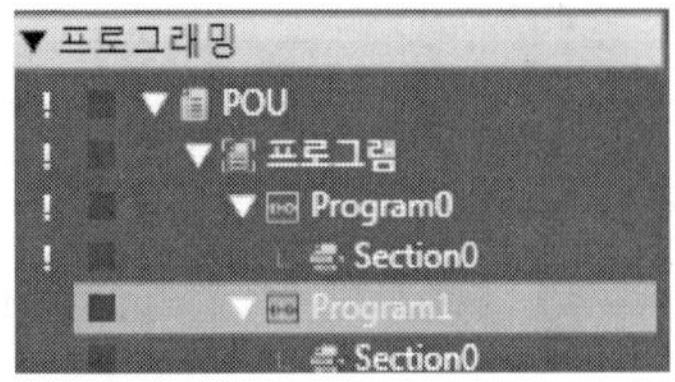

〈참고2〉 Section의 추가 등록방법

① 멀티 뷰 익스플로러의 [프로그래밍] - [POU] - [프로그램] - [Program0]을 우 클릭합니다.

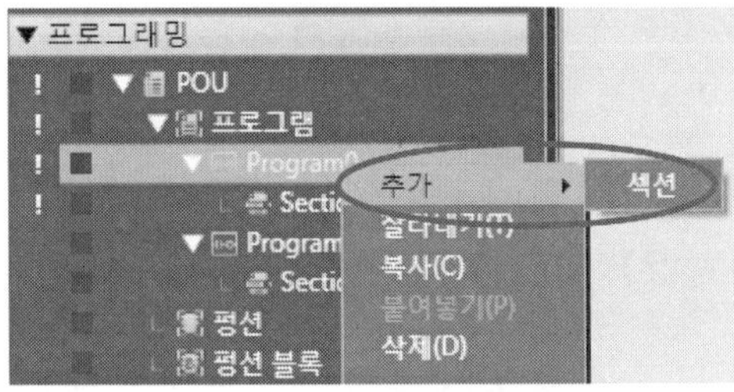

② [추가] - [Section]을 선택합니다.

③ [Program0] 항목 아래에 [Section1]이 추가됩니다.

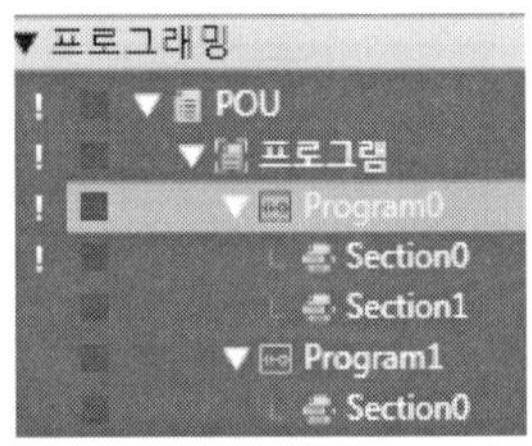

3 8 변수의 등록

1) 로컬 변수의 등록화면의 기동

멀티 뷰 익스플로러의 [프로그래밍] - [POU] - [프로그램] - [Program0] - [Section0]을 더블 클릭합니다. (또는 우 클릭하여 [편집]을 선택합니다.)

편집 윈도우 내의 프로그래밍 영역에 로컬 변수의 등록 테이블이 표시됩니다.

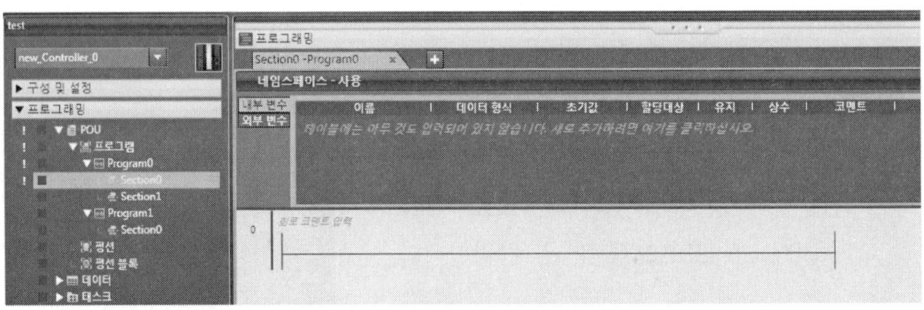

2) 로컬 변수(내부변수)의 신규 등록

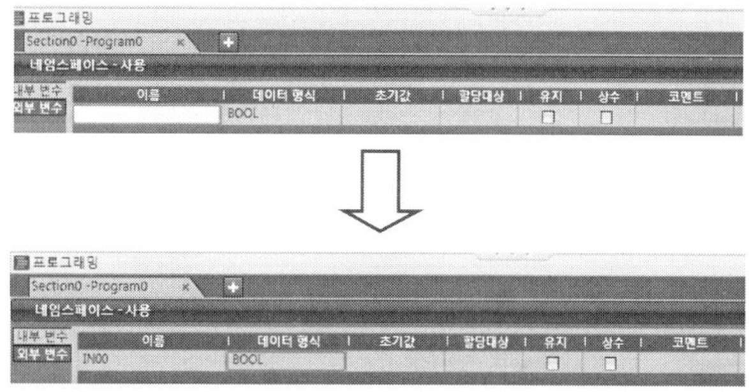

① 변수 테이블 안에 커서를 놓습니다.

② 각 항목을 입력 또는 선택하여, [Enter]키를 누르고 확정합니다.

- 명칭 : 「IN00」
- 래더 유형 : 「BOOL」

③ 로컬 변수(내부 변수)가 등록됩니다.

3) 로컬변수(외부변수)의 신규 등록

글로벌 변수에서 등록한 변수를, 로컬 변수 테이블의 외부 변수에 등록합니다.

① [외부 변수] 탭을 클릭하고, 변수 테이블 안에 커서를 둡니다.

② 글로벌 변수 「OUT00」의 두문자 「o」 키를 누릅니다. 리스트 안에서 「OUT00」을 선택하고, [Enter]키를 누릅니다.(OUT00이 디바이스 변수에 등록 완료된 경우)

③ 로컬 변수(외부 변수)가 등록됩니다.

4) 배열 변수의 등록방법

다음 배열 변수를 예로 설명합니다.

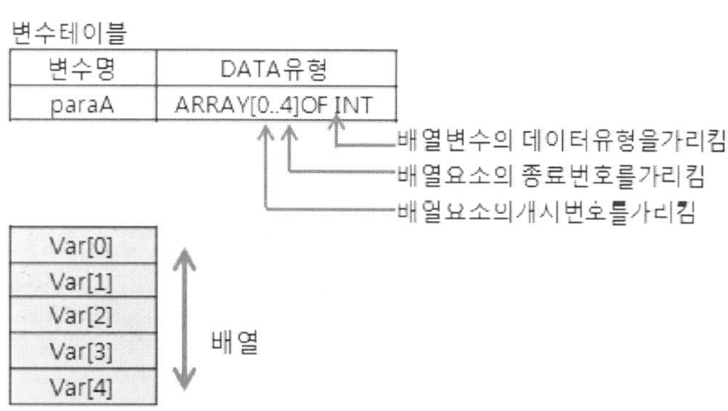

다음 배열 변수 [paraA]를 정의합니다.

변수명	데이터유형
paraA	ARRAY[0..4] OF INT

① 로컬 변수(내부 변수) 테이블을 엽니다. 변수를 신규 작성하고, 명칭란에 「paraA」 라고 입력합니다.

② 변수 테이블의 데이터유형 란에 「A」 라고 입력합니다. 여러 항목 중 「ARRAY[?..?] OF ?」 를 선택합니다.

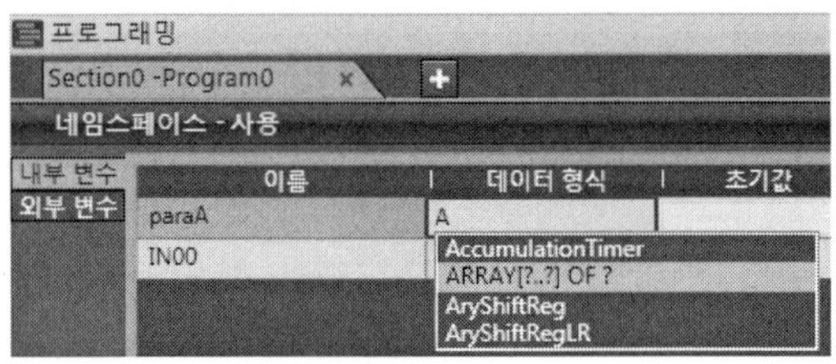

③ [?..?]부의 왼쪽에 요소의 개시번호 「0」, 오른쪽에 종료번호 「4」, OF ?부에 데이터 유형 「INT」 를 입력합니다. 변수가 등록됩니다.

전 페이지의 배열 변수는 INT[5]로 입력할 수도 있습니다.

전 페이지와 같은 데이터 유형의 paraB를 등록하는 예를 설명하겠습니다.

변수명	데이터유형
paraB	ARRAY[0..4] OF INT

① 로컬 변수(내부 변수) 테이블을 엽니다. 변수를 신규작성하고, 명칭란에 「paraB」 라고 입력합니다.

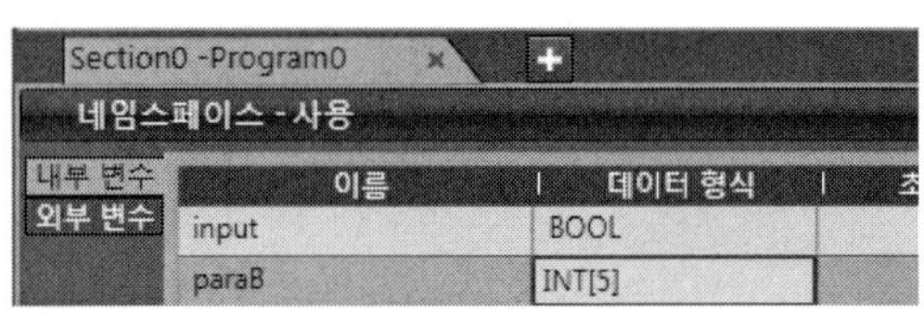

② 변수 테이블의 데이터 유형 란에 「INT[5]」라고 입력합니다.

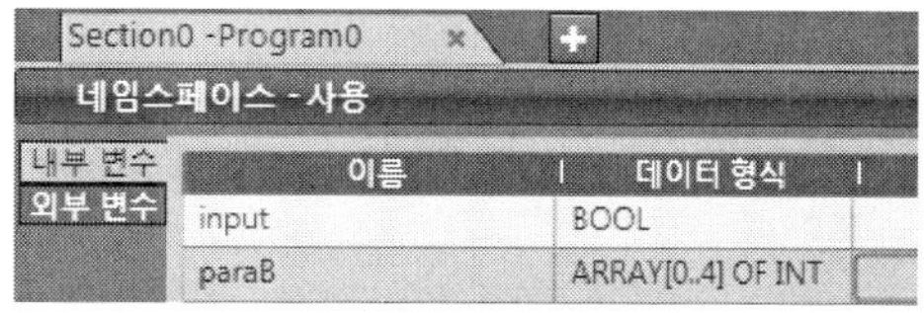

③ Enter키를 누르고 확정하면 자동으로 「ARRAY[0..4] OF INT」가 등록됩니다.

OMRON

이 장에서는
래더 프로그래밍 실습과
기본적인 조작방법을 학습합니다.

4.1 래더의 기본명령과 작성방법
4.2 펑션 및 펑션블록
4.3 프로그램 입력 연습
4.4 프로그램 체크
4.5 빌드와 다시 빌드(리빌드)
4.6 워치 윈도우(감시 창)
4.7 온라인 편집

4

로직 프로그램(기초편)

4.1 래더의 기본명령과 작성방법

POU(프로그램, FB, FUN) 내의 알고리즘을 표현하기 위한 언어를 프로그램 언어라고 합니다. NJ 시리즈에서 사용할 수 있는 프로그램 언어는 래더도 언어(LD), ST 언어(Structured Text: 구조화 텍스트)의 2종류입니다.

래더도 언어는 전기 회로의 이미지로 기술한 그래픽 프로그램 언어입니다. FB나 FUN을 포함한 처리의 각 부품이 모두 그림으로 표시되며, 그 그림을 직선으로 연결하여 일련의 알고리즘을 구축합니다. 래더도 언어로 쓴 알고리즘을 래더도라고 합니다.

래더도 언어는 좌우 모선, 연결선, 래더도 구문(접점, 코일), FB 및 FUN으로 이루어집니다.

■ 래더도 명령

명령	명칭
LD / LDN	로드 / 로드부정
AND / ANDN	논리곱 / 부정 논리곱
OR / ORN	논리합 / 부정 논리합
Out / OutNot	출력 / 부정 출력

1) LD / LDN

LD

변수명으로 지정한 BOOL 형식 변수의 값을 읽어서 다음 단계로 연결(출력)합니다. 지정한 변수의 값이 TRUE라면 TRUE를 출력, FALSE라면 FALSE를 출력합니다. 모선에서 시작되는 최초의 a 접점 또는 회로 블록의 최초의 a 접점에 사용합니다.

LDN

변수명으로 지정한 BOOL 형식 변수의 반전값을 읽어서 다음 단계로 연결(출력)합니다. 지정한 변수의 값이 TRUE라면 FALSE를 출력, FALSE라면 TRUE를 출력합니다. 모선에서 시작되는 최초의 b 접점 또는 회로 블록의 최초의 b 접점에 사용합니다.

명령	명칭	FB/FUN	그래픽표현	ST표현
LD	로드	-		없음
LDN	로드 부정	-		없음

2) AND / ANDN

AND

변수명으로 지정한 BOOL 형식 변수의 값과 입력 조건의 논리곱을 다음 단계로 연결(출력)합니다. 이전 단계 회로와 직렬 연결하는 a 접점에 사용합니다.

ANDN

변수명으로 지정한 BOOL 형식 변수의 반전값과 입력 조건의 논리곱을 다음 단계로 연결(출력)합니다. 이전 단계 회로와 직렬 연결하는 b 접점에 사용합니다.

명령	명칭	FB/FUN	그래픽표현	ST표현
AND	로드	-	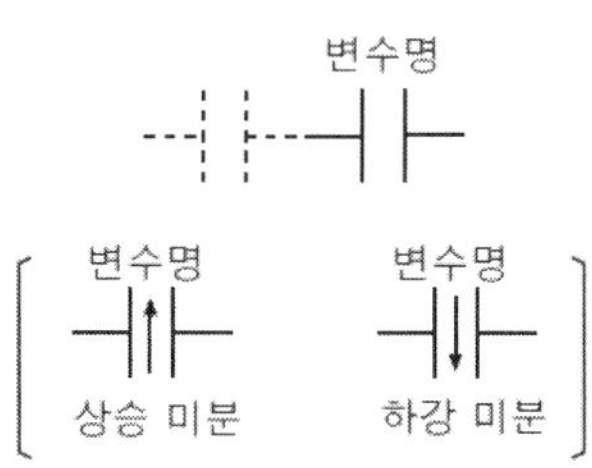	result:=vBool1 AND vBool2; result:=vBool1 & vBool2;
LDN	로드 부정	-	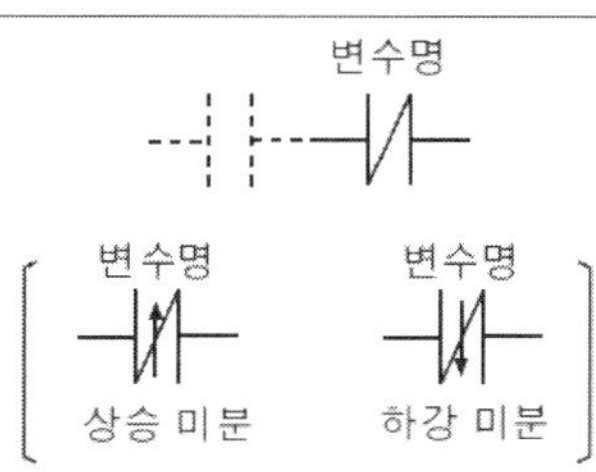	result:=vBool1 AND NOT vBool2;

■ 래더 프로그래밍 기본 규칙

- 회로는 위에서 아래로 실행됩니다.
- 같은 회로 상의 접점은 왼쪽에서 오른쪽으로 실행됩니다.

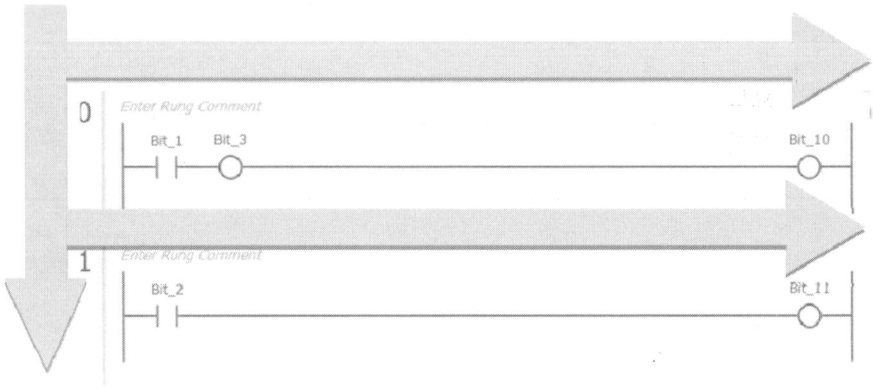

- 회로 오른 쪽 끝단에는 접점 입력을 할 수 없습니다.

- 내용이 없는 공백 회로는 설정할 수 없습니다.

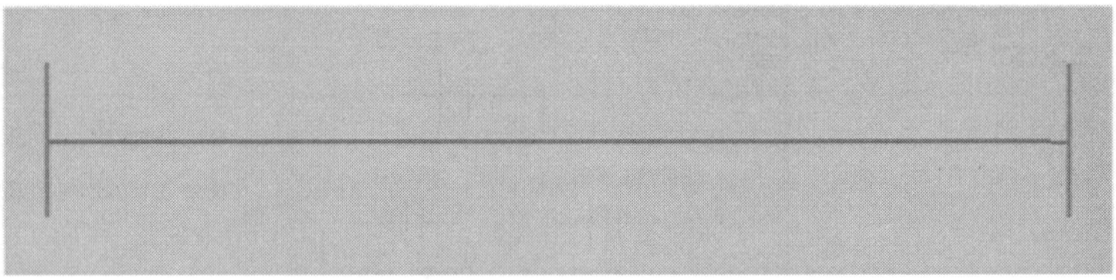

• 코일 뒤에는 코일 이외의 접점을 연결할 수 없습니다.

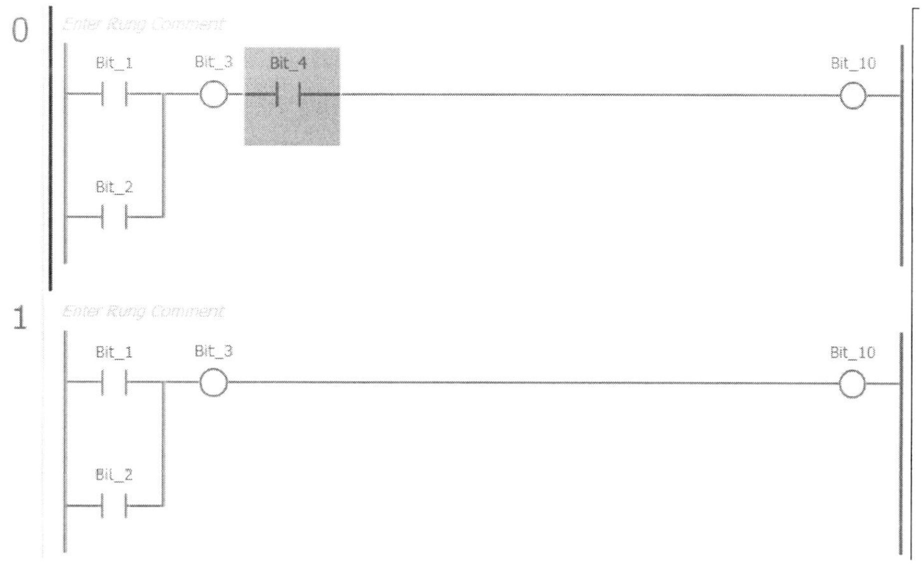

• 코일, 펑션, 펑션블록, 인라인ST는, 접점이 없어도 입력할 수 있습니다. 이 경우, 입력 이론은 True가 됩니다.

• 로직이 성립되고 오른쪽에 접점이 입력되어 있지 않으면, 코일 및 접점을 삽입 가능합니다.

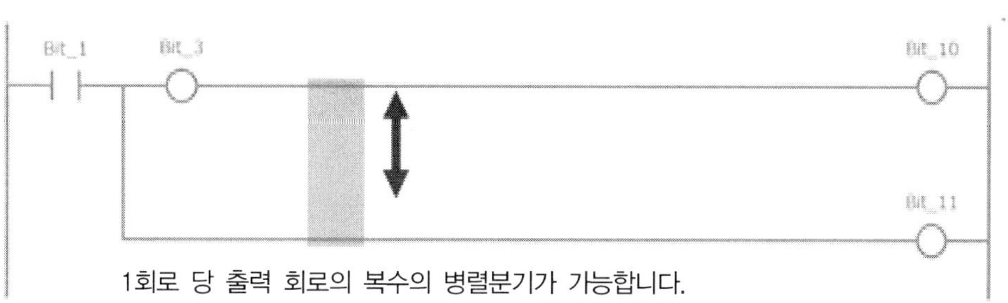

4 2 펑션 및 펑션블록

1) 펑션(FUN)과 펑션블록(FB)의 정의

펑션(FUN)은 단순한 연산 등 단일 기능을 갖는 명령을 말하며, 펑션블록과 달리 내부 메모리를 점유하지 않고 인스턴스가 불필요합니다. 래더 언어 또는 ST언어로 기술하고, 로컬 변수 테이블과 알고리즘으로 이루어집니다.

펑션블록(FB)은 동작을 정의한 명령으로 타이머 등과 같이 내부 상태를 기억할 필요가 있는 명령어를 말하며, 운용을 위한 인스턴스을 필요로 하기 대문에 내부 메모리를 점유하고 개수 제약이 있습니다. 펑션과 마찬가지로 래더 언어 또는 ST언어로 기술하고, 로컬 변수 테이블과 알고리즘로 구성되어 있습니다.

2) 펑션(FUN)과 펑션블록의 작성방법

■ 펑션 및 펑션블록의 입력 방법은 하기 내용을 참조하십시오.

❶ 툴 박스에서 펑션 및 펑션블록 이름을 직접 회로도에 드래그 앤 드롭합니다.

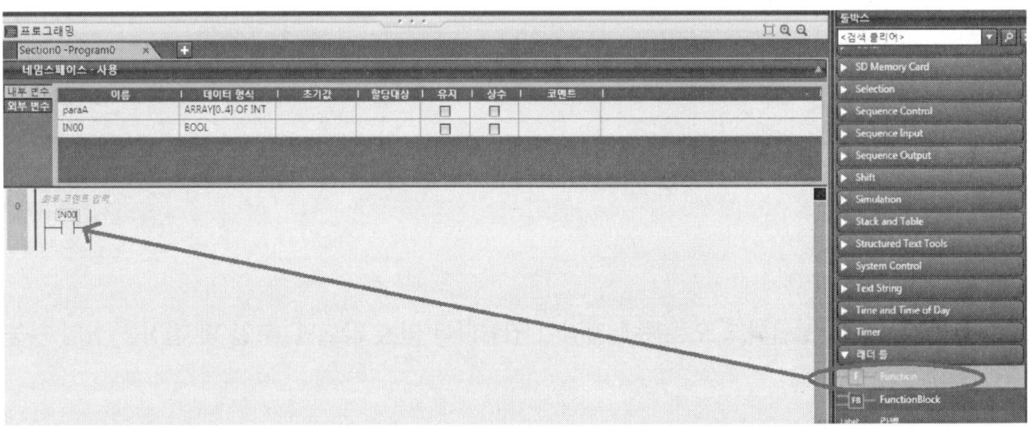

❷ 접속선을 선택한 상태에서 우 클릭하여, 메뉴에서 「펑션 또는 펑션블록 삽입」을 선택하고 펑션 및 펑션블록 이름을 입력합니다.

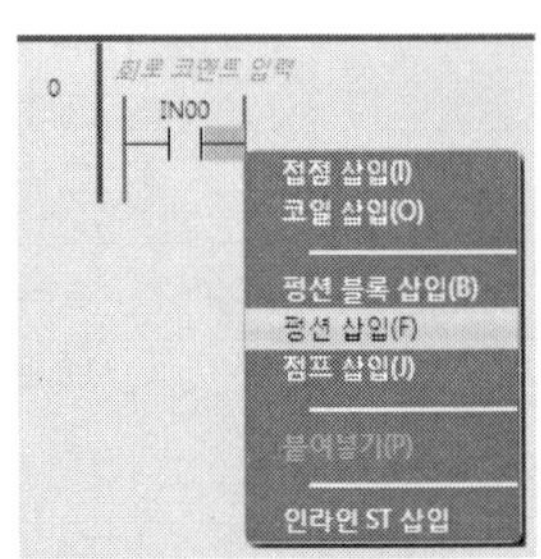

❸ 접속선을 선택하고 펑션 삽입 시에는 단축키 「I」 를 입력하고, 해당 펑션 명을 입력합니다. 펑션블록 삽입 시에는 단축키 「F」 를 입력하고 해당 펑션블록 명을 입력합니다.

참고) 단축키 일람표

기능	단축키	메뉴
a 접점 입력	[C]	없음
b 접점 입력	[/]	없음
a 접점 OR 입력	[W]	없음
b 접점 OR 입력	[X]	없음
출력코일 입력	[O]	없음
출력코일(부정)입력	[Q]	없음
펑션블록 호출	[F]	없음
펑션 호출	[I]	없음
전 프로그램 체크	[F7]	[프로그램] - [전 프로그램 체크]
선택 프로그램 체크	[Shift] + [F7]	[프로그램] - [부분 프로그램 체크]
프로젝트 파일 빌드	[F8]	[프로그램] - [빌드]
프로젝트 파일 리빌드	[Shift] + [F8]	[프로그램] - [리빌드]
래더 회로 행 추가	[R]	[삽입] - [회로부품] - [행]

4.3 프로그램 입력 연습

하기 3패턴의 프로그램을 작성해 봅시다.

1) 패턴1 : LD, OUT

실습 하기 패턴의 래더 프로그램을 작성합니다.

데모키트의 스위치1과 램프1을 이용하여 스위치를 On하면 램프1에 출력이 나가도록 프로그래밍 하시오.

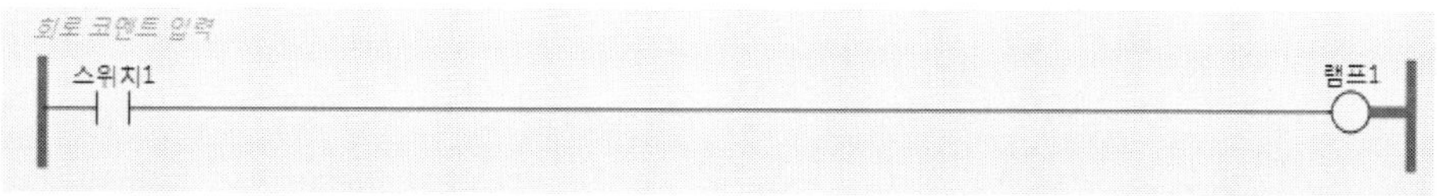

(1) 접점입력

접점입력 방법은 다음과 같습니다.

접점을 AND회로로 넣을 경우에도 같은 방법으로 시행합니다.

- 프로그래밍 영역에 툴 박스-래더툴에서 [접점]을 드래그 앤 드롭(입력장소에)
- 프로그래밍 영역 상에서 접속선을 선택하여, 우클릭 한 후[접점 삽입]선택
- 프로그래밍 영역 상에서 접속선을 선택하고 [C]키
- 프로그래밍 영역 상에서 접점을 Copy([Ctrl]+[C])하고 접속선을 선택하여, 붙여넣기([Ctrl]+[V])합니다.

(2) 코일 입력

코일을 삽입하는 방법은, 다음과 같습니다.

- 프로그래밍 영역에 툴박스-코일을 드래그 앤 드롭으로 삽입
- 프로그래밍 영역 상의 접속선을 선택하고, 우클릭하여 [코일 삽입]을 선택
- 프로그래밍 영역 상의 코일을 입력하는 시점의 접속선부터 종점의 오른쪽 모선까지 접속선을 드래그 앤 드롭
- 프로그래밍 영역 상의 코일을 Copy([Ctrl]+[C])하고 접속선을 선택하여 붙여넣기([Ctrl]+[V])합니다.

(3) 회로 행(렁[rung]) 추가

행에 커서를 두고 [R]키를 누릅니다.

(또는 우클릭하여 [회로를 삽입]을 선택합니다.

실습 하기 패턴의 래더 프로그램을 작성합니다. LD, OUT, 자기유지

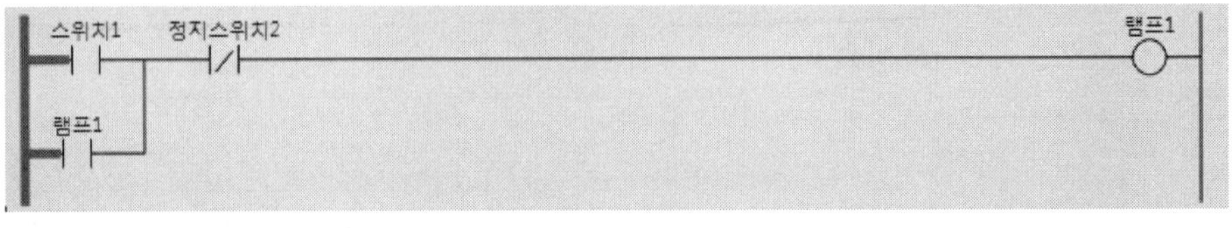

2) 패턴2 : 상승/하강 미분 접점, OR회로, 접점반전

● 상승/하강 미분 설정 방법

래더도 언어의 명령(접점)에도 위 화살표(↑), 아래 화살표(↓)를 붙여서 상승 미분, 하강 미분의 동작을 하는 것이 있습니다.

상승 (↑)	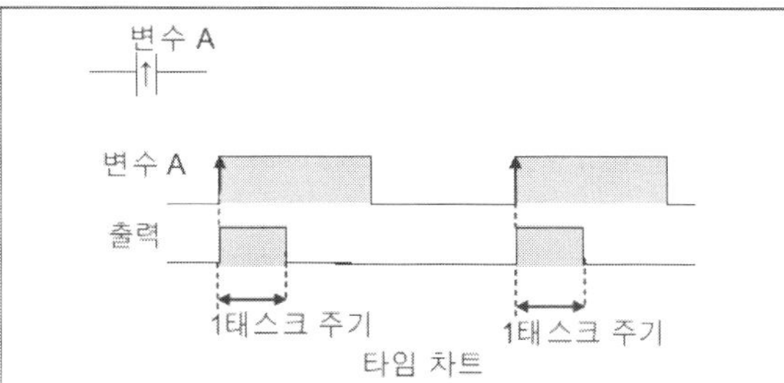	태스크 주기마다 접점 읽기/비교/비트 테스트 등의 처리를 실행하고, 결과가 FALSE → TRUE로 변화했으면 전력 플로우를 출력하는 명령입니다. 출력하는 전력 플로우는 (1태스크 주기TRUE 이후) 다음 태스크 주기에 FALSE가 됩니다.
하강 (↓)	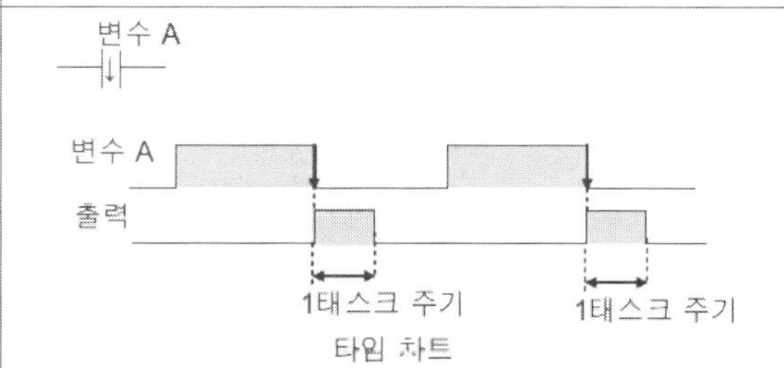	태스크 주기마다 접점 읽기 등의 처리를 실행하고, 결과가 TRUE → FALSE로 변화했으면 전력 플로우를 출력하는 명령입니다. 출력하는 전력 플로우는 (1태스크 주기TRUE 이후) 다음 태스크 주기에 FALSE가 됩니다

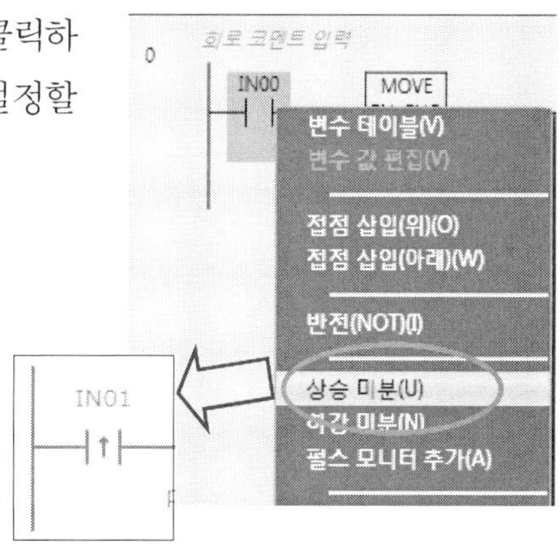

① 프로그래밍 영역에서 접점을 선택하고, 우 클릭하여 [상승미분]을 선택합니다. 상승 미분을 설정할 경우, [상승미분]을 선택합니다.

② 접점이 상승미분 됩니다.

● OR회로 입력

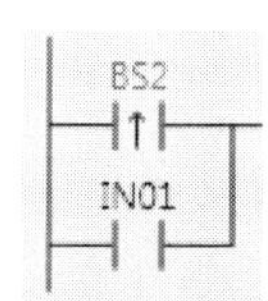

접점을 OR회로로 삽입하는 방법은, 다음 5가지입니다.

- 프로그램 상에서 접점을 삽입할 위치에, [접점](툴박스)를 드래그 & 드롭
- 프로그램 상에서 접점을 삽입할 곳의 위 또는 아래의 접점을 우 클릭하

여 [접점을 삽입(위)]또는 [접점을 삽입(아래)]을 선택

- 프로그램 상에서 접점을 입력할 시점의 접속선에서 종점의 접속선까지 접속선을 드래그 & 드롭
- 프로그램 상에서 접점을 선택하여 [W]키. b접점 OR를 입력할 경우는 [X]키
- 프로그램 상의 접점을 복사([Ctrl]+[C])해 두고, 접속선을 선택하여, 붙여넣기([Ctrl]+[V])합니다.(코일, 펑션, 펑션블록의 OR회로도 동일합니다.)

실습 하기 펑션을 사용한 회로를 작성합니다.(상승 미분 접점, OR회로)

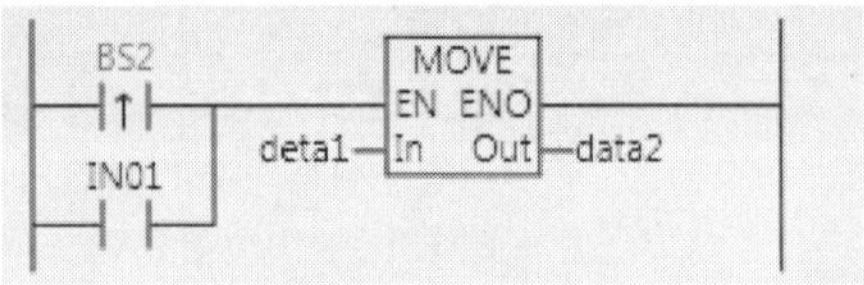

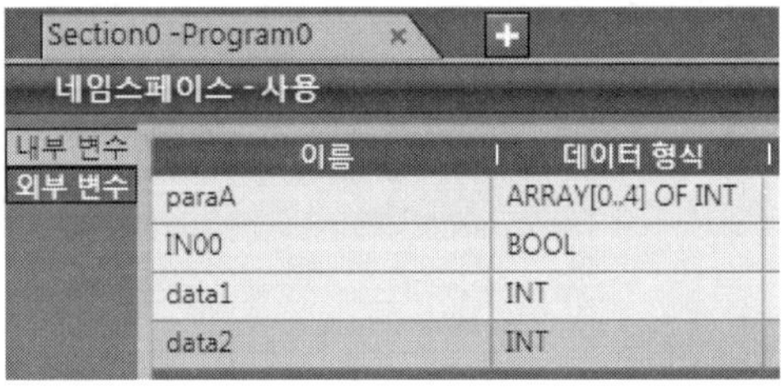

● 접점 반전

접점 반전은 다음 2가지입니다.

- 프로그래밍 상에서 접점을 선택하고, 우 클릭하여 [반전]을 선택합니다.
- 접점을 선택하고 「/」 키를 누릅니다.

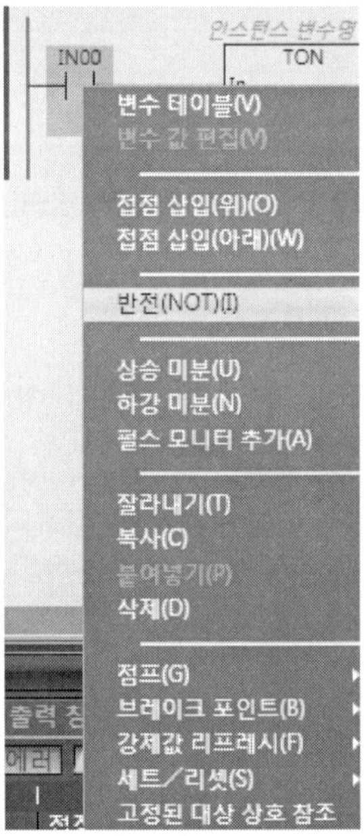

4.4 프로그램 체크

작성한 POU(프로그램, 펑션블록, 펑션)의 서식에 오류가 있는지를 확인합니다. 프로그램 체크에는, 다음 2가지 방법이 있습니다.

- 전 프로그램 체크
- 부분 프로그램 체크

1) 전체 프로그램 확인

① 메뉴 바에서 [프로젝트] - [전체 프로그램 확인]을 선택합니다.

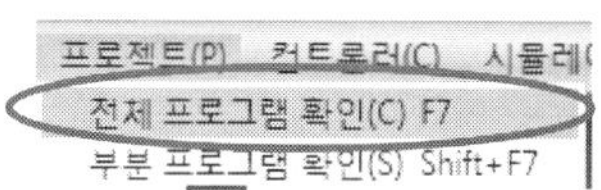

② 프로그램 체크 결과가 빌드 윈도우에 표시됩니다.

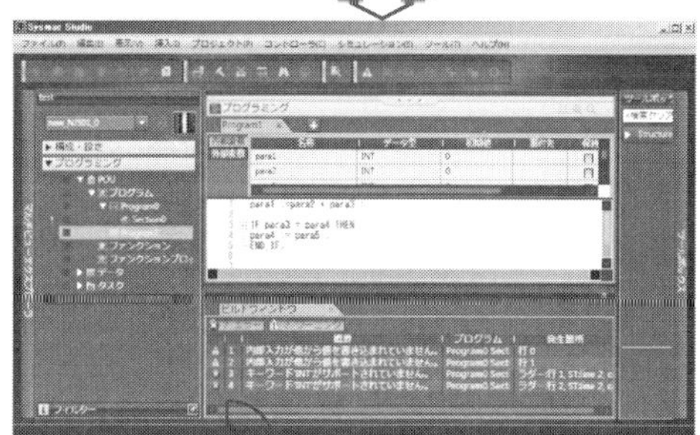

항목	이미지	내용
에러 수		에러 총 수를 표시합니다.
경고 수		경고 총 수를 표시합니다.
에러/경고번호		에러/경고를 발견한 순서대로 표시합니다.
에러/경고내용		에러/경고 내용을 표시합니다.
에러/경고개소		에러/경고 발생개소를 표시합니다.

실습 래더프로그램이 다음 상태에서 「프로그램 체크」를 실행합니다.

- 접점에 입력 변수를 설정하지 않는다.
- 코일을 이중 사용한다.

① 빌드 윈도우 상의 에러 행을 더블클릭합니다.

② 프로그래밍 상에, 해당 장소가 표시됩니다.

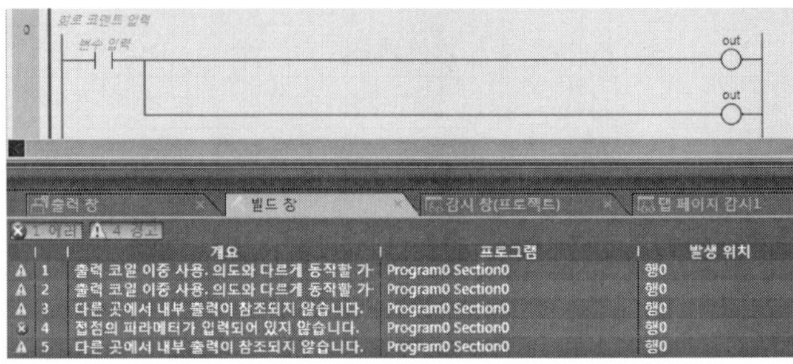

③ 에러 내용을 참고로 프로그램을 다음과 같이 수정합니다.
- 접점에 입력 변수를 설정한다.
- 코일을 이중 사용하지 않는다.

④ 프로그램 체크를 합니다.
메뉴 바에서 [프로젝트]-[전 프로그램체크]를 선택합니다.

⑤ 에러가 없어집니다.

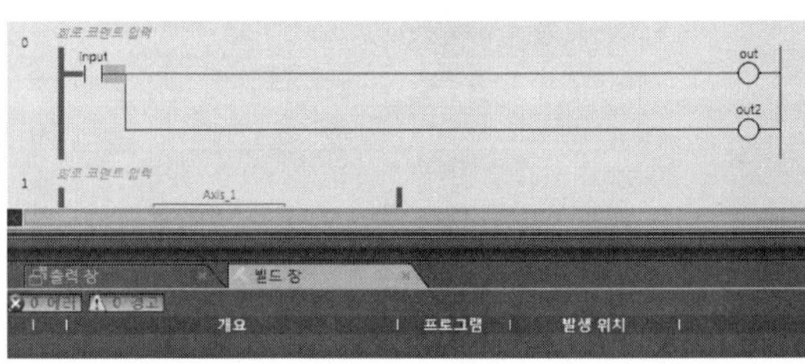

2) 부분 프로그램 체크

① 멀티 뷰 익스플로러에서, 대상 POU 또는 Section을 선택합니다.

② 메인 메뉴에서 [프로젝트] - [부분 프로그램 체크]를 선택합니다.

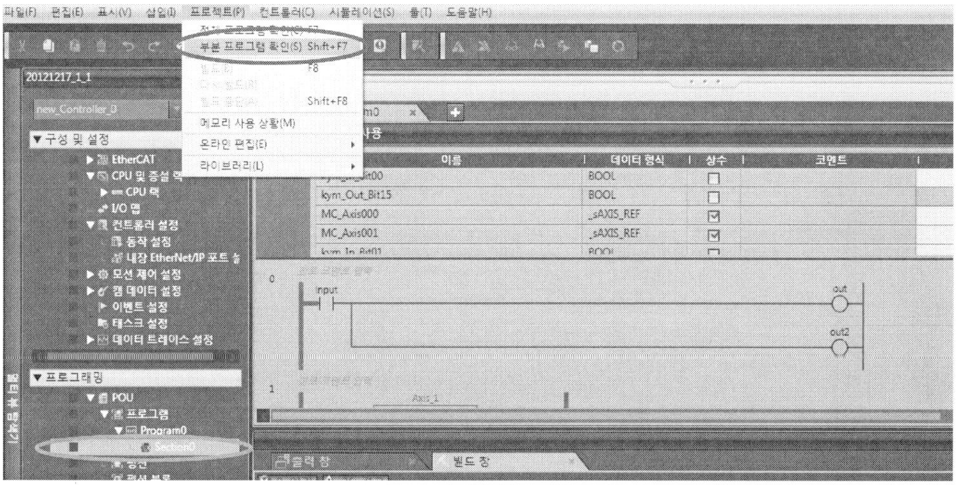

4 5 빌드와 다시 빌드(리빌드)

1) 빌드

프로젝트의 프로그램을 CPU 유니트에서 실행가능한 형식으로 변환하는 동작입니다. 변환 시에 프로그램이나 변수 데이터 체크를 합니다.

에러가 있을 경우에는 변환동작을 하지 않고, 에러 내용이 빌드 윈도우에 표시됩니다. 2번째 이후의 빌드에서는, 변경된 프로그램만 빌드 됩니다.

빌드는 유저 조작에 의한 변경 시 자동으로 실행됩니다. 수동으로도 실행됩니다.

2) 다시 빌드

한번 빌드한 프로젝트의 프로그램을 다시 빌드하는 것을 말합니다. 모든 프로그램의 빌드를 실행합니다.

빌드 조작(온라인모드)

① 메뉴 바에서 [프로젝트]-[빌드]를 선택합니다.

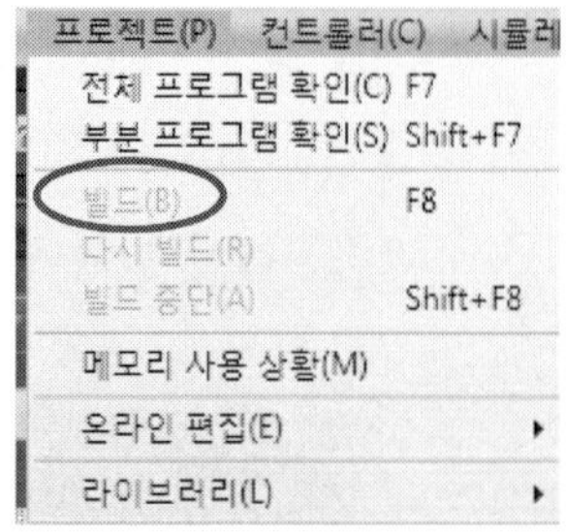

② 빌드윈도우가 표시됩니다. 에러가 없는 경우 아무것도 표시되지 않습니다. 에러가 있는 경우에는, 하기에 에러 일람이 표시됩니다.

* Output윈도우 탭을 클릭하면, 빌드 안의 스테이터스를 확인할 수 있습니다.

4 6 워치 윈도우(감시 창)

여러 변수의 현재값을 워치 윈도우에서 정리하여 확인/모니터링하는 기능입니다. 워치 윈도우에는, 다음 2가지 종류가 있습니다.

■ 워치 윈도우 : 감시 창(프로젝트)

프로젝트에 등록되어 있는 컨트롤러가 대상입니다.
복수의 온라인 중인 컨트롤러의 현재값을 한번에 확인할 수 있습니다.

■ 워치 윈도우 : 탭 페이지 감시(컨트롤러)

현재 표시되어 있는 컨트롤러가 대상입니다.

※ 워치 윈도우(프로젝트)의 조작 방법은, 변수 등록 시에 컨트롤러를 지정하는 것 이외에는, 워치 윈도우(컨트롤러)와 같습니다.

실습 입력한 프로그램을 확인해 봅시다.

(온라인 접속하여 동기해 주십시오)

① 메뉴 바에서 [표시]-[워치 윈도우]를 선택합니다.

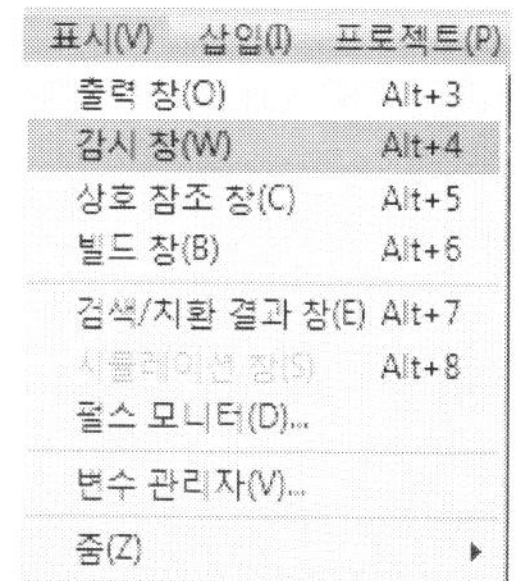

② 2종류의 워치 윈도우가 표시됩니다.
(탭 페이지 이름변경 및 추가 가능)

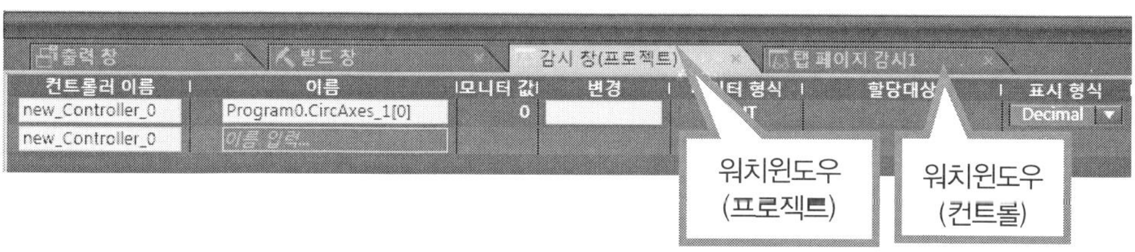

③ 워치 윈도우에 변수를 등록합니다.
방법1) 워치 윈도우의 명칭 셀에 변수 명을 입력한다.
방법2) 편집이나 변수 테이블에서 워치 윈도우에 드래그 & 드롭하여 등록한다.

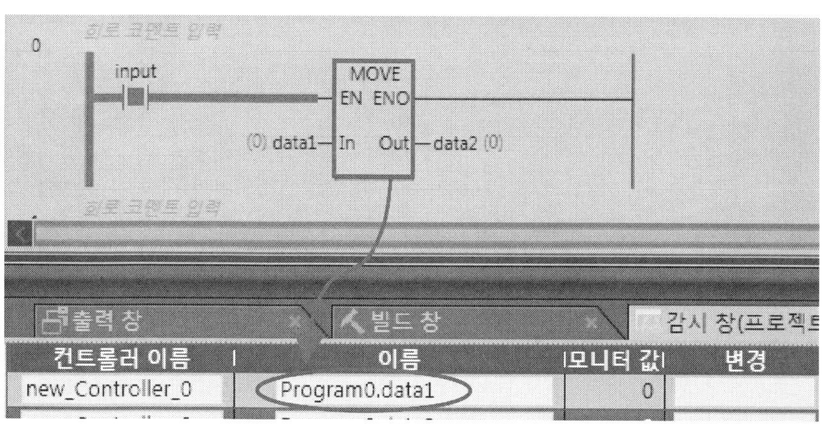

④ 워치 윈도우에서 값 변경이나 모니터가 가능합니다.

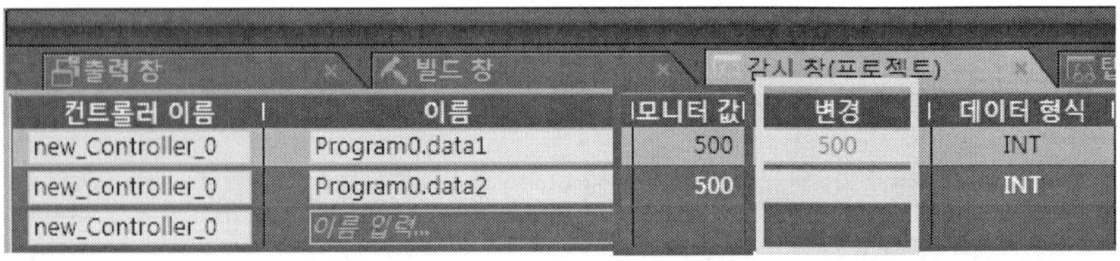

드레그 원본 창	대상	동작
래더 편집기	접점, 코일	접점, 코일의 변수명이 등록됩니다.
	펑션 블록, 펑션	펑션 블록 인스턴스 변수 및 펑션 블록 또는 펑션에 할당된 입출력 변수가 등록됩니다.
ST편집기	변수명	선택한 변수명이 등록됩니다.
글로벌 변수 테이블, 로컨 변수 테이블	변수 테이블의 변수, 펑션 블록 인스턴스명	선택한 변수명, 펑션 블록 인스턴스명이 등록됩니다.

등록 시의 입력 형식

'이름'의 입력 형식은 다음과 같습니다.

① 범위별 변수명 입력 형식

변수	입력 형식	예
글로벌 변수	변수명	Start_SW1
로컬 변수 (Program)	Program명.변수명	Program1.Start_SW1

② 데이터 형식별 변수명 입력 형식

변수의 데이터 형식	입력 형식	표시
기본 데이터 형식	변수명	지정한 변수가 표시됩니다.
배열 형식	배열 변수명	배열 변수명을 등록한 경우, 배열의 각 요소가 축소되어 표시됩니다.
	배열 변수명[숫자]	지정한 변수가 표시됩니다.
	배열 변수명[숫자..숫자] (범위지정)	범위 내의 각 요소가 축소되어 표시됩니다.
구조체 형식	구조체 변수명	구조체 멤버가 축소되어 표시됩니다.
	구조체 변수명.맴버명	지정한 변수가 표시됩니다.
공용체 형식	공용체 변수명	구조체 멤버가 축소되어 표시됩니다.
	공용체 변수명.맴버명	지정한 변수가 표시됩니다.
POI 인스턴스 (Function, FB)	POU 인스턴스 변수명	POU 내의 변수가 축소되어 표시됩니다.
	POI인스턴스명. POU내 변수명	지정한 변수가 표시됩니다.
열거 형식	변수명	지정한 변수가 표시됩니다.

4.7 온라인 편집

■ 온라인 편집이란, 가동 중 시스템의 프로그램을 편집하는 기능입니다.

- 온라인 편집의 편집 대상은 POU와 데이터(글로벌 변수만)입니다.
- 데이터(유저 정의 데이터 유형)는 온라인 편집의 편집 대상이 아닙니다.
- 온라인 편집의 편집범위는 1 POU입니다. (CJ 동등)
- 한 번의 온라인 편집으로 편집할 수 있는 회로 수는 제한이 없습니다.(CJ보다 우위)
- 변수, FB인스턴스의 추가가 가능합니다. 변수 삭제, 명칭변경은 불가능합니다.

※ 온라인에서 조작합니다.

① 편집 대상 Section을 선택합니다.

② 온라인 접속 상태에서, 메뉴 바에 [프로젝트]-[온라인편집]-[시작]을 선택합니다.

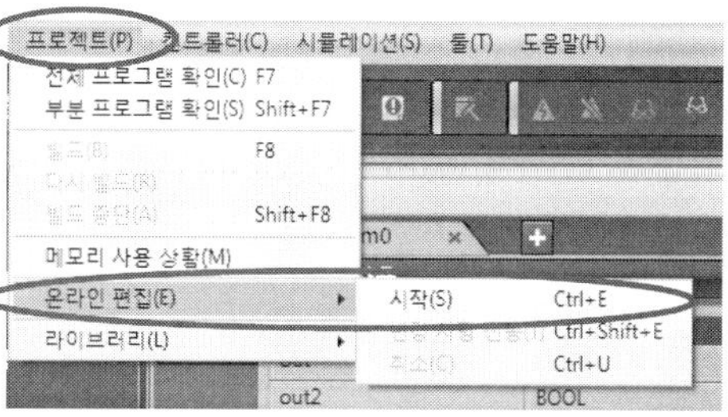

③ 프로그램이 편집가능한 상태가 됩니다.

④ 메뉴 바에서 [프로젝트]-[온라인 편집]-[변경을 전송]을 선택합니다.

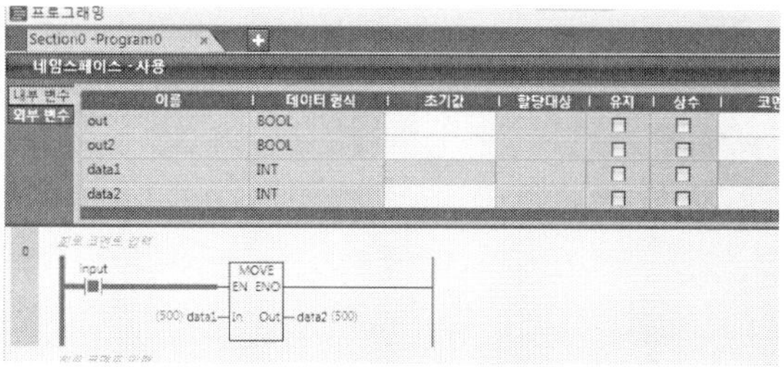

⑤ 오른쪽 화면의 다이얼로그가 표시됩니다.

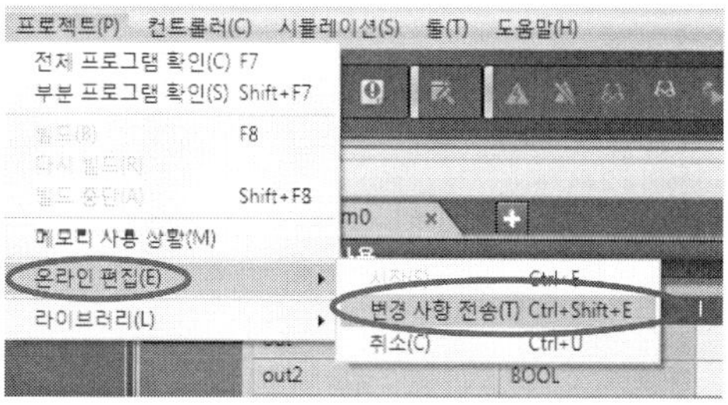

⑥ [예]를 클릭합니다.

- 온라인 편집이 완료되었습니다.

참고

온라인 편집을 취소할 경우에는, 온라인 편집 편집상태에서 메뉴 바에서 [프로젝트]-[온라인 편집]-[취소]를 선택합니다.

실습 온라인 편집을 사용하여 프로그램을 편집합니다.

예 : 코일을 추가합니다.

이 장에서는
프로그램을 작성할 때 많이 사용하는
FUN과 FB 명령어를 이용하여 프로그램을 작성해 봅시다.

5.1 타이머
5.2 카운터
5.3 Inc/Dec 명령
5.4 데이터 전송 명령
5.5 산술 명령
5.6 비교 명령
5.7 데이터 형식 변환 명령
5.8 데이터 변환 명령
5.9 기타 명령

5

명령어(FUN, FB)

참고

사용에 앞서, 프로그램 작성에 필요한 펑션, 펑션블록의 정의를 간략하게 알아봅시다.

(1) **펑션(FUN)**

- 단순한 연산 등 단일 기능의 명령을 말하며, 프로그램내에서 펑션명을 호출 또는 지정하여 사용합니다.
- 인스턴스가 불필요하여, 별도 내부 메모리를 점유하지 않습니다.
- 1 사이클 안에 동작이 완료되어, 결과값이 즉시 도출됩니다.

●FUN 형식의 예

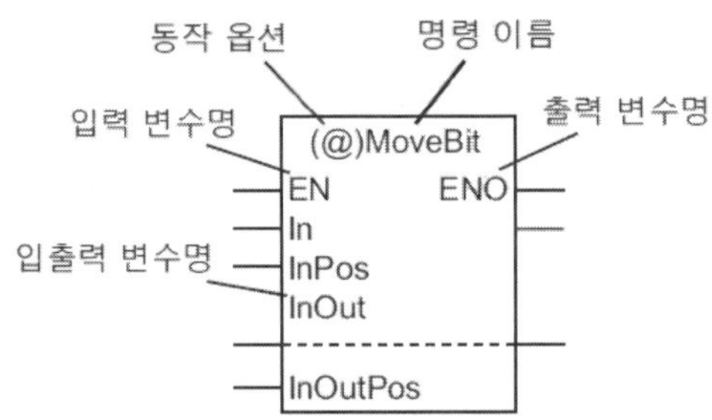

(2) **펑션블록(FB)**

- 타이머, 카운터 등과 같이 동작을 정의한 명령을 말하며, 프로그램 내에서 펑션블록명을 호출 또는 지정하여 사용합니다.
- 고유한 인스턴스가 필요하며, 별도 내부 메모리를 점유하므로 개수 제약이 있습니다.
- 여러 사이클에 거쳐 동작의 조건에 따라 결과값을 도출하며, 펑션블록에 포함된 요소(내부 변수 데이터)를 활용해 프로그램 작성이 가능합니다.

●FB 형식의 예

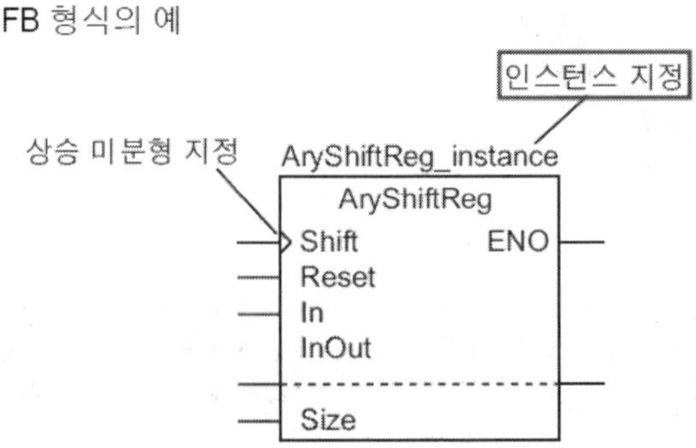

5.1 타이머

1) 타이머의 종류

명령	명칭
TON	온 딜레이 타이머
TOF	오프 딜레이 타이머
TP	펄스 출력
AccumulationTimer	적산 타이머
Timer	100ms 타이머

2) TON(ON딜레이 타이머)

기동 시점부터 설정 시간 경과 후에 True를 출력하는 타이머 펑션블록입니다.

명령	명칭	FB/FUN	그래픽 표현	ST 표현
TON	온 딜레이 타이머	FB	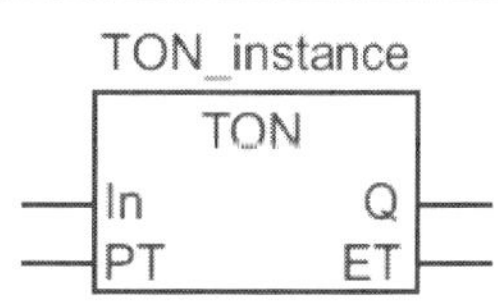	TON_instance (In, PT, Q, ET);

- TON은 입력 신호가 ON되고 나서 설정 시간만큼 경과 후에 출력이 ON합니다.
- 경과시간 「ET」가 설정시간 「PT」에 도달하면 타이머 출력 「Q」가 TRUE 됩니다.
- 타이머 입력 「In」이 FALSE된 사이에는 타이머 출력 「Q」은 FALSE입니다.

■ 변수

	명칭	입/출력	내용	유효범위	단위	초기값
In	타이머 입력	입력	TRUE : 타이머 기동 지시 FALSE : 타이머 리셋 지시	데이터 형식에 따름	-	FALSE
PT	설정시간		타이머 기동부터 'Q'가 TRUE로 바뀔 때까지의 시간	(*)	ms	0
Q	타이머 출력	출력	TRUE : 타이머 출력ON FALSE : 타이머 출력 OFF	데이터 형식에 따름	-	-
ET	경과 시간		타이머 기동 이후의 경과 시간	(*)	ms	

* T#0ms~T#106751d_23h_47m_16s_854.775807ms

	부울	비트 열				정수								실수		시각, 지속 시간, 날짜, 문자열				
	BOOL	BYTE	WORD	DWORD	LWORD	USINT	UINT	UDINT	ULINT	SINT	INT	DINT	LINT	REAL	LREAL	TIME	DATE	TOD	DT	STRING
In	○																			
PT																○				
Q	○																			
ET																○				

예) 'PT'=T#10ms인 경우의 기술 예와 타이밍 차트가 아래에 나와 있습니다.
변수 A가 TRUE로 변화한 지 10ms 후에 변수 abc의 값이 TRUE가 됩니다.

● 펑션블록형 명령의 입력

① 펑션블록을 삽입합니다. 삽입하고자 하는 접속선에서 우클릭하고 F키를 누름.

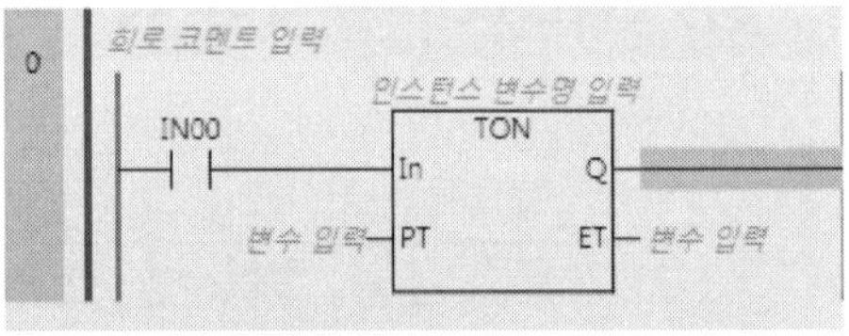

② 대상 펑션블록을 선택하여 F B 이름인 "TON"(소문자도 상관없으며 기입한 뒤 자동으로 대문자 전환)을 입력하고 Enter↵. [인스턴스 변수명을 입력], [변수를 입력] 부분을 클릭하여, 드롭 다운 리스트에서 변수를 선택 또는 입력합니다.(드롭 다운리스트에는 입력 대상 유형에 일치한 변수가 표시됩니다.)
FB 위에"인스턴스 변수명 입력"을 좌클릭하고 인스턴스"TON"을 입력한 후 입력측(왼쪽) 변수에"T#1000ms"입력.
출력측(오른쪽) 변수는 TON의 경우 입력을 생략한다.

③ 인스턴스 명, 변수가 입력됩니다.

LD

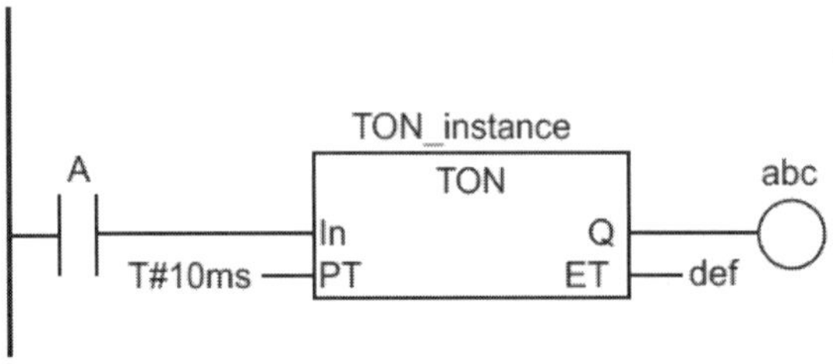

ST

```
TON_instance(A, T#10ms, abc, def);
```

문제 1 TON명령을 사용해서 다음 프로그램을 작성해 주십시오.

〈에너지 절약 대책 에스컬레이터〉

이 에스컬레이터는, 사람이 올 때까지는 멈춰 있다가 사람이 와서 센서 앞을 통과하면 모터가 움직입니다. 마지막 사람이 통과하고서 1분 정도 지난 후 멈춥니다.
(기자재의 DC모터를 이용하여 실습해 봅시다)

실습 하기 펑션블록을 사용한 회로를 작성합니다. (접점반전실습)

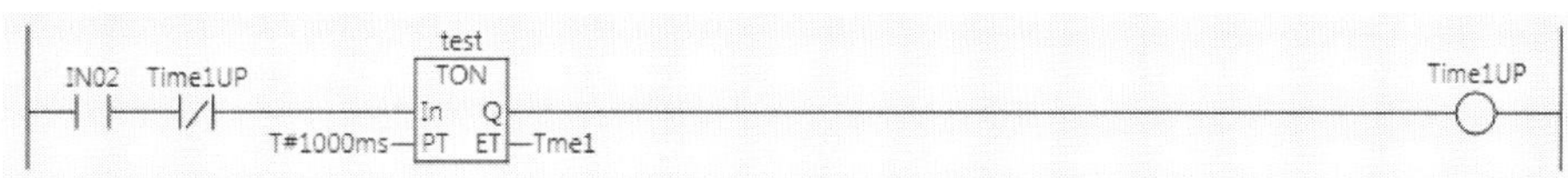

FB 전체가 선택된 상태에서 F1키를 누르면, 그 FB의 레퍼런스가 참고할 수 있다.

F B상에서 F1키

TON

The TON instruction outputs TRUE when the set time elapses after the timer starts.

Instruction	Name	FB/FUN	Graphic expression	ST expression
TON	On-Delay Timer	FB	TON_instance TON In Q PT ET	TON_instance (In, PT, Q, ET);

Variables

Name	Meaning	I/O	Description	Valid range	Unit	Default
In	Timer input	Input	TRUE: Timer start signal FALSE: Timer reset signal	Depends on data type.	–––	FALSE
PT	Set time	Input	Time from when timer starts until Q changes to TRUE	*	ms	0
Q	Timer output	Output	TRUE: Timer output ON FALSE: Timer output OFF	Depends on data type.	–––	–––
ET	Elapsed time	Output	Elapsed time since timer started	*	ms	–––

* T#0ms to T#106751d_23h_47m_16s_854.775807ms

실습 하기 펑션블록을 사용한 회로를 작성합니다. (연속동작)

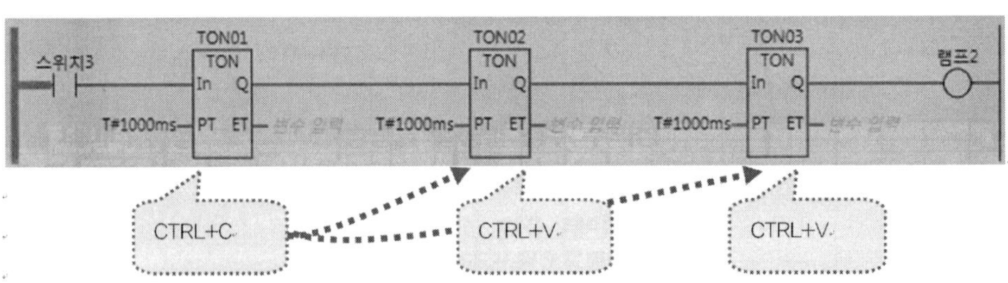

주의) Copy하고 난 후 인스턴스 명을 변경할 것!

2) Timer(100ms ON딜레이 타이머)

기동 시점부터 설정 시간 경과 후에 TRUE를 출력하는 타이머 펑션입니다. 설정 시간의 최소 단위는 100ms입니다.

명령	명칭	FB/FUN	그래픽 표현	ST 표현
Timer	100ms 타이머	FUN	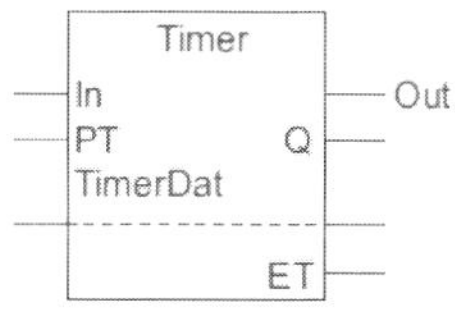	Out: =Timer (In, PT, TimerDat, Q, ET);

타이머 입력 'In'의 값이 FALSE가 되면 타이머가 리셋됩니다. 남은 시간 'ET'에 설정 시간 'PT'가 세트되며, 타이머 출력 'Q'의 값이 FALSE가 됩니다.
'In'이 FALSE에서 TRUE로 변화하면 타이머가 기동하고, 'ET'의 값이 감소하다 'ET'의 값이 0에 도달하면 타이머 출력 'Q'가 TRUE가 됩니다.
타이머 기동 후 'ET'가 0에 도달하기 전에 'In'이 FALSE가 되면 타이머는 리셋됩니다.

■ 변수

	명칭	입/출력	내용	유효 범위	단위	초기값
In	타이머 입력	입력	TRUE : 타이머 기동 지시 FALSE : 타이머 리셋 지시	데이터 형식에 따름	–	FALSE
PT	설정 시간	입력	타이머 기동부터 'Q'가 TRUE로 바뀔 때까지의 시간	데이터 형식에 따름	ms	(*)
TimerDat	타이머 상태	입출력	타이머의 현재 상태	–	–	–
Out	반환값	출력	TRUE : 타이머 출력 ON FALSE : 타이머 출력 OFF	데이터 형식에 따름	–	–
Q	타이머 출력	출력	'Out'과 같은 의미	데이터 형식에 따름	–	–
ET	남은 시간	출력	남은 시간	데이터 형식에 따름	ms	–

	부울	비트 열				정수								실수		시각, 지속 시간, 날짜, 문자열				
	BOOL	BYTE	WORD	DWORD	LWORD	USINT	UINT	UDINT	ULINT	SINT	INT	DINT	LINT	REAL	LREAL	TIME	DATE	TOD	DT	STRING
In	○																			
PT							○													
TimerDat	구조체 _sTimer																			
Out	○																			
Q	○																			
ET							○													

예) 'PT'=UINT#10인 경우의 기술 예와 타이밍 차트가 아래에 나와 있습니다. 변수 A가 TRUE로 변화한 지 1,000ms(1s) 후에 변수 ghi의 값이 TRUE가 됩니다.
타이머 상태 'TimerDat'의 데이터 형식은 구조체 _sTimer입니다.

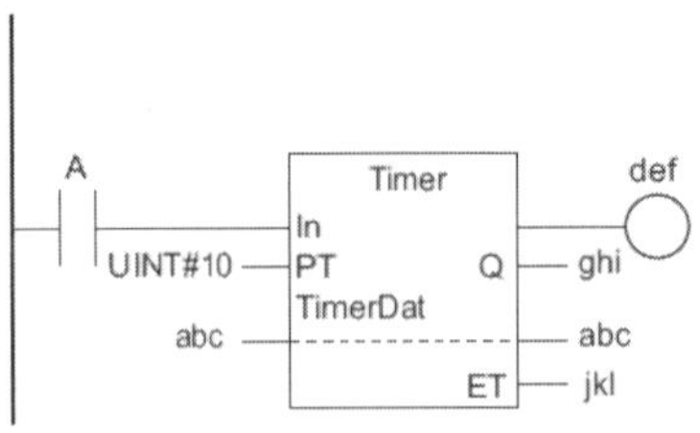


```
def:=Timer(A, UINT#10, abc, ghi, jkl);
```

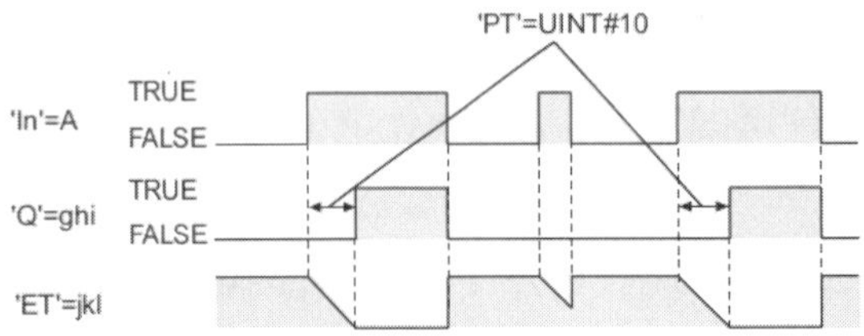

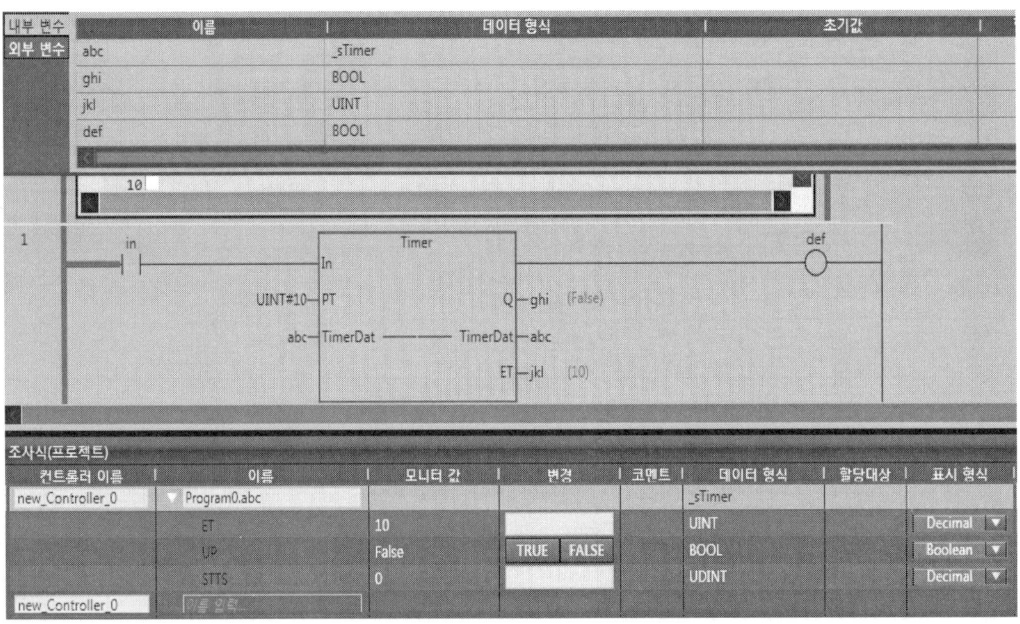

5.2 카운터

1) 카운터의 종류

명령	명칭
CTD	감산 카운터
CTD_**	감산 카운터 그룹
CTU	가산 카운터
CTU_**	가산 카운터 그룹
CTUD	가역 카운터
CTUD_**	가역 카운터 그룹

2) CTD(감산카운터)

카운터 입력 신호가 입력될 때마다 감산하는 카운터

명령	명칭	FB/FUN	그래픽 표현	ST 표현
CTD	감산 카운터	FB	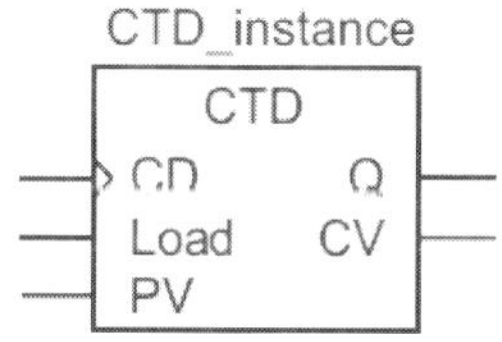	CTD_instance (CD, Load, PV, Q, CV);

- 감산 카운터로서, 사전 설정값, 카운터값의 데이터 형식은 INT입니다..
- 로드 신호 'Load'가 TRUE로 설정되면, 사전 설정값 'PV'의 값을 카운터값 'CV'에 로드해서 카운터 출력 카운터 입력 신호 'CD'가 상승할 때 'CV'를 감산해 나갑니다. 'CV'의 값이 0 이하에 도달하면 'Q'의 값이 TRUE로 바뀝니다.
- 'CV'의 값이 0 이하가 되면, 그 이상 'CD'가 상승하더라도 'CV'는 변화하지 않습니다.
- 'Load'가 TRUE일 동안은 'CD'를 무시합니다. 'CV'의 감산은 수행하지 않습니다.

■ 변수

	명칭	입/출력	내용	유효범위	단위	초기값
CD	카운터 입력	입력	카운터 입력	데이터 형식에 따름	-	FALSE
Load	로드 신호		TRUE:'CV'에'PV'로 로드			
PV	사전 설정값		카운터의 사전 설정값	0~32767		0
Q	카운터 출력	출력	TRUE: 카운터 출력 ON FALSE: 카운터 출력 OFF	데이터 형식에 따름	-	-
CV	카운터 값		카운터의 현재값	0~32767		

	부울	비트 열				정수								실수		시각, 지속 시간, 날짜, 문자열				
	BOOL	BYTE	WORD	DWORD	LWORD	USINT	UINT	UDINT	ULINT	SINT	INT	DINT	LINT	REAL	LREAL	TIME	DATE	TOD	DT	STRING
CD	○																			
Load	○																			
PV											○									
Q	○																			
CV											○									

예) 'PV'=INT#5인 경우의 기술 예와 타이밍 차트가 아래에 나와 있습니다.

LD

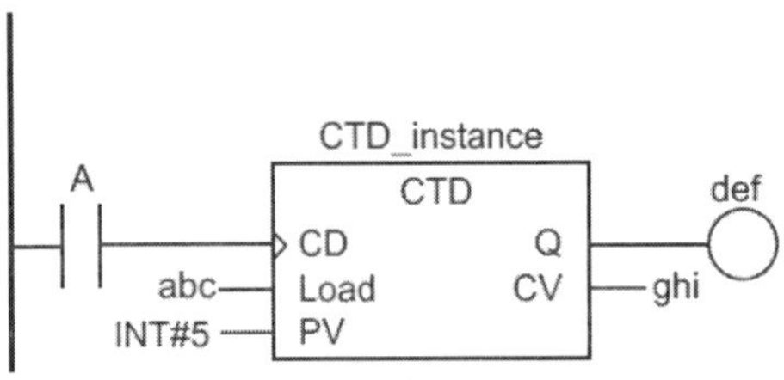

ST

```
CTD_instance(A, abc, INT#5, def, ghi);
```

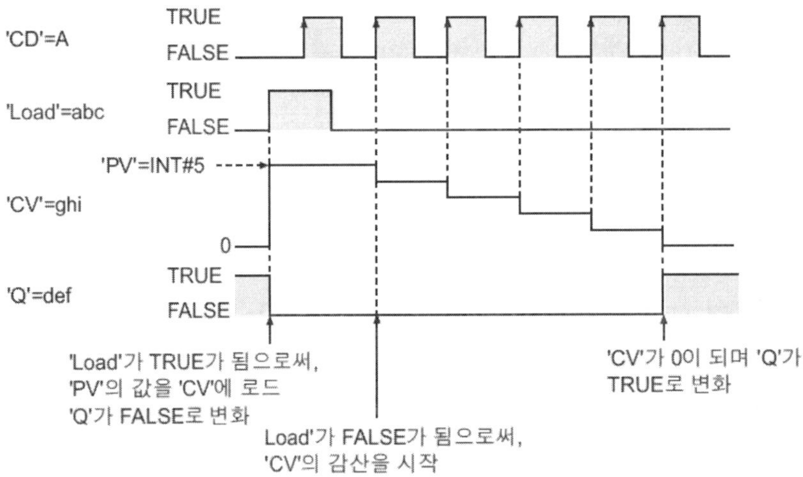

감산 카운터 명령(CTD)과 가산 카운터 명령(CTU)을 사용해서 동작을 확인합니다.

명령	명칭	FB/FUN	그래픽표현	ST표현
CTU	가산 카운터	FB	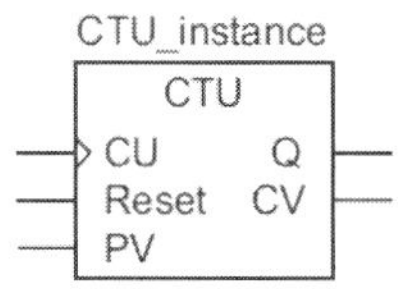	CTU_instance (CU, Reset, PV,Q, CV);

문제 2 입력신호가 5번째에 램프가 점등되고 8번째에 램프가 소등되는 프로그램을 작성해 주십시오.

5.3 Inc/Dec 명령

1) Inc(Increment) / Dec(Decrement)

- Inc는 정수값을 하나씩 가산합니다.
- Dec는 정수값을 하나씩 감산합니다.
- FUN형식 명령의 실행조건은 모두 EN입력입니다. EN이 TRUE인 동안 Task 주기마다 매번 실행하게 되므로 FUN의 미분동작옵션을 부가하기 위해서 명령이름 앞에 @기호를 붙입니다. 그럼 EN 기동시에 1회만 명령을 실행합니다.

명령	명칭	FB/FUN	그래픽표현	ST표현
Inc	증가	FUN	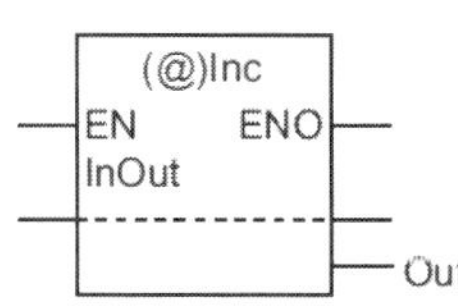	Inc(InOut);
Dec	감소	FUN	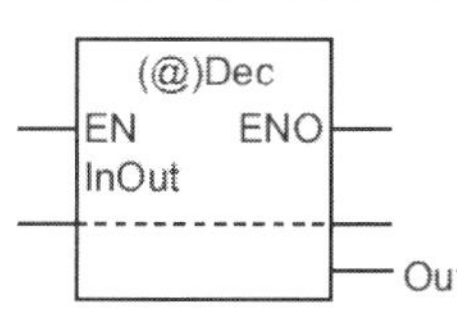	Dec(InOut);

■ 변수

	명칭	입/출력	내용	유효범위	단위	초기값
Inout	대상 데이터	입출력	대상 데이터	데이터 형식에 따름	-	-
Out	반환값	출력	항상TRUE	TRUE만	-	-

	부울	비트 열				정수								실수		시각, 지속 시간, 날짜, 문자열				
	BOOL	BYTE	WORD	DWORD	LWORD	USINT	UINT	UDINT	ULINT	SINT	INT	DINT	LINT	REAL	LREAL	TIME	DATE	TOD	DT	STRING
InOut						○	○	○	○	○	○	○	○							
Out	○																			

예) InOut의 값을 증가시키면 abc의 값이 INT#4인 경우 명령 실행 후 abc의 값은 INT#5가 됩니다.

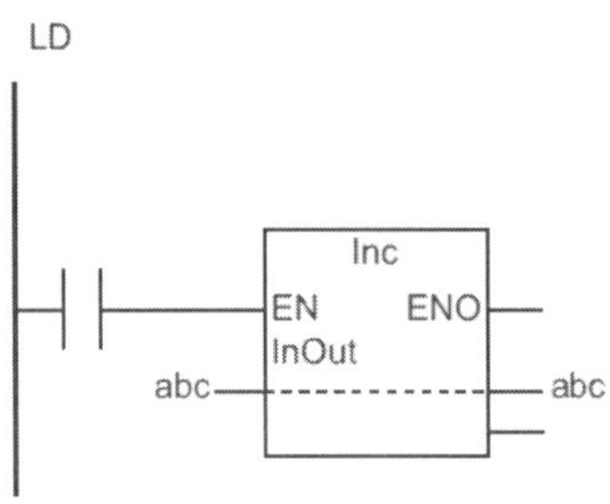

ST

```
Inc(abc);
```

이 명령을 ST 프로그램에서 사용하는 경우, 반환값 'Out'은 사용하지 않습니다.

예) In00이 TRUE일 때마다 변수 Indata에 하나씩 데이터가 가산됩니다.
프로그램 작성하여 워치윈도우를 통해 데이터를 확인하십시오.

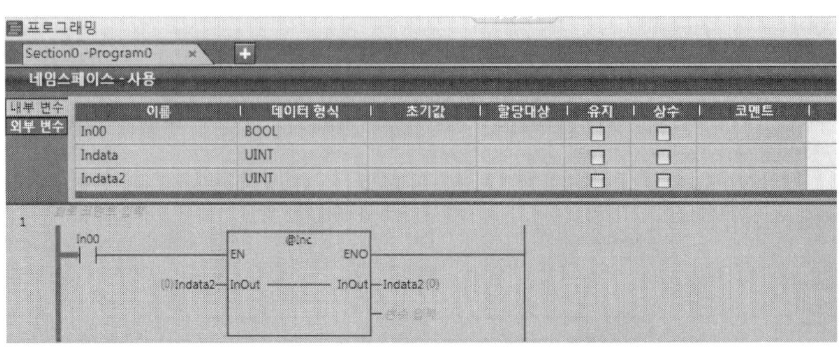

5.4 데이터 전송 명령

1) MOVE

변수 및 정수의 값을 다른 변수로 전송합니다.

명령	명칭	FB/FUN	그래픽 표현	ST 표현
MOVE	전송	FUN	(@)MOVE EN ENO In Out	Out:=In;

■ 변수

	명칭	입/출력	내용	유효범위	단위	초기값
In	전송원	입력	전송원	데이터 형식에 따름	-	(*)
Out	전송대상	출력	전송대상	데이터 형식에 따름	-	(*)

* 입력 파라미터가 생략된 경우, 초기값은 적용되지 않습니다. 빌드 시에 이상 상태가 됩니다.

	부울	비트 열				정수								실수		시각, 지속 시간, 날짜, 문자열				
	BOOL	BYTE	WORD	DWORD	LWORD	USINT	UINT	UDINT	ULINT	SINT	INT	DINT	LINT	REAL	LREAL	TIME	DATE	TOD	DT	STRING
In	○	○	○	○	○	○	○	○	○	○	○	○	○	○	○	○	○	○	○	○
	열거 형식, 배열 전체, 배열의 1개 요소, 구조체 전체, 구조체의 1개 멤버도 지정 가능																			
Out	○	○	○	○	○	○	○	○	○	○	○	○	○	○	○	○	○	○	○	○
	'In'이 열거 형식, 배열의 1개 요소, 구조체 전체, 구조체의 1개 멤버인 경우, 'In'과 같은 데이터 형식을 지정 'In'이 배열 전체인 경우, 'In'과 같은 데이터 형식, 크기, 첨자를 갖는 배열을 지정																			

예) 변수 abc의 내용이 변수 def로 전송됩니다.

LD

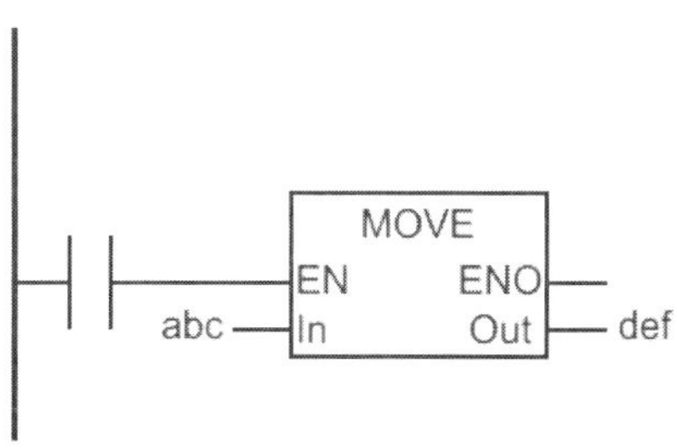

ST

```
def:=abc;
```

문제 3 MOVE 명령을 사용해서 다음 프로그램을 작성해 주십시오.

① data1을 data2로 전송해 주십시오.

변수명	데이터유형
Data1	INT
Data2	INT

② data3에 수치 데이터 “10"을 전송해 주십시오.

문제 4 다른 데이터 유형을 MOVE 명령으로 전송해 주십시오.

③ data4를 LREAL로 내부변수에 등록해 주십시오.

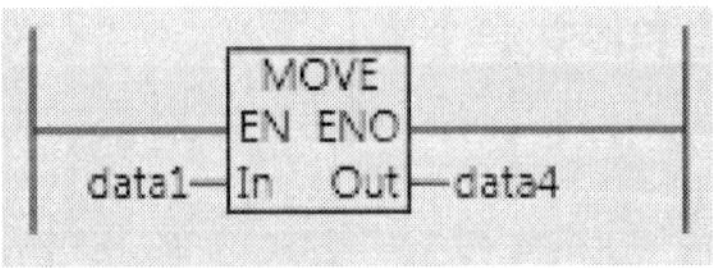

변수명	데이터유형
Data4	LREAL

④ 워치 윈도우에서 data1에 임의의 정수를 넣고 data2~4를 확인해 봅시다.
⑤ data5 변수를 STRING으로 만들고 문자 “PLC”를 전송해 봅시다.

다른 데이터 유형으로 MOVE 명령을 실행할 경우 주의점

「In」 과 「Out」 데이터 유형이 다른 경우는 다음 데이터 유형군 중에서
「Out」 의 유효범위가 「In」 의 유효범위를 포함하는 조합으로 해 주십시오.

- BYTE, WORD, DWORD, LWORD
- USINT, UINT, UDINT, ULINT, SINT, INT, DINT, LINT, REAL, LREAL

데이터사이즈 (小) 데이터사이즈 (大)

2) MoveDigit (자릿수 전송)

비트 열 내의 복수 자릿수(1자릿수는 4비트)를 전송합니다.

명령	명칭	FB/FUN	그래픽 표현	ST 표현
MoveDigit	자릿수 전송	FUN	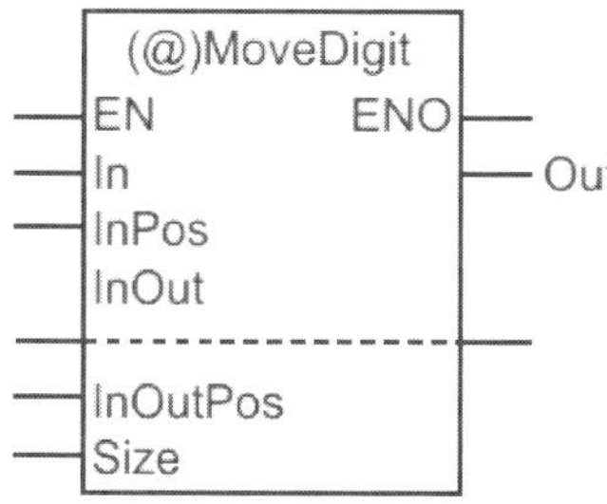	MoveDigit (In, InPos, InOut, InOutPos, Size);

■ 변수

	명칭	입/출력	내용	유효범위	단위	초기값
In	전송원	입력	전송원	데이터 형식에 따름	-	(*1)
InPos	전송원의 자리위치		'In' 중에서 전송되는 자리의 위치	(*2)		0
InOutPos	전송대상의 자리위치		'Out' 중에서 전송대상 자리의 위치	(*3)		
Size	전송 자릿수		전송하는 자릿수	(*4)		1
InOut	전송대상	입출력	전송대상	데이터 형식에 따름	-	-
Out	반환값	출력	항상 TRUE	TRUE만	-	-

*1 입력 파라미터가 생략된 경우, 초기값은 적용되지 않습니다.
빌드 시에 이상 상태가 됩니다.

*2 0~'In'의 비트 수/4- 1

*3 0~'InOut'의 비트 수/4 - 1

*4 0~'In'의 비트 수/4

	부울	비트 열				정수								실수		시각, 지속 시간, 날짜, 문자열				
	BOOL	BYTE	WORD	DWORD	LWORD	USINT	UINT	UDINT	ULINT	SINT	INT	DINT	LINT	REAL	LREAL	TIME	DATE	TOD	DT	STRING
In		○	○	○	○															
InPos						○														
InOutPos						○														
Size						○														
InOut		○	○	○	○															
Out	○																			

예) 'InPos'=USINT#1, 'InOutPos'=USINT#2, 'Size'=USINT#2인 경우의 예가 아래에 나와 있습니다.

LD

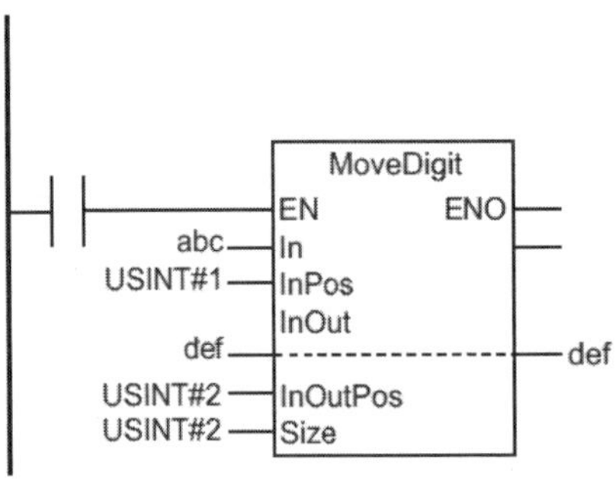

ST

```
MoveDigit(abc, USINT#1, def, USINT#2, USINT#2);
```

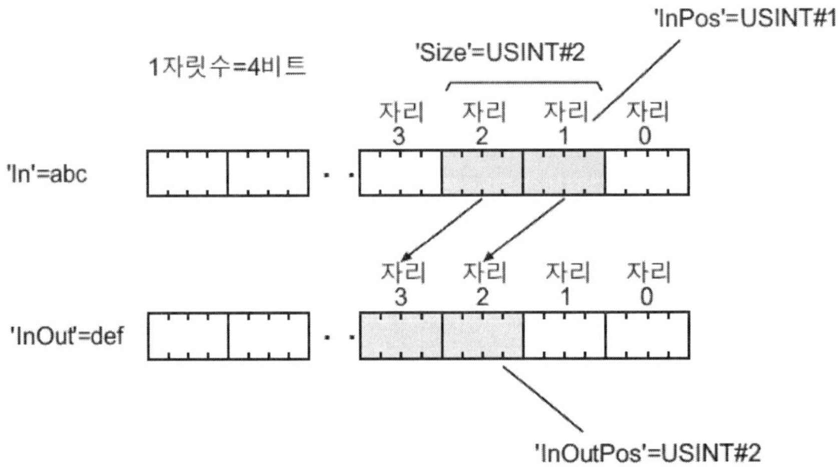

3) MemCopy

복수의 배열 요소를 전송합니다. 전송원과 전송대상은 동일한 데이터 형식에 한합니다.

명령	명칭	FB/FUN	그래픽 표현	ST 표현
MemCopy	메모리 복사	FUN	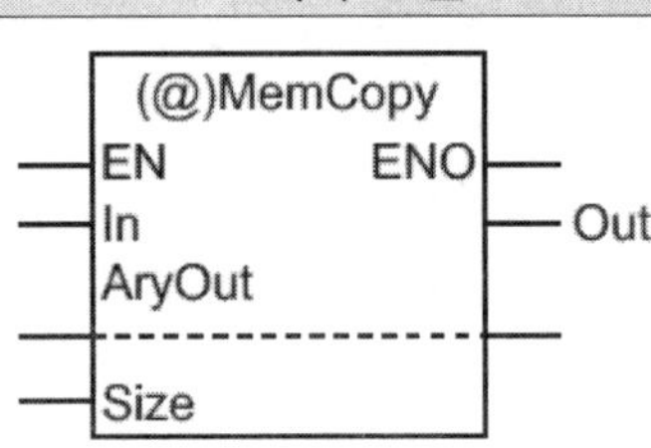	MemCopy (In, AryOut, Size);

■ 변수

	명칭	입/출력	내용	유효범위	단위	초기값
In[] 배열	전송원 배열	입력	전송원 배열	데이터 형식에 따름	-	(*)
Size	전송 요소 수		전송하는 배열 요소 수		-	1
AryOut[] 배열	전송대상배열	입출력	전송대상 배열	데이터 형식에 따름	-	-
Out	반환값	출력	항상 TRUE	TRUE만	-	-

* 입력 파라미터가 생략된 경우, 초기값은 적용되지 않습니다. 빌드 시에 이상 상태가 됩니다.

	부울	비트 열				정수								실수		시각, 지속 시간, 날짜, 문자열				
	BOOL	BYTE	WORD	DWORD	LWORD	USINT	UINT	UDINT	ULINT	SINT	INT	DINT	LINT	REAL	LREAL	TIME	DATE	TOD	DT	STRING
In[] 배열	○	○	○	○	○	○	○	○	○	○	○	○	○	○	○	○	○	○	○	○
	열거 형식을 요소로 하는 배열, 구조체를 요소로 하는 배열도 지정 가능																			
Size							○													
AryOut[] 배열	In[]과 동일한 데이터 형식의 배열																			
Out	○																			

예) 'Size'=UINT#3인 경우의 예가 아래에 나와 있습니다.

LD

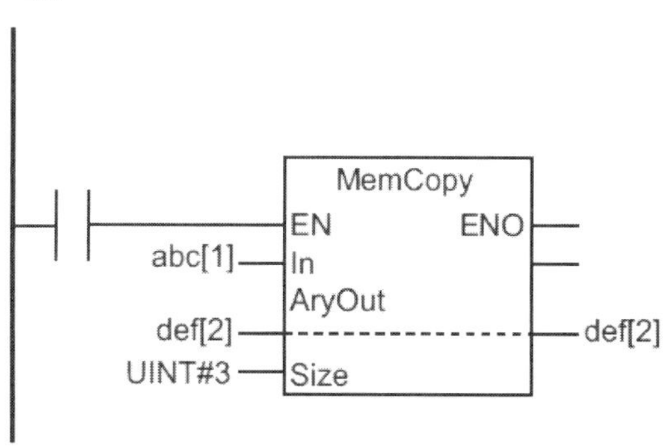

ST

```
MemCopy(abc[1], def[2], UINT#3);
```

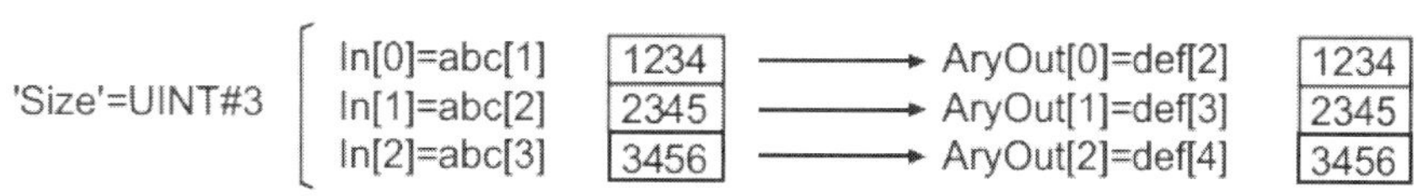

4) SetBlock

복수의 배열 요소에 변수 및 정수의 값을 전송합니다.

명령	명칭	FB/FUN	그래픽 표현	ST 표현
SetBlock	블록 설정	FUN	(@)SetBlock EN ENO In Out AryOut Size	SetBlock (In, AryOut, Size);

■ 변수

	명칭	입/출력	내용	유효범위	단위	초기값
In	전송원	입력	전송원	데이터 형식에 따름	-	(*)
Size	전송 요소 수		전송하는 배열 요소 수		-	1
AryOut[] 배열	전송대상 배열	입출력	전송대상 배열	데이터 형식에 따름	-	-
Out	반환값	출력	항상 TRUE	TRUE만	-	-

* 입력 파라미터가 생략된 경우, 초기값은 적용되지 않습니다. 빌드 시에 이상 상태가 됩니다.

	부울	비트 열				정수								실수		시각, 지속 시간, 날짜, 문자열				
	BOOL	BYTE	WORD	DWORD	LWORD	USINT	UINT	UDINT	ULINT	SINT	INT	DINT	LINT	REAL	LREAL	TIME	DATE	TOD	DT	STRING
In	○	○	○	○	○	○	○	○	○	○	○	○	○	○	○	○	○	○	○	○
	열거 형식, 구조체 전체, 구조체의 1개 멤버도 지정 가능																			
Size							○													
AryOut[] 배열	'In'과 같은 데이터 형식을 요소로 하는 배열																			
Out	○																			

예) 'Size'=UINT#3인 경우의 예가 아래에 나와 있습니다.

LD

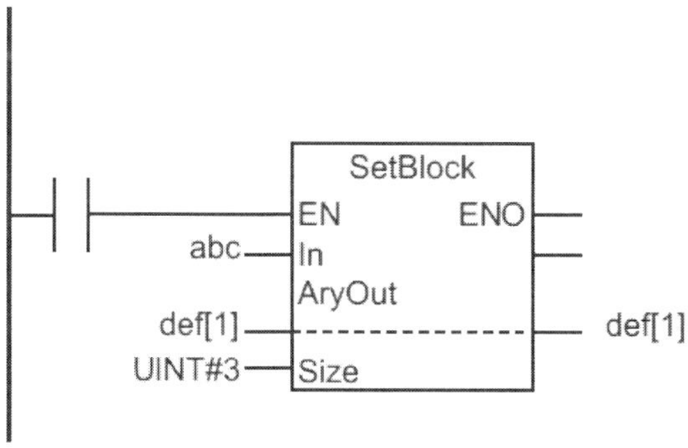

ST

```
SetBlock(abc, def[1], UINT#3);
```

5) Clear

변수의 데이터를 초기화 하는 펑션입니다.

명령	명칭	FB/FUN	그래픽 표현	ST 표현
Clear	초기화	FUN	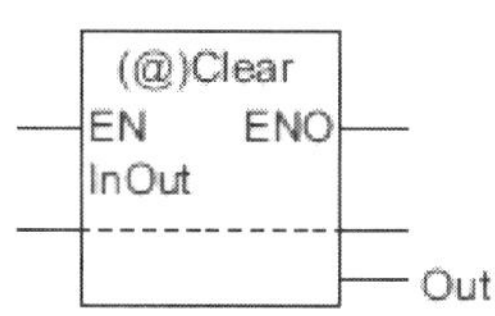	Clear(InOut);

초기화 대상 'InOut'의 값을 초기화합니다.
변수의 초기값 속성이 설정되어 있는 경우는 설정되어 있는 값으로 초기화됩니다. 초기값 속성이 설정되지 않은 경우는 'InOut'의 데이터 형식의 기본 초기값이 됩니다.'InOut'이 외부 변수인 경우는 그에 대응하는 글로벌 변수의 초기값 속성과 관계 없이 'InOut' 데이터 형식의 기본 초기값이 됩니다.

■ 변수

	부울	비트 열				정수								실수		시각, 지속 시간, 날짜, 문자열				
	BOOL	BYTE	WORD	DWORD	LWORD	USINT	UINT	UDINT	ULINT	SINT	INT	DINT	LINT	REAL	LREAL	TIME	DATE	TOD	DT	STRING
InOut	○	○	○	○	○	○	○	○	○	○	○	○	○	○	○	○	○	○	○	○
	열거 형식, 배열 전체, 배열의 1개 요소, 구조체 전체, 구조체의 1개 멤버도 지정 가능																			
Out	○																			

예) 변수 'abc'의 값을 초기화 하는 경우의 예가 아래에 나와 있습니다.

LD

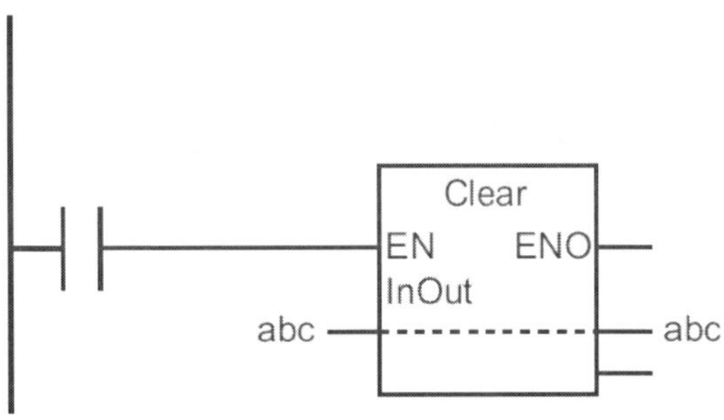

ST

```
Clear(abc);
```

5.5 산술 명령

1) ADD, +

정수, 실수를 가산합니다. 또는 문자열을 결합합니다.

명령	명칭	FB/FUN	그래픽 표현	ST 표현
ADD, +	가산	FUN	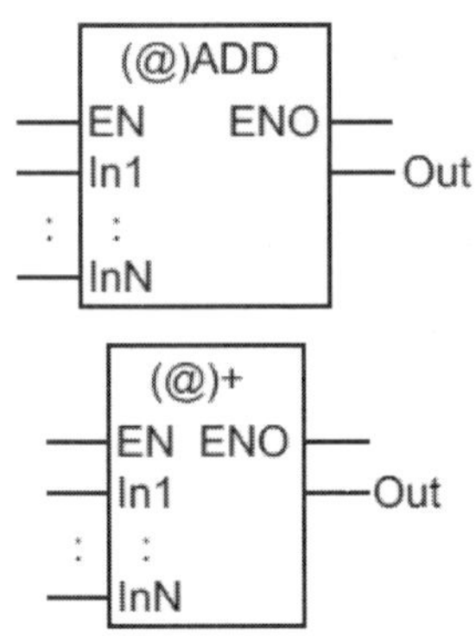	Out:=In1 + … + InN;

■ 변수

	명칭	입/출력	내용	유효범위	단위	초기값
In1~InN	가산값	입력	가산하는 수 N은 2~5	데이터 형식에 따름	-	0 (*)
Out	가산 결과	출력	가산결과	데이터 형식에 따름	-	-

* InN에 연결하는 입력 파라미터를 생략한 경우, 초기값은 적용되지 않으며 빌드 시에 이상 상태가 됩니다. 예를 들면 N=3인 경우, In1과 In2에 연결하는 입력 파라미터를 생략하면 초기값이 적용되지만, In3에 연결하는 입력 파라미터를 생략하면 빌드 시에 이상 상태가 됩니다.

	부울	비트 열				정수								실수		시각, 지속 시간, 날짜, 문자열				
	BOOL	BYTE	WORD	DWORD	LWORD	USINT	UINT	UDINT	ULINT	SINT	INT	DINT	LINT	REAL	LREAL	TIME	DATE	TOD	DT	STRING
In1~InN						○	○	○	○	○	○	○	○	○	○					○
Out						○	○	○	○	○	○	○	○	○	○					○

예1) 'In1'=INT#10, 'In2'=INT#20, 'In3'=INT#30인 경우의 예가 아래에 나와 있습니다.
변수 abc의 값은INT#60이 됩니다.

LD

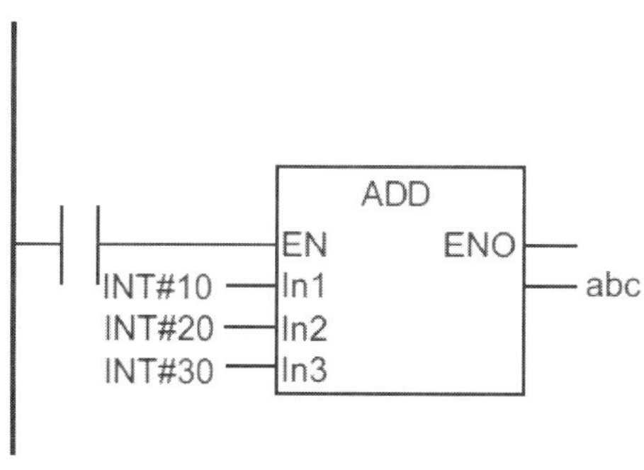

ST

```
abc:=INT#10+INT#20+INT#30;
```

가산값 'In1'~'InN'은 상이한 데이터 형식이라도 상관없지만, 그 경우에는 결과값 'Out'이 모두를 포함하는 데이터 형식으로 지정되어야 합니다. 그렇지 않으면 빌드 시에 이상 상태가 됩니다.

예를 들면 'In1'이 INT 형식, 'In2'가 DINT 형식인 경우, 연산 처리를 DINT 형식으로 수행하므로 가산 결과는 DINT 형식이 됩니다.

따라서 가산 결과의 데이터 형식이 유효범위를 초과하는 오버플로우를 주의합니다. 가산에 의해 오버플로우나 언더플로우가 발생해도 에러가 발생하지는 않지만, 연산 결과가 의도한 대로 되지 않을 가능성이 있습니다. 입력 파라미터, 출력 파라미터의 데이터 형식의 크기에는 오버플로우나 언더플로우가 발생하지 않도록 충분히 여유있게 설정하십시오.

예2) 'In1'~'InN'이 STRING 형식인 경우, 그 문자열들을 결합합니다.

단, 'In1'~'InN'에 STRING 형식을 지정할 수 있는 것은 래더도 프로그램의 경우뿐입니다.

'In1'='UV', 'In2'='WX', 'In3'='YZ'인 경우의 예가 아래에 나와 있습니다. 변수 abc의 값은 'UVWXYZ'가 됩니다.

LD

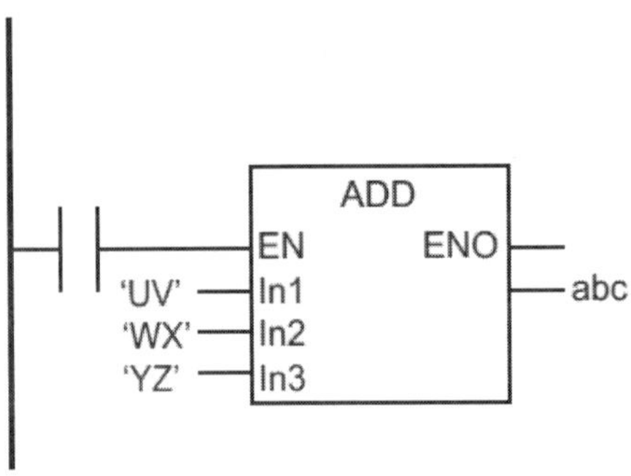

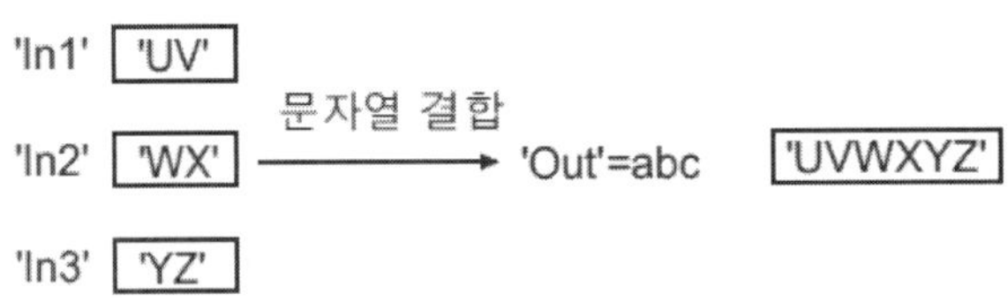

2) SUB, -

정수, 실수를 감산합니다.

명령	명칭	FB/FUN	그래픽 표현	ST 표현
SUB, -	감산	FUN	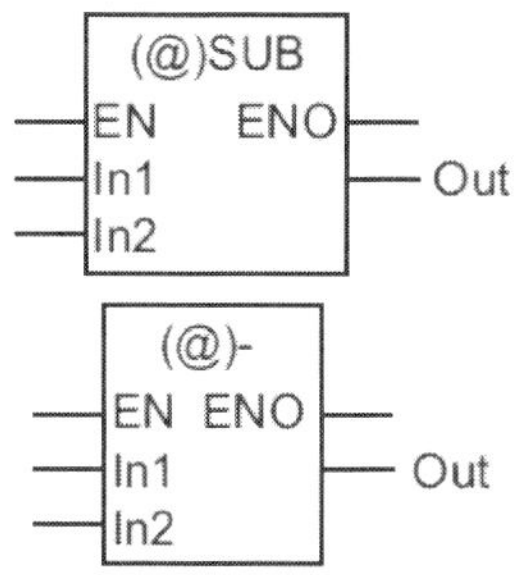	Out:=In1 - In2;

■ 변수

	명칭	입/출력	내용	유효범위	단위	초기값
In1	피감산값	입력	피감산값	데이터 형식에 따름	-	0 (*)
In2	감산값		감산값			
Out	가산 결과	출력	가산결과	데이터 형식에 따름	-	-

* 피감산값 'In1'에서 감산값 'In2'를 감산한 결과를 출력값 'Out'에 출력합니다.
'In1'과 'In2'는 상이한 데이터 형식이라도 상관없습니다. 그 경우, 그 모두를 포함하는 데이터 형식으로 연산 처리를 수행합니다.
예를 들면 'In1'이 INT 형식, 'In2'가 DINT 형식인 경우, 연산 처리를 DINT 형식으로 수행합니다. 따라서 감산 결과는 DINT 형식이 됩니다.

	부울	비트 열				정수								실수		시각, 지속 시간, 날짜, 문자열				
	BOOL	BYTE	WORD	DWORD	LWORD	USINT	UINT	UDINT	ULINT	SINT	INT	DINT	LINT	REAL	LREAL	TIME	DATE	TOD	DT	STRING
In1						○	○	○	○	○	○	○	○	○	○					
In2						○	○	○	○	○	○	○	○	○	○					
Out						○	○	○	○	○	○	○	○	○	○					

문제 5 생산카운터 입력과, 불량카운터 입력 신호가 On 될 때마다, 생산수, 불량수를 카운터할 수 있는 프로그램을 작성하고, 생산수와 불량수 데이터를 이용하여 공정에서 생산되는 최종 양품수를 디지털패널메터에 디스플레이 되도록 프로그래밍 하시오.

* 데모키트를 활용한 실습

입력유니트 : 스위치1 (생산카운터) ⇒ 생산수
스위치2 (불량카운터) ⇒ 불량수
출력유니트 : 디지털 판넬메터 ⇒ 양품수

5.6 비교 명령

1) NE, <>

2개의 데이터가 상이한지 판단합니다.

명령	명칭	FB/FUN	그래픽 표현	ST 표현
NE, 〈〉	비교 NE	FUN	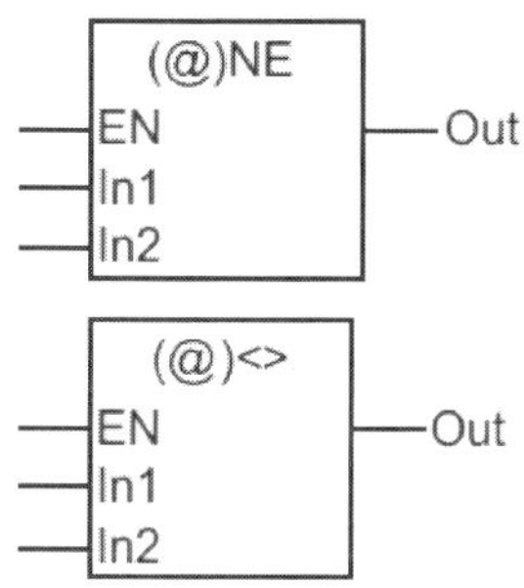	Out: =(In1 〈〉 In2);

■ 변수

	명칭	입/출력	내용	유효범위	단위	초기값
In1, In2	비교 대상	입력	비교하는 수치	데이터 형식에 따름	-	(*)
Out	비교 결과	출력	비교 결과	데이터 형식에 따름	-	-

* 입력 파라미터가 생략된 경우, 초기값은 적용되지 않습니다.
빌드 시에 이상 상태가 됩니다.

	부울	비트 열				정수								실수		시각, 지속 시간, 날짜, 문자열				
	BOOL	BYTE	WORD	DWORD	LWORD	USINT	UINT	UDINT	ULINT	SINT	INT	DINT	LINT	REAL	LREAL	TIME	DATE	TOD	DT	STRING
In1, In2	○	○	○	○	○	○	○	○	○	○	○	○	○	○	○					
	열거 형식도 지정 가능																			
Out	○																			

예) 'In1'='In2'=INT#5인 경우의 예가 아래에 나와 있습니다.
변수 abc의 값은 FALSE가 됩니다.

LD

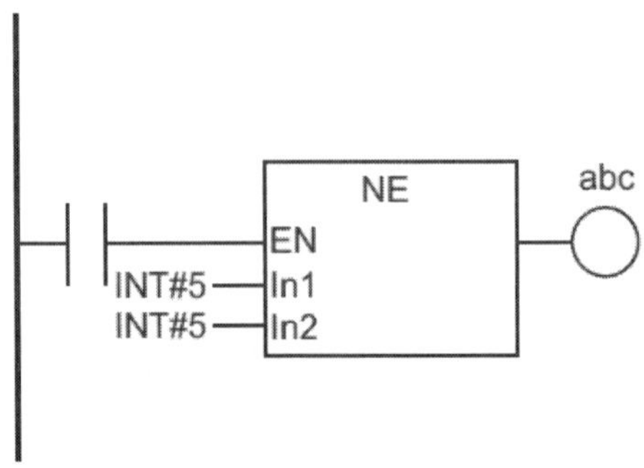

ST

```
abc:=(INT#5<>INT#5);
```

비교 명령에는 다음과 같은 펑션이 있습니다.

EQ,=	복수의 데이터가 모두 동일한지 판정합니다.
NE,〈〉	2개의 데이터가 상이한지 판단합니다.
LT,〈	복수의 수치의 크기 비교(〈)를 수행합니다.
LE,〈=	복수의 수치의 크기 비교(〈=)를 수행합니다.
GT,〉	복수의 수치의 크기 비교(〉)를 수행합니다
GE,〉=	복수의 수치의 크기 비교(〉=)를 수행합니다.

상기 이외의 비교 펑션에는 문자열 비교, 영역 비교, 배열 데이터 비교 등이 있습니다.

5.7 데이터 형식 변환 명령

1) **_TO_***

명령	명칭	FB/FUN	그래픽 표현	ST 표현
_TO_*	(*)	FUN	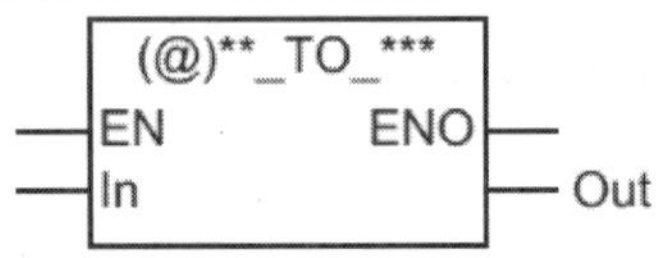	Out:=**_TO_*** (In);

* **자리와 ***자리의 데이터 형식에 따라 결정

■ 변수로 가능한 데이터 형식

정수 → 정수 변환 그룹
정수 → 비트 열 변환 그룹
정수 → 실수 변환 그룹

비트 열 → 정수 변환 그룹
비트 열 → 비트 열 변환 그룹
비트 열 → 실수 변환 그룹

실수 → 정수 변환 그룹
실수 → 비트 열 변환 그룹
실수 → 실수 변환 그룹

예) 비트 열 'In'을 정수로 변환합니다.

명령 이름은 'In'과 변환 결과 'Out'의 데이터 형식의 조합에 따라 다릅니다. 예를 들면 'In'이 WORD 형식, 'Out'이 INT 형식인 경우, 명령 이름은 WORD_TO_INT가 됩니다.

WORD_TO_INT 명령에서 'In'=WORD#16#1234인 경우의 예가 아래에 나와 있습니다.

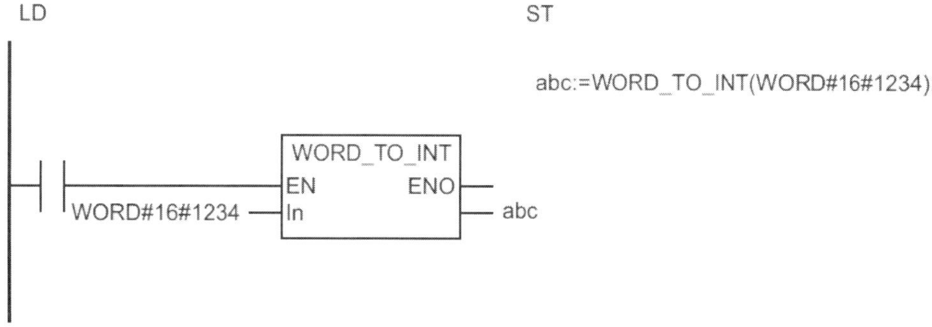

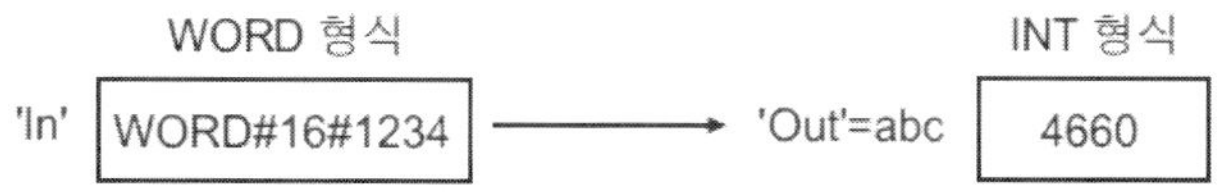

5 8 데이터 변환 명령

1) Decoder

Decoder명령은 최대 256비트로 이루어진 배열 요소의 특정 1비트를 TRUE하고 기타 비트를 FALSE해 주는 기능으로 비트 디코더라고 합니다.

명령	명칭	FB/FUN	그래픽 표현	ST 표현
Decoder	비트 디코더	FUN	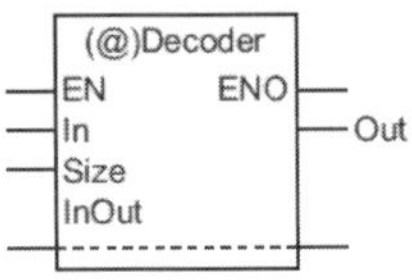	Decoder(In, Size, InOut);

■ 변수

	명칭	입/출력	내용	유효 범위	단위	초기값
In	변환 비트 위치	입력	변환할 비트 위치	데이터 형식에 따름	–	0
Size	변환 비트 수	입력	변환할 비트 수	0~8	비트	1
InOut[] 배열	변환 대상 배열	입출력	변환 대상 배열	데이터 형식에 따름	–	–
Out	반환값	출력	항상 TRUE	TRUE만	–	–

	부울	비트 열				정수								실수		시각, 지속 시간, 날짜, 문자열				
	BOOL	BYTE	WORD	DWORD	LWORD	USINT	UINT	UDINT	ULINT	SINT	INT	DINT	LINT	REAL	LREAL	TIME	DATE	TOD	DT	STRING
In		○																		
Size						○														
InOut[] 배열	○	○	○	○	○															
Out	○																			

변환 대상 배열 InOut[]의 InOut[0]부터 시작해서 2「Size」(=Size : 변환 비트 수)의 비트 크기의 배열 요소 안에서 지정 비트를 TRUE 하고, 그 이외의 비트는 FALSE 합니다. 값을 TRUE할 비트 위치는 변환 비트 위치 'In'의 하위 'Size' 비트로 지정합니다. InOut[]에 전달하는 입출력 파라메터는 array[3]과 같이 반드시 배열 번호도 포함해서 지정합니다.

예) 'In'=BYTE#16#09, 'Size'=USINT#4, InOut[]이 BYTE 형식 배열인 경우를 예로 들어 설명합니다.

'In'의 BYTE#16#09는 10진수로 고치면 9입니다. 하위 'Size' 비트의 값에 따라 출력은 InOut[0]~ InOut[1]이 됩니다. 따라서 InOut[0]의 최하위 0비트부터 9번째 비트가 TRUE가 되며, 그 이외의 비트는 FALSE가 됩니다.

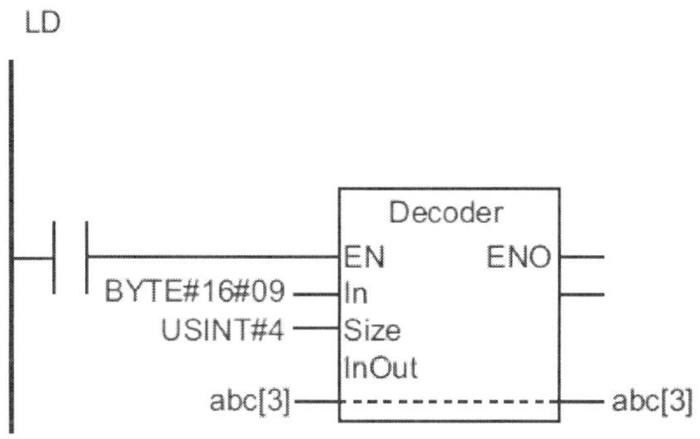

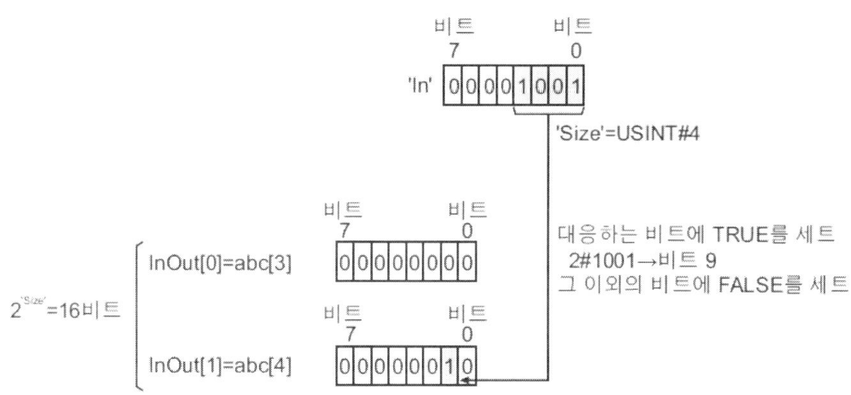

그럼, 변수를 활용하여 Decoder 프로그램을 작성해 봅시다.

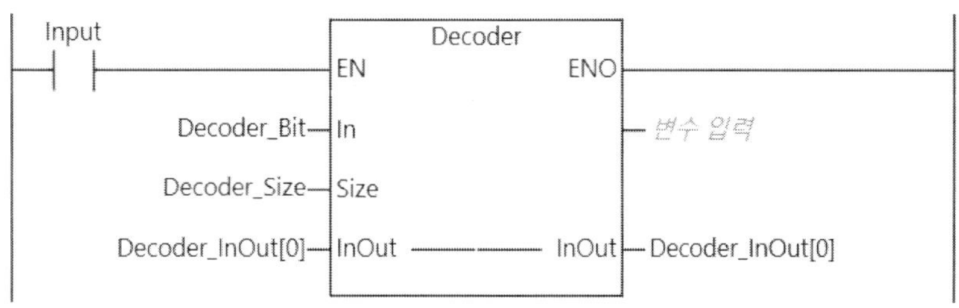

2) ToAryByte

변수를 1Byte 단위로 분할하여 Byte 형식의 배열로 저장하는 명령입니다.

명령	명칭	FB/FUN	그래픽 표현	ST 표현
ToAryByte	바이트 배열로 변환	FUN		Out:=ToAryByte(In, Order, AryOut);

■ 변수

	명칭	입/출력	내용	유효 범위	단위	초기값
In	변환 대상	입력	변환 대상	데이터 형식에 따름	–	(*)
Order	변환 순서		변환하는 순서	_LOW_HIGH, _HIGH_LOW		_LOW_HIGH
AryOut[] 배열	변환 결과 배열	입출력	변환 결과 배열	데이터 형식에 따름	–	–
Out	변환 결과 요소 수	출력	변환 결과의 요소 수	데이터 형식에 따름	–	–

* 입력 파라미터가 생략된 경우, 초기값은 적용되지 않습니다. 빌드 시에 이상 상태가 됩니다.

	부울	비트 열				정수								실수		시각, 지속 시간, 날짜, 문자열				
	BOOL	BYTE	WORD	DWORD	LWORD	USINT	UINT	UDINT	ULINT	SINT	INT	DINT	LINT	REAL	LREAL	TIME	DATE	TOD	DT	STRING
In	○	○	○	○	○	○	○	○	○	○	○	○	○	○	○	○	○	○	○	○
	열거 형식, 배열 전체, 배열의 1개 요소, 구조체 전체, 구조체의 1개 멤버도 지정 가능																			
Order	열거 형식 _eBYTE_ORDER 열거자는 기능 설명 참조																			
AryOut[] 배열		○																		
Out							○													

변환 대상 'In'을 1바이트 단위로 분할하여 변환 결과 배열 AryOut[]의 AryOut[0]부터 순서대로 저장합니다. 그리고 AryOut[]에 저장한 요소 수를 변환 결과 요소 수 'Out'에 저장합니다.

'In'의 값을 1바이트 단위로 변환할 때의 순서는 변환 순서 'Order'로 지정합니다. 'Order'의 데이터 형식은 열거 형식 _eBYTE_ORDER입니다. 열거자의 의미는 다음과 같습니다.

_LOW_HIGH : 하위 바이트가 먼저, 상위 바이트가 나중
_HIGH_LOW : 상위 바이느가 먼저, 하위 바이느가 나중

즉, 'Order'의 값이 _LOW_HIGH인 경우 그 중의 하위 바이트를 AryOut[0]에, 상위 바이트를 AryOut[1]에 저장합니다. 'Order'의 값이 _HIGH_LOW인 경우 상위 바이트를 AryOut[0]에, 하위 바이트를 AryOut[1]에 저장합니다.

예) 변환대상 In변수에 abc변수를 DWORD형식의 Ary로 작성합니다. 이때 변환 순서 Order의 값이 _LOW_HIGH인 경우, 변환결과 배열 변수인 AryOut 배열변수 def[1]Ary에 abc[0]의 하위바이트 데이터부터 순차적으로 저장됩니다.

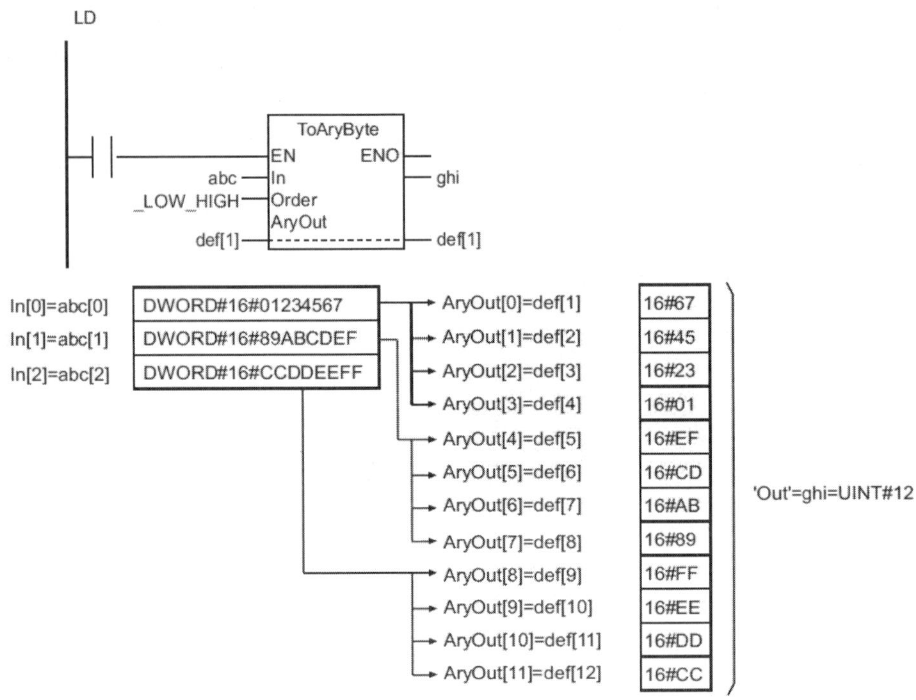

그럼, 'In'이 SINT 형식이고 요소 수 3의 배열, 'Order'=_HIGH_LOW인 경우를 실습해 봅시다.

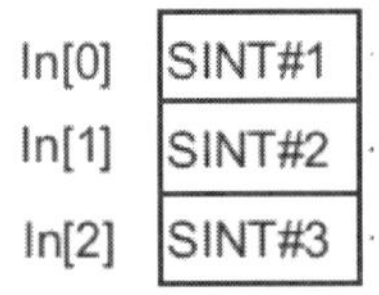

5.9 기타 명령

1) Get**Clk

지정된 주기의 클록 펄스를 출력합니다.

명령	명칭	FB/FUN	그래픽 표현	ST 표현
Get**Clk	클록 펄스 취득그룹	FUN	Get**Clk EN — Out	Out:=Get**Clk();

단, **는 100us, 1ms, 10ms, 20ms, 100ms, 1s, 1min 중 하나

■ 변수

	명칭	입/출력	내용	유효범위	단위	초기값
Out	클록 펄스	출력	클록 펄스	데이터 형식에 따름	-	-

	부울	비트 열				정수								실수		시각, 지속 시간, 날짜, 문자열				
	BOOL	BYTE	WORD	DWORD	LWORD	USINT	UINT	UDINT	ULINT	SINT	INT	DINT	LINT	REAL	LREAL	TIME	DATE	TOD	DT	STRING
Out	○																			

예) 지정한 주기의 클록 펄스를 출력합니다.
클록 펄스의 주기는 100us, 1ms, 10ms, 20ms, 100ms, 1s, 1min 중 하나입니다. 명령 이름은 클록 펄스의 주기에 따라 다릅니다. 예를 들면, 클록 펄스의 주기가 10ms인 경우, 명령 이름은 Get10msClk가 됩니다.
Get1sClk 명령인 경우의 예가 아래에 나와 있습니다.

LD

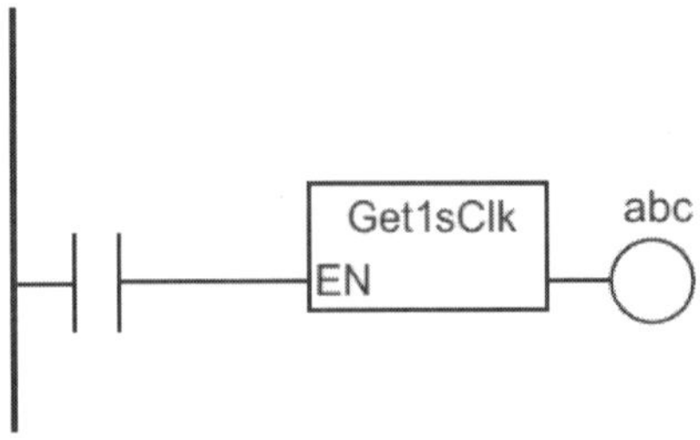

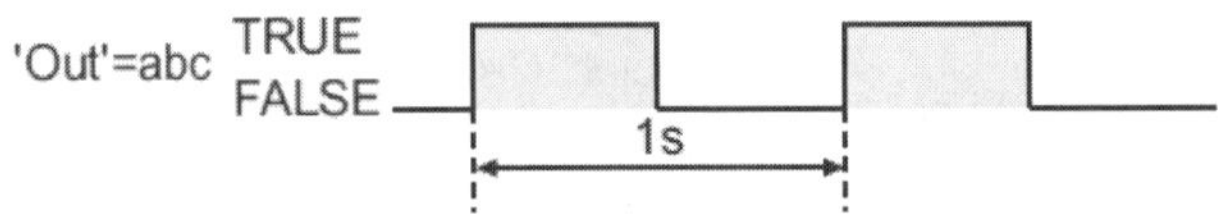

ST

```
abc:=Get1sClk();
```

문제 6

입력 스위치가 On함과 동시에 Data변수(데이터형식:UINT)에 0.1초마다 1씩 데이터가 가산되고, 입력 스위치가 Off되어도 가산은 계속됩니다. 가산 데이터가 100 이상이 되면 램프는 점등하고, 200이 되면 램프는 소등하는데, 이때, 정지 스위치가 On되면 가산을 정지하고 Data변수의 값은 초기화되는 프로그램을 작성해 봅시다.

2) GetTime (현재 시각 읽어오기)

GetTime명령을 사용하여 현재 시각을 읽어옵니다. 현재 시각은 DATE_AND_TIME (날짜시각)형으로 표시됩니다.

명령	명칭	FB/FUN	그래픽 표현	ST 표현
GetTime	시각 취득	FUN	(@)GetTime EN ENO Out	Out:=GetTime ();

■ 변수

	명칭	입/출력	내용	유효범위	단위	초기값
Out	현재 시각	출력	현재 시각	데이터 형식에 따름	연월일시분초	-

	부울	비트 열				정수								실수		시각, 지속 시간, 날짜, 문자열				
	BOOL	BYTE	WORD	DWORD	LWORD	USINT	UINT	UDINT	ULINT	SINT	INT	DINT	LINT	REAL	LREAL	TIME	DATE	TOD	DT	STRING
Out																			○	

예) 현재 시각을 읽어오는 프로그램입니다.

입력 Get_Time 변수가 TRUE인 동안, 출력변수 현재시간의 데이터는 갱신됩니다.

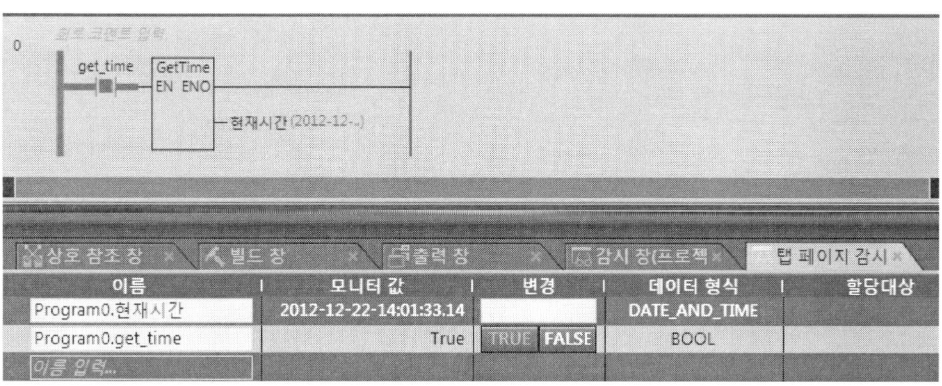

문제 7 장비 Start_SW가 On됨과 동시에 장비가 가동되고, 장비 Stop_SW가 On됨가 동시에 장비는 정지합니다. 이 때, 실제 장비가 가동된 Run_Time을 산출하는 프로그램을 작성해 봅시다.

다음 펑션을 활용하여 문제를 풀어봅시다.

명령	명칭	FB/FUN	그래픽 표현	ST 표현
SUB_DT_DT	날짜 시각 감산	FUN	(@)SUB_DT_DT EN ENO In1 Out In2	Out:=SUB_DT_DT(In1, In2);

	명칭	입/출력	내용	유효 범위	단위	초기값
In1	피감산 날짜 시각	입력	피감산 날짜 시각	데이터 형식에 따름	연월일시분초	DT#1970-1-1-0:0:0
In2	감산 날짜 시각		감산 날짜 시각			
Out	감산 결과 시간	출력	감산 결과 시간	데이터 형식에 따름	ns	–

	부울	비트 열				정수								실수		시각, 지속 시간, 날짜, 문자열				
	BOOL	BYTE	WORD	DWORD	LWORD	USINT	UINT	UDINT	ULINT	SINT	INT	DINT	LINT	REAL	LREAL	TIME	DATE	TOD	DT	STRING
In1																			○	
In2																			○	
Out																○				

OMRON

이 장에서는
IEC61131-3규격에서 도입된 사용자 정의 데이터 형식,
파생 데이터 형식을 학습합니다.

6.1 구조체
6.2 공용체
6.3 열거형

6 파생데이터 형식을 사용한 프로그래밍

6.1 구조체

- 구조체는 데이터형이 같거나 다른 복수의 데이터를 1개로 정리하여 취급하는 파생 데이터형입니다.
- 데이터를 구조체형으로 하면, 데이터의 등록 · 변경 등의 관리를 간단히 할 수 있습니다.

사용 예

『Box』 라는 구조체형을 정의하고, 멤버로 『Width』, 『Height』, 『Depth』 이라는 3개의 데이터를 그룹화 하여 정의합니다.

구조체 데이터 형식 정의

이름	멤버	데이터형식
BOX	Height	INT
	Width	INT
	Depth	INT

변수 테이블

변수명	데이터형식
Box_Data	BOX

구조체 형식의 데이터 형식을 사용하여 "Box_Data"라는 변수를 등록하면 프로그램에서는 "Box_Data.Height", "Box_Data.Width"와 같이 '.(마침표)'를 사용하여 데이터를 계층적으로 지정할 수 있습니다.
만약 복수의 Box_Data가 필요할 때는 아래와 같이 "Box1", "Box2"처럼 변수 테이블에 변수 명을 추가 등록하거나 배열 데이터로 만들어 사용하면 됩니다.

변수명	데이터형식
BOX1	BOX
BOX2	BOX
BOX3	BOX

변수명	데이터형식
BOX	ARRAY[0..2]OF BOX

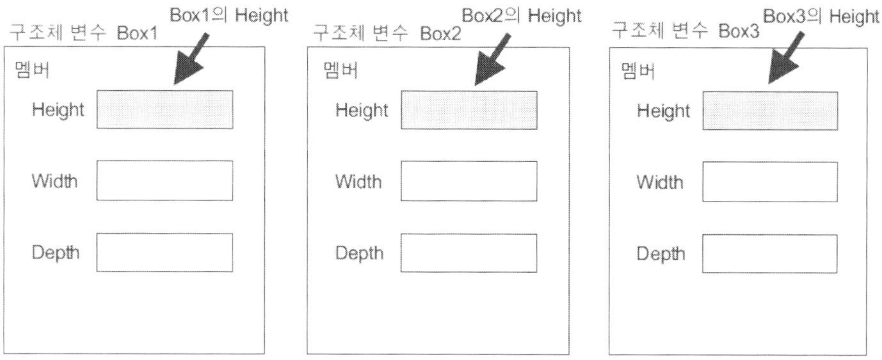

■ 구조체의 사양

항목	사양
구조체 형식명	알파벳의 대문자와 소문자를 구별하지 않습니다. 금칙 문자나 문자 수 제한은 변수명과 동일합니다.
멤버의 데이터 형식	기본 데이터 형식, 파생 데이터 형식을 멤버로 지정 가능
멤버의 속성	멤버명 코멘트
멤버 수	1~2048
구조체 형식의 계층 깊이	최대 8계층 (단, 멤버명을 포함하는 변수명이 511바이트 이하)
구조체 변수의 최대 크기	제한 없음

■ 구조체 입력하기

① 멀티 뷰 익스플로러에서 프로그래밍에서 데이터의 데이터 형식을 두 번 클릭합니다. 또는 [프로그래밍] | [데이터] | [데이터 형식]을 마우스 우 클릭하고 [편집]을 선택하면 프로그래밍 레이어에 데이터 형식 편집기가 표시됩니다.

② 데이터 형식 편집기의 사이드 탭에서 구조체를 클릭하고 이름 란을 클릭하면 하기와 같은 데이터 형식 등록창이 활성화 됩니다.

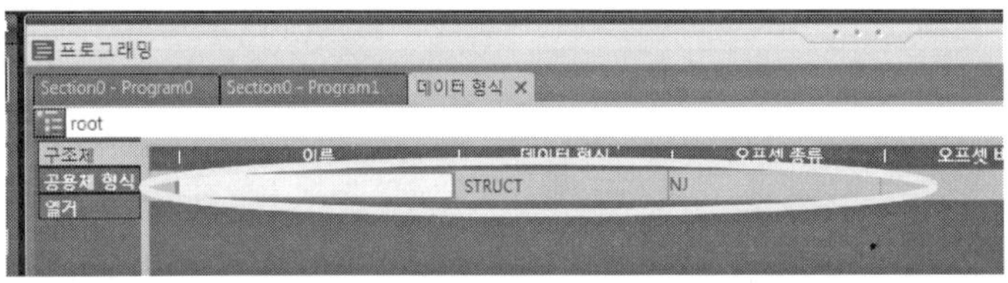

③ 이름에 데이터 형식 BOX를 새로 등록하고, 마우스 우 클릭을 하여 멤버 새로 작성을 합니다. BOX 구조체 형식 데이터에 속하는 『Width』, 『Height』, 『Depth』 멤버를 데이터 형식 INT형으로 작성합니다.

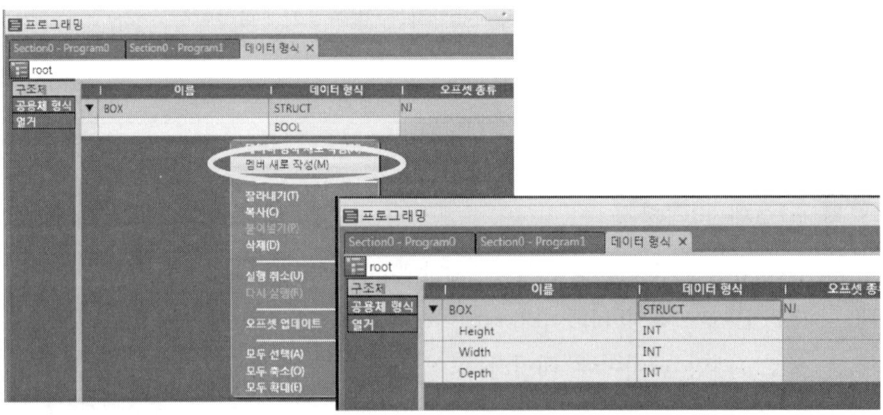

④ 등록한 구조체 데이터 형식을 변수테이블에서 변수 새로작성을 하여 Box_Data를 등록하고 데이터 형식으로 BOX를 지정하여 사용합니다.

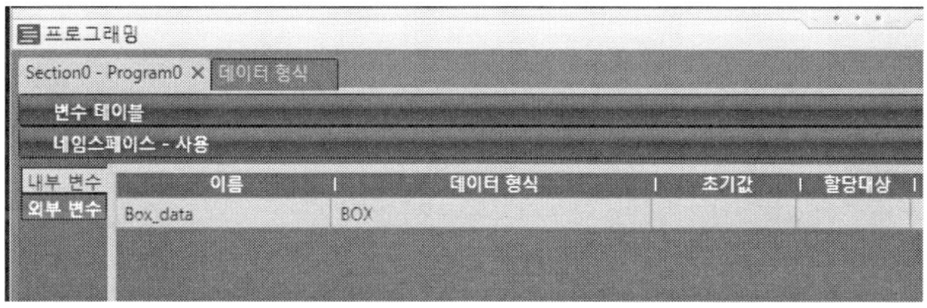

■ 구조체 활용하기(실습)

생산되는 제품 5개 중 가장 높이가 높은 제품을 검출한 뒤 그 제품의 제품명과 Lot No, 높이 값을 산출하고자 합니다.

	ProductName	LotNo	Height
1	'A'	1001	12.2
2	'B'	1002	10.3
3	'C'	1003	11.1
4	'D'	1004	13.2
5	'E'	1005	13.5

각 변수를 다음과 같이 배열로 정의한다면, 배열 순서에 따라 동일 제품을 정의할 수 있습니다.

```
Height[1] := 12.2;  ProductName[1] := 'A'; LotNo[1] :=1001;
Height[2] := 10.3;  ProductName[2] := 'B'; LotNo[2] :=1002;
Height[3] := 11.1;  ProductName[3] := 'C'; LotNo[3] :=1003;
Height[4] := 13.2;  ProductName[4] := 'D'; LotNo[4] :=1004;
Height[5] := 13.5;  ProductName[5] := 'E'; LotNo[5] :=1005;
```

하지만 이 세가지의 정보가 배열만으로는 동일 제품의 데이터라고 구분 짓기 어렵고 의도하지 않은 실수 등으로 데이터 체계가 틀어지게 될 우려가 있습니다. 이러한 데이터의 의미를 구분 짓기 위해 구조체를 사용하여 정의하게 되면 시인성이 높으며 이해하기 쉬운 프로그램이 됩니다.

연습문제

하기와 같이 LogData로 사용자 정의 데이터 형식 구조체를 만들고 변수를 지정하여 5개 제품의 Height 데이터가 가장 큰 제품을 산출하시오.

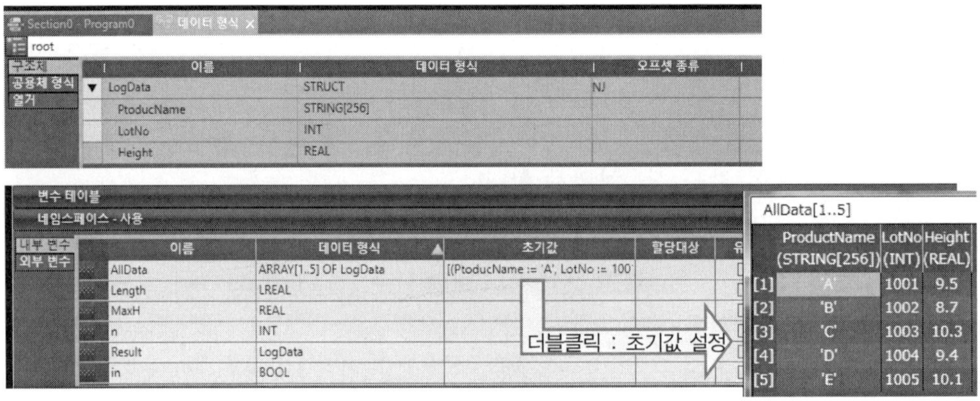

6.2 공용체

공용체형은, 동일 데이터를 여러 데이터형으로 엑세스 할 수 있도록 정의한 파생 데이터형입니다.

WORD형 데이터를 상위 바이트와 하위 바이트로 분할하여 바이트 데이터로 취급하는 경우나 WORD형 데이터를 비트 데이터로 취급하는 경우에 공용체를 사용하면 편리합니다.

사용 예

Output변수에 아래의 표와 같이 OUT16ACCESS 공용체형의 데이터 형식을 정의합니다. 변수 Output은 16비트 중 임의의 1비트 BOOL형의 값을 읽고 쓰는 것도, WORD형의 값을 읽고 쓰는 것도 가능합니다.

데이터 형식 정의

이름	멤버	데이터 형식
OUT16ACCESS	BoolData	ARRAY[0..15] of BOOL
	ByteData	ARRAY[0..1] of BYTE
	WordData	WORD

변수명	데이터 형식
Output	OUT16ACCESS

■ 공용체의 사양

<table>
<tr><th>항목</th><th colspan="3">사양</th></tr>
<tr><td rowspan="5">멤버의
데이터 형식</td><td>분류</td><td>데이터 형식</td><td>사용</td></tr>
<tr><td rowspan="3">기본 데이터 형식</td><td>BOOL 형식, 비트 열 형식</td><td>가능</td></tr>
<tr><td>BOOL 형식, 비트 열 형식의 배열 지정</td><td>가능</td></tr>
<tr><td>그 밖의 기본 데이터 형식</td><td>불가능</td></tr>
<tr><td>파생 데이터 형식</td><td>구조체 형식, 공용체 형식, 열거 형식의 배열 지정</td><td>불가능</td></tr>
<tr><td>멤버 수</td><td colspan="3">최대 4</td></tr>
<tr><td>초기값 설정</td><td colspan="3">불가능. 반드시 제로가 됩니다.</td></tr>
</table>

■ 공용체 활용하기(실습)

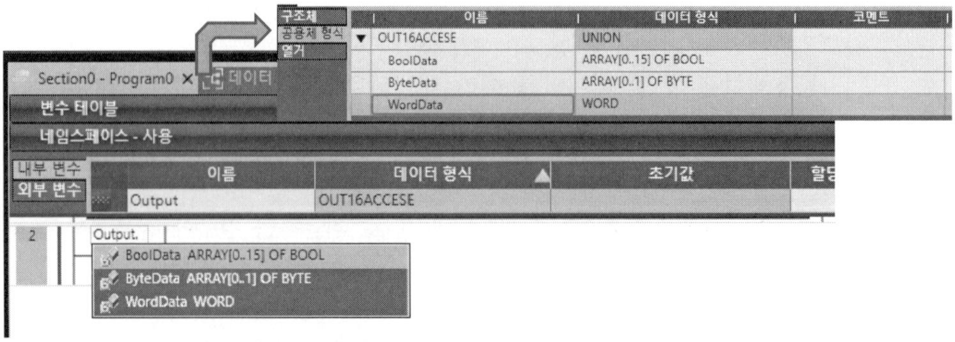

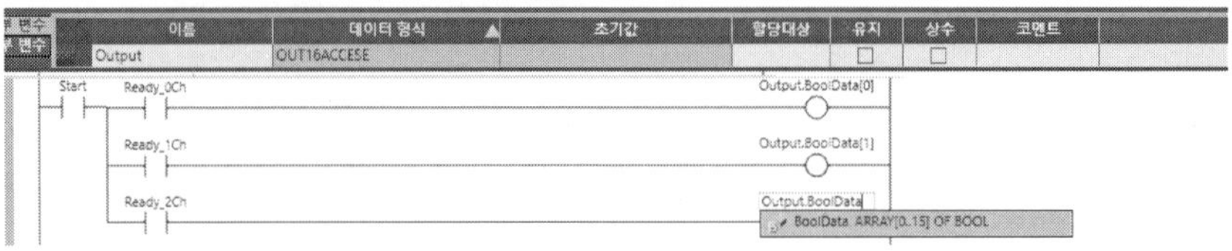

연습문제

공용체 파생데이터를 활용하여, 시스템변수 _CurrentTime (DATE_AND_TIME)의 시간과 분데이터를 패널미터(Word)에 Display 시키시오.

※ 참고: _CurrentTime (DATE_AND_TIME)의 Date와 Time을 [년] [월] [일] [시] [분] [초] [나노초] 구조체로 나눠주는 FUN

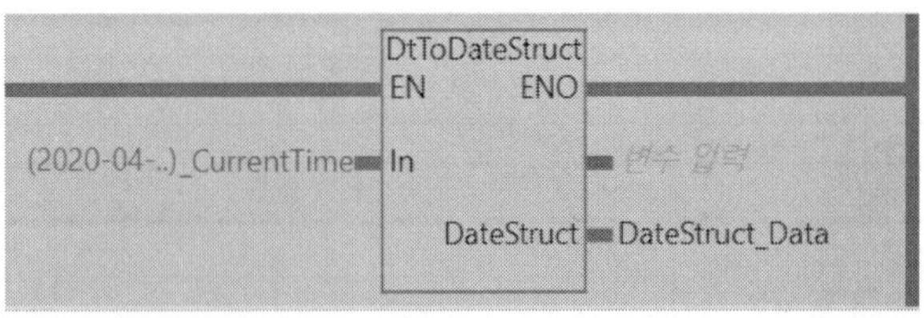

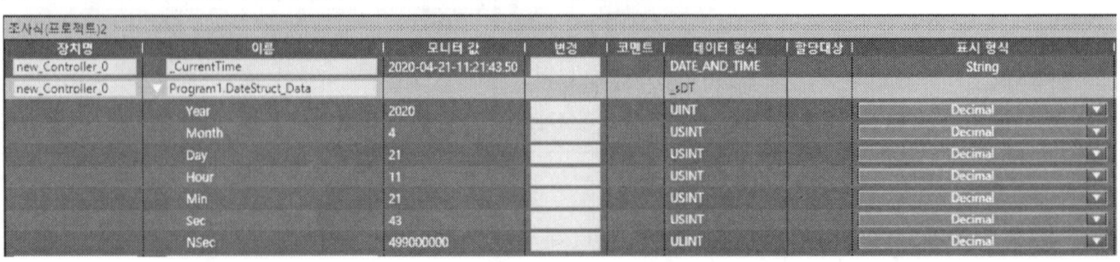

6.3 열거형

열거형은 변수 값을 「열거자」 라 부르는 문자로 표현한, 파생 데이터형 입니다. 미리 그 변수의 취득값을 열거자(문자)로 설정해둡니다.

열거형을 사용하면 변수 값의 의미가 이해하기 쉽게 됩니다.

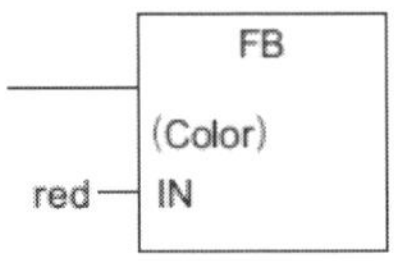

열거 형식 테이블

데이터 형식	
Color	ENUM
열거자	값
red	0
yellow	1
green	2

변수 테이블

변수명	데이터 형식
DiscColor	Color

■ 열거형의 사양

항목	사양
열거자	반각 영숫자만으로 하고 알파벳의 대문자/소문자를 구별하지 않습니다. 금칙 문자는 변수명과 동일합니다. 동일한 열거자를 복수 지정한 경우는 빌드 시 에러가 됩니다. 사용자 프로그램 내에 있는 변수와 동일한 열거자를 지정한 경우나 다른 열거 형식에 존재하는 열거자와 동일한 이름을 지정한 경우도 빌드 시 에러가 됩니다.
값	유효 범위는 -2147483648~+2147483647의 정수값입니다. 연속된 값이 아니어도 됩니다. 동일한 값을 복수 지정한 경우는 빌드 시 에러가 됩니다. 주의. 열거 형식 변수의 크기는 비교할 수 없습니다. 일치/불일치만 비교할 수 있습니다.
열거자 수	1~2048개

■ 열거형 활용하기 (실습)

예를 들어 J03_Ch2_In(Word) 변수가 컬러센서라고 했을 때, 센서가 측정하는 데이터 값에 따라 Disc의 색 판별을 열거자 문자열로 출력하는 예제입니다. 작성하고 동작을 이해해 봅시다.

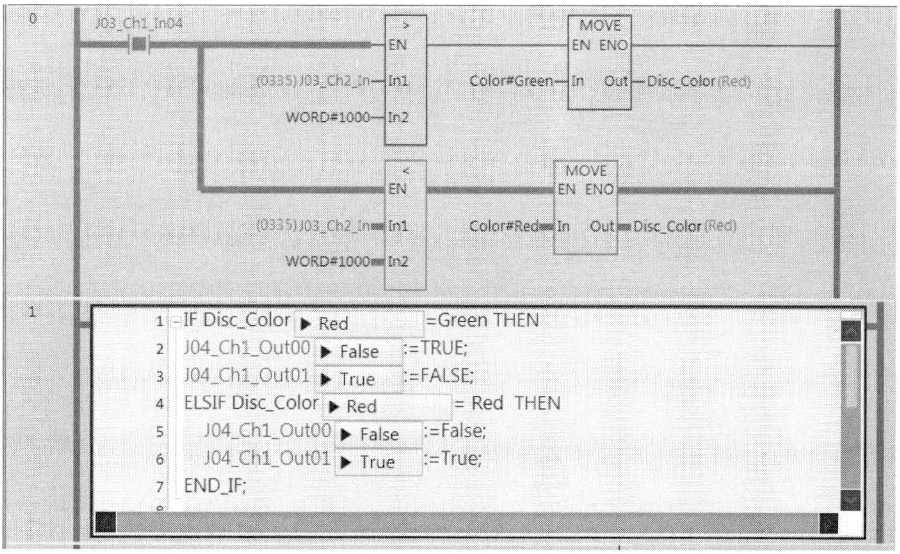
0
J03_Ch1_In04
>
EN
(0335) J03_Ch2_In
In1
WORD#1000
In2
MOVE
EN ENO
Color#Green
In Out
Disc_Color (Red)
<
EN
(0335) J03_Ch2_In
In1
WORD#1000
In2
MOVE
EN ENO
Color#Red
In Out
Disc_Color (Red)
1
IF Disc_Color ▶ Red =Green THEN
J04_Ch1_Out00 ▶ False :=TRUE;
J04_Ch1_Out01 ▶ True :=FALSE;
ELSIF Disc_Color ▶ Red = Red THEN
J04_Ch1_Out00 ▶ False :=False;
J04_Ch1_Out01 ▶ True :=True;
END_IF;

OMRON

이 장에서는
ST프로그래밍 기본을 학습합니다.

7.1 ST프로그래밍이란
7.2 인라인 ST

7

ST 언어에 의한 프로그래밍

7-1 ST프로그래밍이란

1) ST 개요

POU(프로그램, FB, FUN) 내의 알고리즘을 표현하기 위한 언어를 프로그램 언어라고 합니다. NJ 시리즈에서 사용할 수 있는 프로그램 언어는 래더도 언어(LD), ST 언어(Structured Text : 구조화 텍스트)의 2종류입니다.

ST(Structured Text) 언어는 IEC 61131-3에서 규정하는 공업 제어(주로 PLC)용 고급 언어입니다. 준비된 제어문, 연산자, 함수를 사용하여 래더도 언어로는 기술하기 어려운 복잡한 수치 연산 처리와 부분적 처리 및 제어문을 포함한 프로그램 개발 유지가 쉽습니다.

ST 언어에는 다음과 같은 특징이 있습니다.

- 루프 문이나 IF THEN ELSE 등의 제어문이 있습니다.
- C 언어 등과 같은 고급 언어와 동일한 기술 또는 한자를 포함한 문자에 의한 코멘트를 통해 읽기 편한 프로그램을 작성할 수 있습니다.

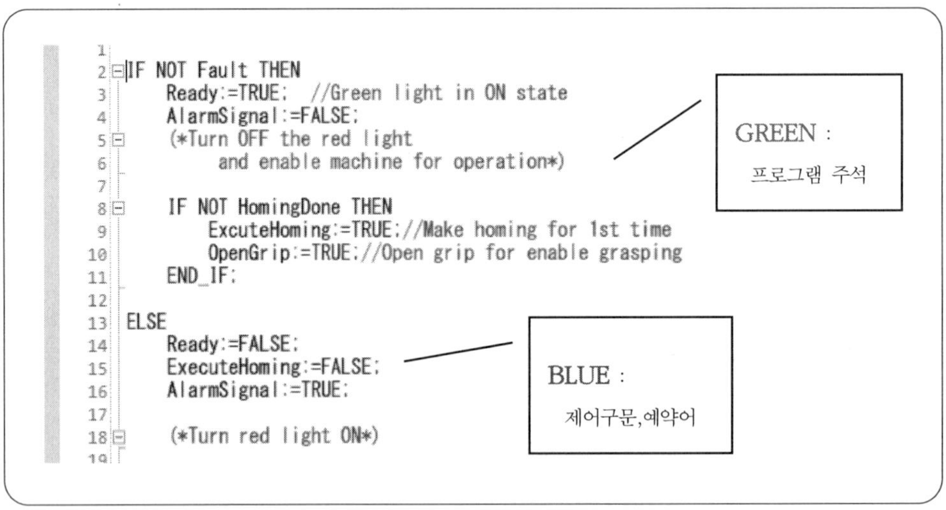

2) ST 프로그램의 좋은 점

① 높은 기술성(LD대비 8배 ! 연산식, 래더 처리, 구조체 취급)
② 높은 가독성(LD대비 11배 ! 특히 연산식, 조건 분기 등)(LD대비 25배 ! 표시 효율)
③ 높은 이식성(IEC 61131-3준거. 툴 간의 높은 이식성)
④ 편집의 용이성(텍스트 에디터에서 편집 가능)
⑤ 래더 내에서 ST기술(직감적 수식 기술이 가능한 인라인 ST)
⇒ 개발 시간 단축 가능!

3) ST에디터 개요

■ ST 프로그램의 신규 작성

① 멀티 뷰 익스플로러의 [프로그램] - [POU] - [프로그램]을 우클릭하고, 메뉴에서 [추가] - [ST]를 선택합니다.

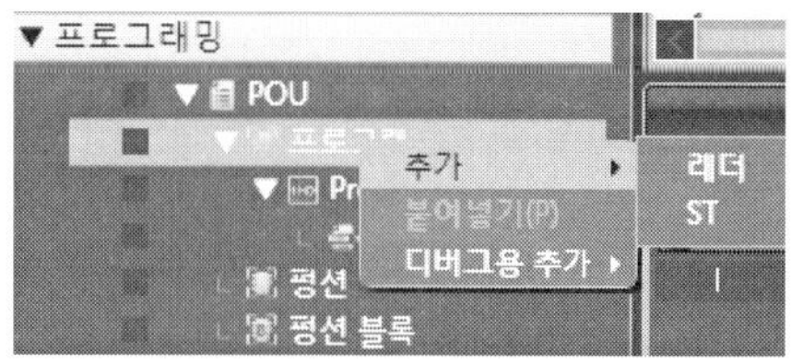

② [프로그램]의 아래에 [Program1]이 추가됩니다. [Program1]을 더블클릭하여 에디터 화면을 엽니다.

■ ST 에디터 화면

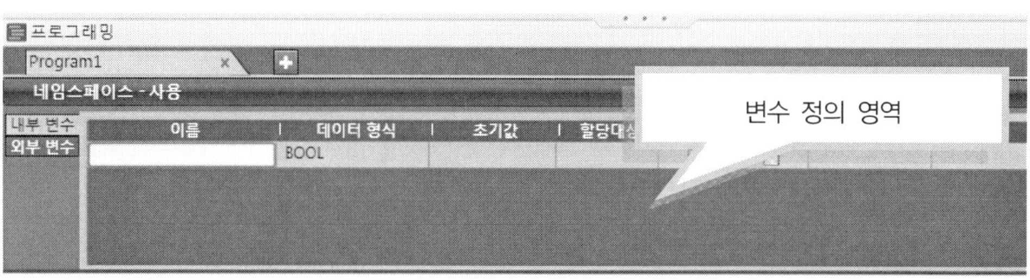

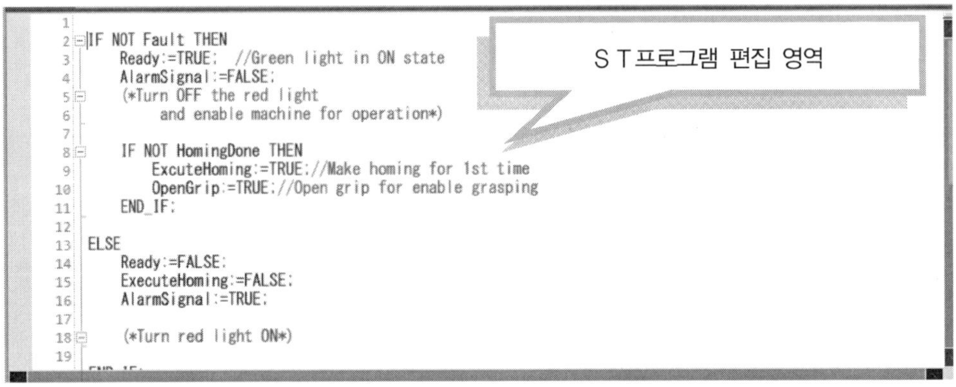

4) 대입문

① 변수에 값을 대입하는 경우,":="기호를 사용합니다.

```
READY:=FALSE;
ExecuteHoming:=FALSE;
AlarmSignal:= TRUE;
```

② 읽기 쉽게 하기 위해, 변수 사이를 스페이스나 탭으로 나눠도 괜찮습니다.

```
Signal := Power AND Enable AND NOT Fault ; // Check Signal Avalability
Position := Encodervalue  *  UserUnit  /  Increments ; //Read Position in UserUnit
```

③ 식 마지막에는 꼭 세미콜론" ; "이 필요합니다.

```
READY:=FALSE;
ExecuteHoming:=FALSE;
AlarmSignal:= TRUE;
```

④ 식은 여러 행에 걸쳐서 기술할 수도 있습니다. 도중에 줄바꿈(↲)이 들어가도 상관없지만, 식 마지막에는 꼭" ; "가 필요합니다.

```
SafetyChain := (Sensor_1 AND Sensor_2 AND NOT Sensor_3)
            AND (PowerEnable AND NOT Standstill OR MotorDisabled OR Compressor)
            OR(MainSupply AND PowerSupply)
            AND NOT (SafetyRelay OR SafetyStop) ;
```

⑤ 코멘트는 ST프로그램의 어느 장소에도 추가할 수 있습니다. 코멘트는 괄호와 별표 "(*……*)"로 둘러싸, 여러 행에 걸쳐 기술할 수 있습니다.

```
AlarmSignal := TRUE ; (* TRUE Red Light On*)
(* Lights must be On in While machine is not in ready state ready*)
```

⑥ 1행에만 하는 코멘트의 경우,"//"기호를 사용할 수 있습니다."//"에서 줄바꿈 까지가 코멘트가 됩니다.

```
IF NOT HomingDone  THEN
    ExecuteHoming := TRUE ;  //Make Homing For 1st time
    Opengrip := TRUE;  //Open grip for enable grasping
END_IF;
```

⑦ 변수 에디터는 변수명칭에 영문 대, 소문자 구별을 하지 않습니다. (IEC 61131-3사양 준거) 단, 읽기 쉽게 하고 일관성있게 하기 위해 작법으로서 같은 변수명을 기술하도록 합니다.

```
Signal := Power AND Enable AND NOT Fault ;
Position := Encodervalue  *  UserUnit  /  Increments ;

IF SIGNAL AND position >1000 THEN
    OutBounds:=TRUE;                                   일관성 없는 기술은 추천하지 않습니다.
    END_IF;

Signal := Power AND Enable AND NOT Fault ;             기술은 일관성 있게 하도록 합니다.
Position := Encodervalue  *  UserUnit  /  Increments ;

IF Signal AND Position >1000 THEN
    OutBounds:=TRUE;
    END_IF;
```

참고

코멘트 입력은 (*…*)을 입력하지 않고 코멘트 아웃 기능을 사용할 수도 있습니다.

① 코멘트 할 문자를 선택하고 우클릭으로 코멘트 아웃을 선택합니다.

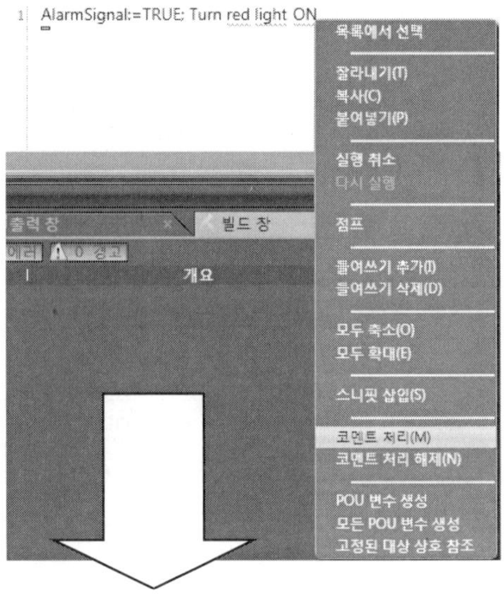

② (*…*)가 자동 삽입됩니다.

```
AlarmSignal:=TRUE;      (*Turn red light ON*)
```

5) 구문의 룰

① ST언어에서 사용하는 키워드는 예약어입니다. 유저가 변수명에 사용할 수 없습니다.

AND, BY, CASE, DO, ELSE, ELSIF, EXIT, FALSE, FOR, IF, NOT, OF, OR, REPEAT, RETURN, THEN, TO, TRUE, UNTIL, WHILE, XOR, END_IF, END_WHILE, END_CASE, END_REPEAT

② 특수문자는 변수 정의에 사용할 수 없습니다. 단, 언더바 ("_")는 변수명에 사용할 수 있습니다. (※첫 번째 문자 이외) 또한, 한자도 변수명에 사용할 수 있습니다.

〈=, 〉=, 〈〉, :=, ..., &, (*,*), %, $, @...

③ 미리 정의된 데이터형, 유저정의형은 변수명으로 사용할 수 없습니다.

USINT, SINT, BYTE, UINT, INT, WORD, REAL, DINT, UDINT, DWORD, LREAL, LINT, ULINT, LWORD

USINT를 변수에 등록한 예

6) 연산자

■ ST프로그래밍에서 사용하는 연산자 일람표

( )	연산 순서 변경	Value:=(1+2) *(3+4) // Value는 21 우선 순위 : () * / +−
**	거듭 제곱	Value:= 2**8 ; // Value는 256
NOT	논리부정	Value:=NOT TRUE; //Value는 FALSE
*	곱하기	Value:=8 * 100; // Value는 800
/	나누기	Value:=200 / 25; // Value는 8
+	더하기	Value:=200 + 25; // Value는 225
-	빼기	Value:=200 - 25; // Value는 175
MOD	나머지	Value:=10 MOD 6; // Value는 4
〈,〉,〈=,〉=	비교	Value:= 60 〉 10; // Value는 TRUE
=	등식	Value:= 8=7; // Value는 FALSE
〈〉	부등식	Value:= 8〈〉7; // Value는 TRUE
&, AND	논리곱	Value:=2#1001 AND 2#1100; //Value는 2#1000
XOR	배타적 논리합	Value:=2#1001 XOR 2#1100; //Value는 2#0101
OR	논리합	Value:=2#1001 OR 2#1100; //Value는 2#1101

7.2 인라인 ST

1) 인라인 ST

래더 안에 ST언어 처리 알고리즘을 기술할 수 있습니다.

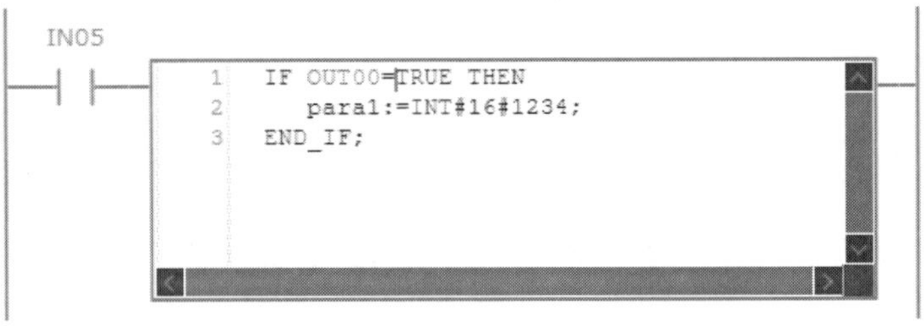

<사용상의 주의>

- 인라인 ST 내에 기술 가능한 행수는 최대 1000행입니다. 1000행을 넘으면 프로그램 체크 또는 빌드 시에 에러가 됩니다.
- 1회로에 삽입 가능한 인라인 ST는 1개입니다. 2개 이상 삽입한 경우, 프로그램 체크 또는 빌드 시에 에러가 됩니다.
- 인라인 ST상자와 오른쪽 모선 사이에 회로 부품을 삽입해서는 안됩니다. 삽입하면 프로그램 체크 또는 빌드 시에 에러가 됩니다.

2) 인라인 ST의 입력

① 인라인 ST를 삽입할 장소의 접속선을 선택하고 우클릭으로 [인라인 ST를 삽입]을 선택합니다.(또는 도구 상자의 [래더 툴]에서 [인라인 ST]를 드래그&드롭합니다.)

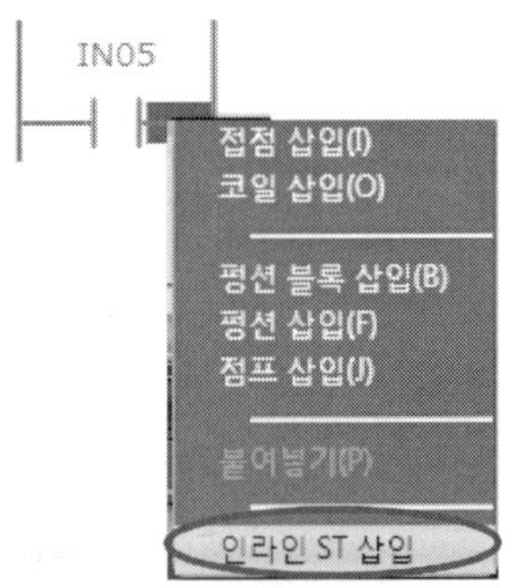

② 인라인 ST의 회로 부품이 삽입됩니다.
프로그램을 입력합니다.

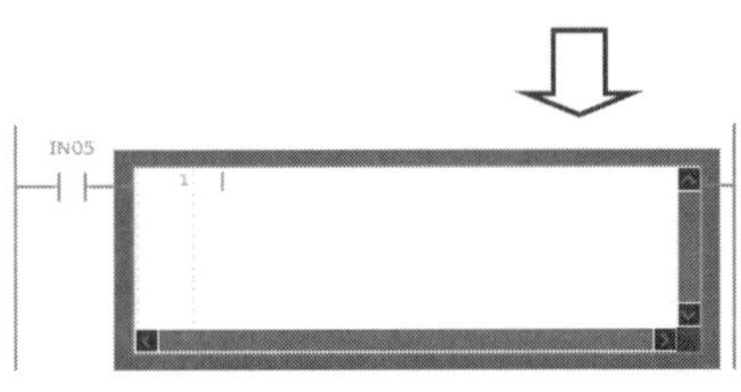

③ 인라인 ST와 오른쪽 모선 사이에 회로 부품을 삽입한 경우는 삭제합니다.

3) 인라인 ST의 삭제

① 삭제할 인라인 ST의 회로 부품을 선택하고, 우클릭으로 [삭제]를 선택합니다.(또는 [Delete] 키를 누릅니다.)

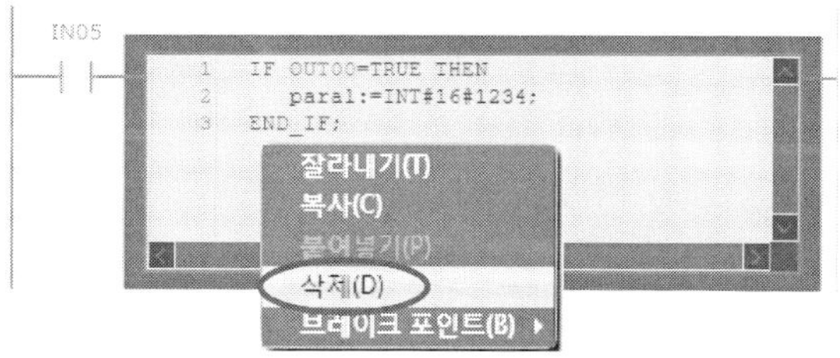

② 인라인 ST가 삭제됩니다.

4) 인라인 ST의 복사/붙여넣기

① 복사 인라인 ST의 회로 부품을 선택하고, 우클릭으로 [복사]를 선택합니다.

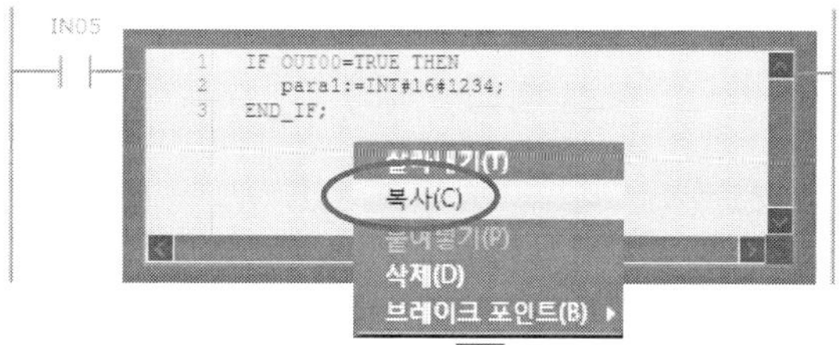

② 붙여 넣기를 할 접속선을 선택하고 우클릭으로 [복사]를 선택합니다.

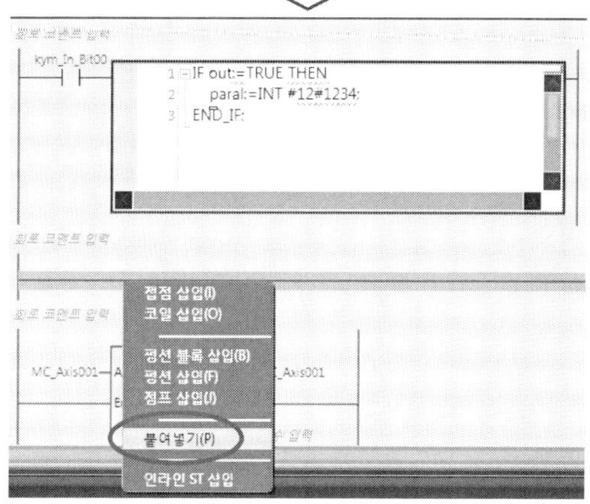

③ 인라인 ST가 붙여넣기가 됩니다.

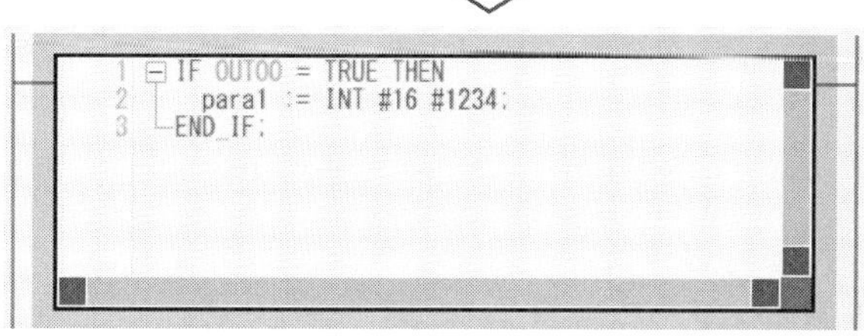

5) ST프로그래밍

■ 대입문:

```
Starter:=TRUE;
```

변수「para1」에「변수「para2」+변수「para3」」의 결과를 대입하는 문장을 예로 입력 순서를 설명하겠습니다.

① 먼저 변수 테이블에 사용할 변수를 입력한 뒤, ST에디터 상에서 변수명「para1」의 선두문자「p」를 입력합니다.

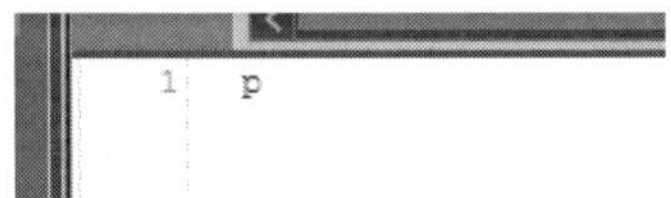

② 그러면 드롭 다운 리스트에 변수리스트가 표시됩니다.「para1」을 선택하고 [Enter]를 누르면 변수「para1」이 입력됩니다.

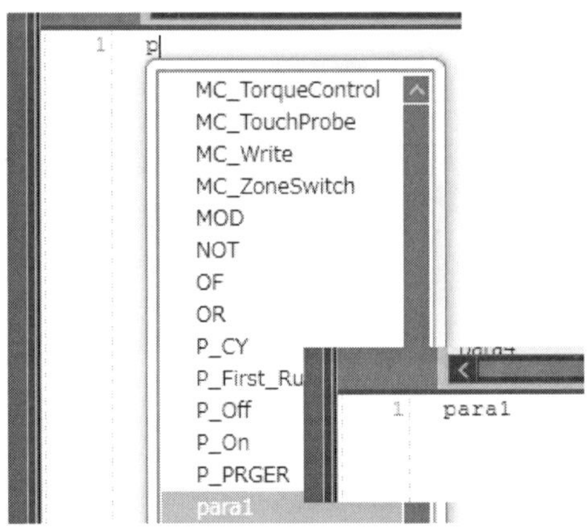

③ 띄어쓰기 후「:」(콜론)을 입력하면, 대입 키워드「:=」가 입력됩니다.

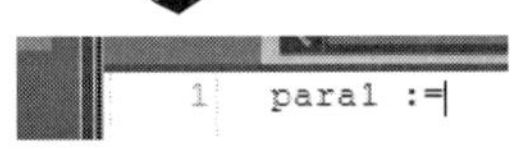

④「변수「para2」+변수「para3」」을 입력합니다.
변수「para1」과 같은 작업으로「para2」를 입력합니다.

⑤ 띄어쓰기 후「+」를 입력합니다. 변수「para3」을 입력합니다.

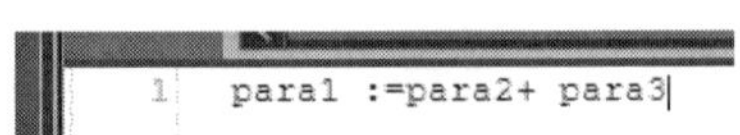

⑥ 띄어쓰기 후 「;」 (세미콜론)을 입력합니다. 대입문 입력이 완료됩니다.

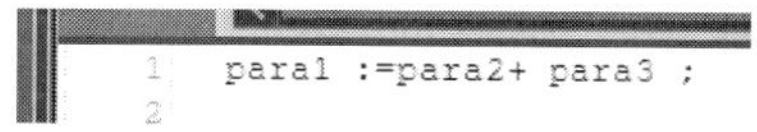

(변수는 먼저 변수테이블에 등록 후 구문을 작성합니다. 띄어쓰기 스페이스 바는 생략 가능합니다.)

■ 논리연산(로직):

```
MotorRun:=(Enable OR ConveyorON)
          AND MotorStopped
          AND NOT Alarm;
```

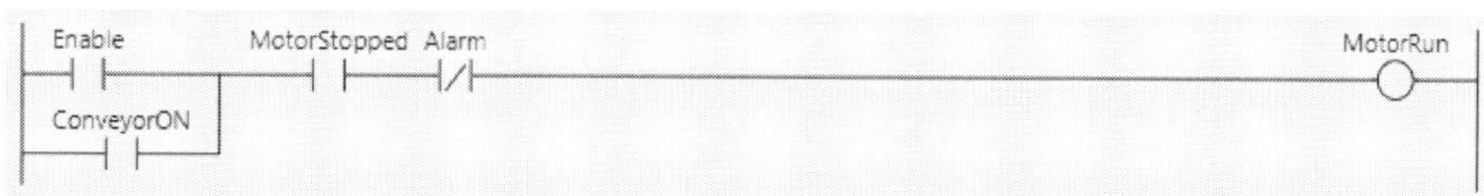

■ ST 수치계산 프로그램

다음과 같은 두 점 간의 거리를 계산하는 ST프로그램 구문을 대입문과 연산자를 사용하여 작성해 봅시다.

2점 간 A (X0, Y0), B(X1, Y1)의 거리 (Length)는, 피타고라스의 정리에 의해 다음과 같습니다.

$$Length = \sqrt{(X1\text{-}X0)^2 + (Y1\text{-}Y0)^2}$$

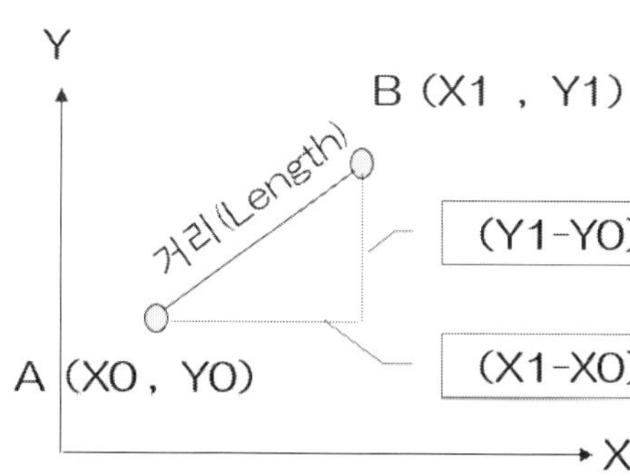

먼저, 두 점 간의 거리를 구하는 계산 프로그램 작성에 필요한 변수를 작성합니다. 그리고 실수의 제곱근(√)을 구하기 위해 SQRT명령문을 ST로 작성합니다.

(1) 변수선언

X0	LREAL			☐	☐
Y0	LREAL			☐	☐
X1	LREAL			☐	☐
Y1	LREAL			☐	☐
Length	LREAL			☐	☐

이 때 ST언어가 아닌 래더로 연산 프로그램 작성 시 하기와 같이 복잡해집니다.

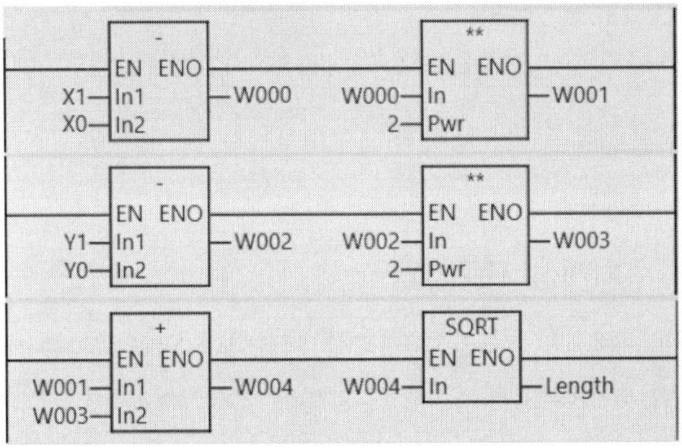

하지만 ST 언어로 작성 시 프로그램을 간단하게 작성할 수 있습니다.

(2) 인라인ST로 구문식 작성

```
Length := SQRT (( X1 - X0 )**2 + ( Y1 - Y0 )**2);
```

SQRT 펑션을 사용하여 결과 변수에 계산한 값을 대입문으로 작성합니다.

만약 변수테이블에 선언되지 않은 변수를 식에 사용했을 때는 아래와 같이 이중선이 표시되므로 주의해 주시기 바랍니다. 커서를 맞추고 아이콘을 클릭하여 변수를 등록해 주십시오. 변수테이블에 변수가 등록된 것을 확인하고 데이터형식을 기재합니다.

```
Length := SQRT( (X1 - X0 ) ** 2.0 + (Y1 - Y0) ** 2.0 );
```

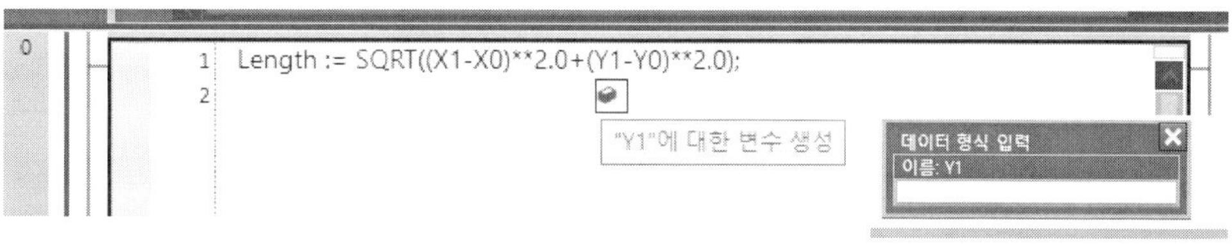

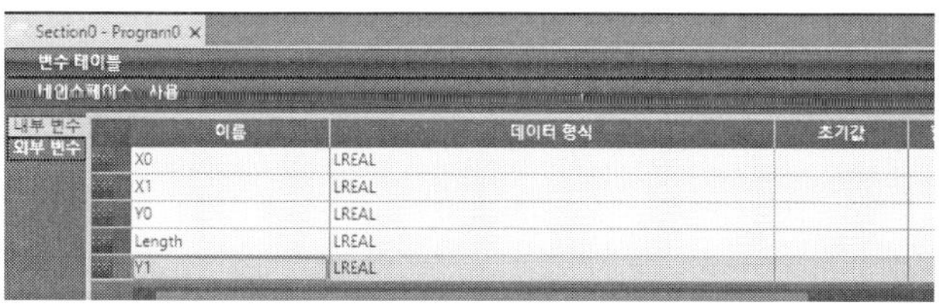

(3) 동작확인

프로그램 전송 후 워치 윈도우에 2점의 값을 대입하여 결과 Length의 값을 확인합니다.

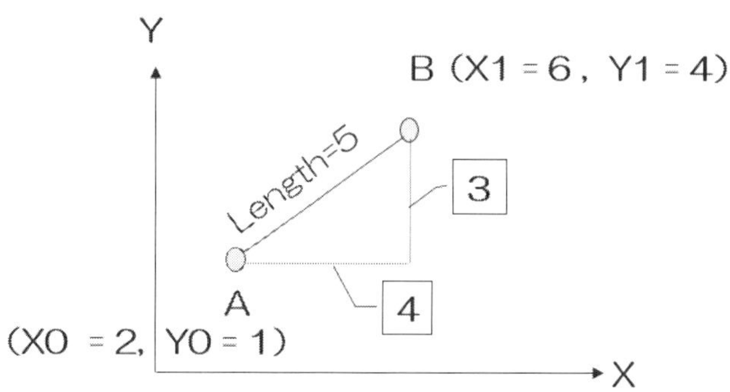

■ 조건문:

IF .. THEN ... END_IF

① 조건식의 평가 결과가 참(TRUE)인 경우, IF~THEN / END_IF구문이 실행됩니다.

② 만일 조건식이 성립하지 않으면 조건식은 실행되지 않고, END_IF 다음 구문으로 진행됩니다.

```
IF  <조건식>  THEN
    <구문> ;
END_IF;
```

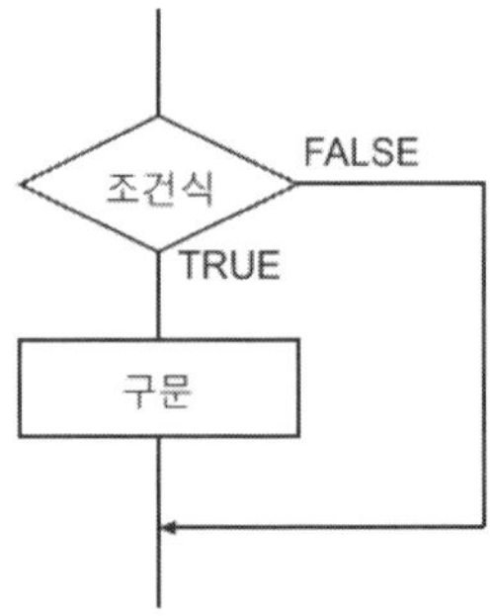

사용 예)

```
IF OUT00 = TRUE THEN
    para1 := INT #16 #1234;
END_IF;
```

* 만일 BOOL형 OUT00 변수가 TRUE이면, INT형 para1변수에 16진 1234가 대입됩니다.

조건문이 성립되지 않은 경우 다른 조건을 실행하기 위해서는 ELSE를 추가할 수 있습니다.

```
IF  <조건식>  THEN
  <구문 1 > ;             ←── TRUE일 때
ELSE
     <구문 2 > ;          ←── FALSE일 때
END_IF;
```

그리고 이 명령은 계층 구조로 만들 수 있습니다.

```
IF  <조건식 1 >  THEN  <구문 1 > ;
  ELSIF  <조건식 2 >  THEN  <구문 2 > ;
  ELSIF  <조건식 3 >  THEN  <구문 3 > ;
        ...
  ELSIF  <조건식 n >  THEN  <구문n>
ELSE<구문m> ;
END_IF;
```

사용 예)

변수 abc의 값이 INT#0보다 작으면 변수 def에 INT#0을 대입합니다.
변수 abc의 값이 INT#0이면 변수 def에 INT#1과 변수 ghi에 INT#2를 대입합니다.

변수 abc의 값이 그 어느 쪽에도 해당되지 않으면 def에 INT#3을 대입합니다.

명칭	데이터 형식	초기값
abc	INT	0
def	INT	0
ghi	INT	0

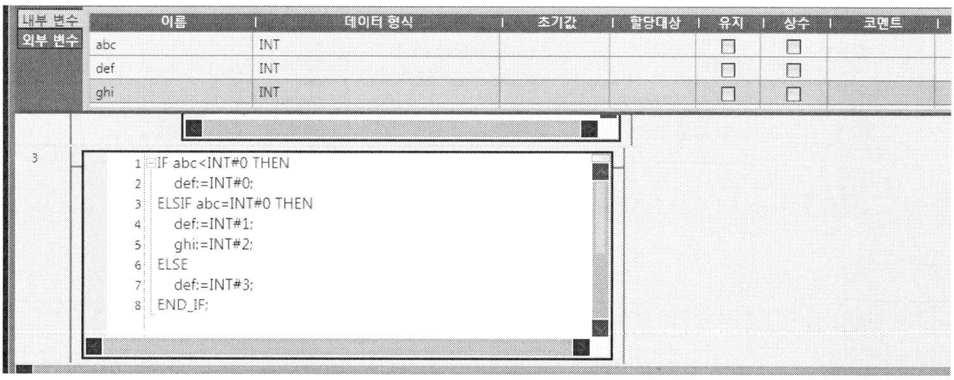

연습문제

스위치(SW1, SW2) 상태에 따른 Data의 자동 변환에 대한 동작을 하기 조건으로, IF구문을 사용하여 ST프로그램을 작성하고자 합니다. 만일 SW1이 On되고 SW2가 OFF 시에는 Data는 10이 되고, SW1이 OFF되고 SW2가 ON 시에는 Data가 20이 되며, SW1과 SW2가 모두 ON시에는 Data는 30이 됩니다. 그리고 그 외의 경우에는 Data가 0이 되도록 프로그램을 작성해 주십시오.

※ 알아두기

[제어구문의 간단입력 방법]

① 키워드의 모두 문자[i]를 입력하면 드롭다운 List에 [IF]를 선택하고 ENTER키를 누릅니다.

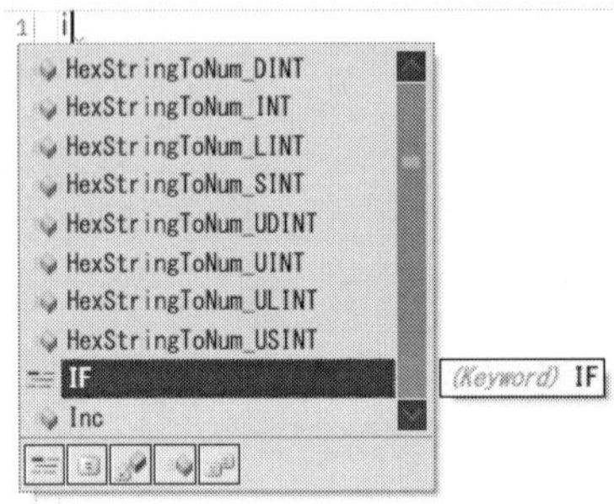

② 키워드 입력 후 [TAB]키를 누르면 IF문을 구성하는 키워드가 자동으로 생성됩니다.

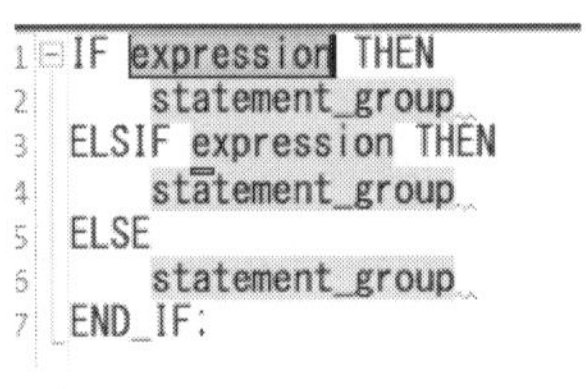

③ 조건식을 입력하고 [TAB]키를 누르면 자동으로 다음 입력란으로 이동합니다.

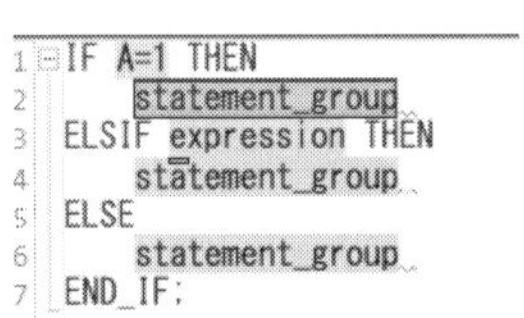

■ 다방향 분기:

CASE OF END_CASE

지정한 정수식 값에 따라 복수의 구문 중에서 실행될 구문을 선택합니다.
정수식의 값에 따라 다음과 같은 플로우를 갖게 됩니다.(구문은 복수 기술이 가능합니다)

```
CASE <정수식> OF
<선택값 1 > : <구문 1 > ;
<선택값 2 > : <구문 2 > ;
. . .
<선택값 n > : <구문n > ;
ELSE<구문m > ;
END__CASE ;
```

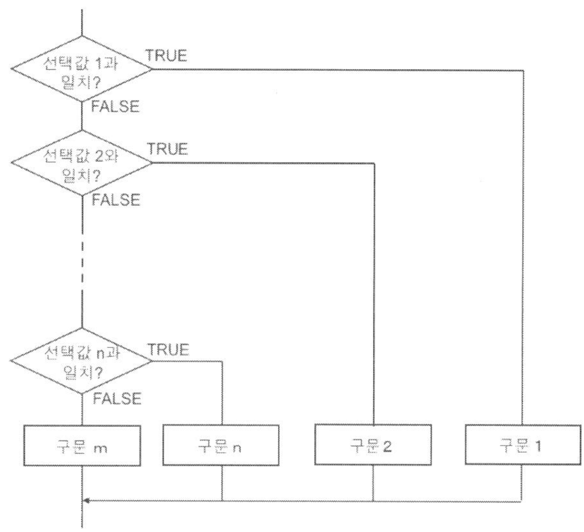

사용 예)

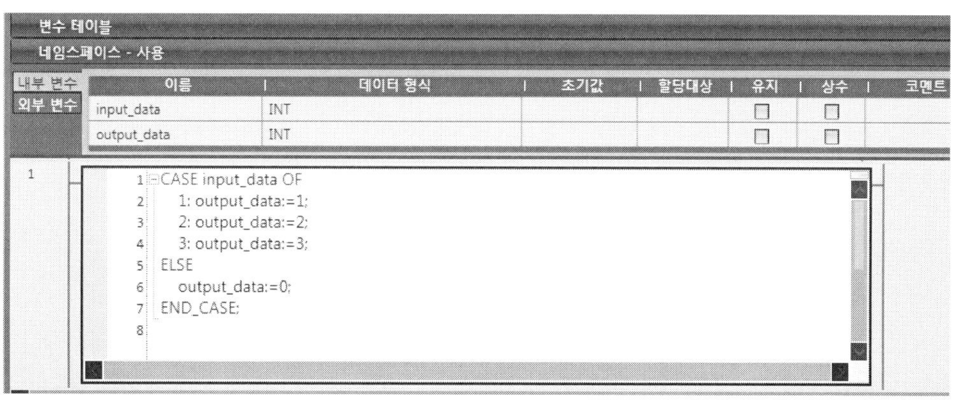

이름	데이터 형식	초기값	할당대상	유지	상수	코멘트
input_data	INT			☐	☐	
output_data	INT			☐	☐	

```
CASE input_data OF
    1: output_data:=1;
    2: output_data:=2;
    3: output_data:=3;
ELSE
    output_data:=0;
END_CASE;
```

Input_data가

1일 때, output_data는 1이 되고,

2일 때, output_data는 2이 되고,

3일 때, output_data는 3이 되고

그밖의 경우에는 0이 됩니다.

연습문제

장비 State가 10일 때는 setpoint를 45로 하고 Cooler를 ON시키고,
장비 State가 20일 때는 setpoint가 65가 되면서 Cooler는 OFF되며, 만일 Speed가 200보다 크면, state는 30이 됩니다.
장비 State가 30일 때는 setpoint를 95로 하고 Cooler를 ON시키며, Speed는 100으로 합니다.
그 밖에 경우에는 Speed가 0이 됩니다.
(*주 : 조건이 실행 중 변화했을 때에는 다음 사이클 실행 시에 반영된다)

■ 조건부 루프문 (FOR문)

FOR ... (BY) ... DO ... END_FOR

```
FOR 〈반복변수〉 :=
〈초기값〉 TO 〈최종값〉 BY 〈증감값〉 DO
 〈구문〉 ;
END_FOR;
```

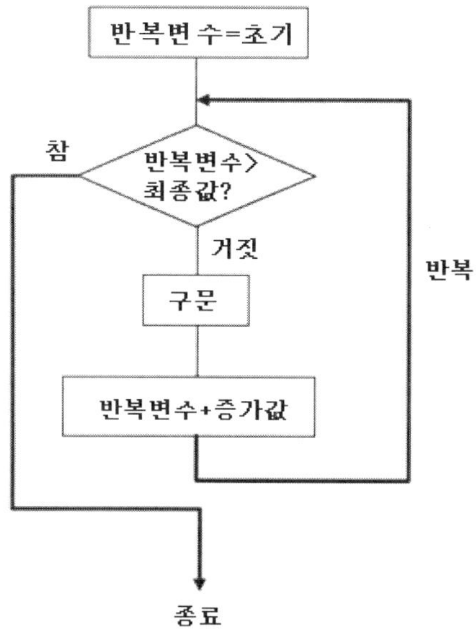

FOR 문은 반복적인 동작을 처리할 경우에 사용됩니다.

FOR...END_FOR 안의 구문은, 반복변수가 초기값에서 최종 값에 도달할 때까지 실행됩니다. BY는 옵션으로 증감값을 지정할 수 있습니다. 생략되는 경우에는 BY 1(1씩 증가)가 됩니다. 그리고 반복변수가 최종값에 도달했을 때, END_FOR다음 구문이 진행됩니다.

명령	명칭	FR/FUN	그래픽 표현	ST 표현
FOR	반복 시작	FUN	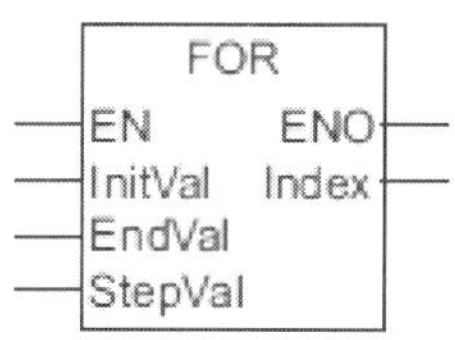	FOR Index:=InitVal TO EndVal BY StepVal DO 구문; END_FOR*;
NEXT	반복 종료	FUN	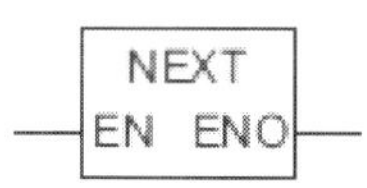	

*일반적인 래더에서는 FOR와 NEXT문을 사용 하지만 ST 언어에서는 반복 처리 종료 위치를 표시하는 데 'NEXT'를 사용하지 않고 'END_FOR'를 사용합니다.

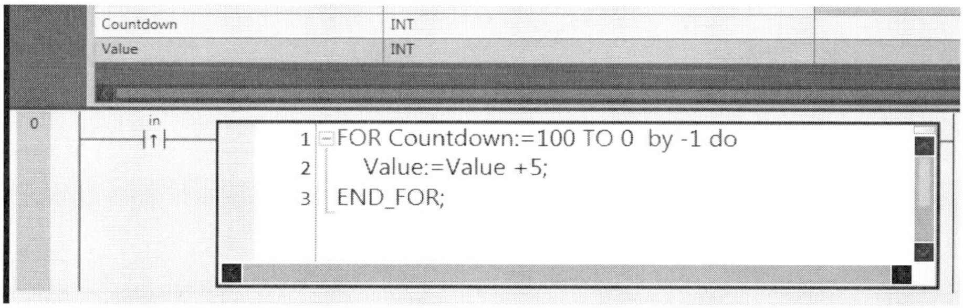

사용 예)

in 변수가 True될 때마다 반복변수 Countdown이 초기값 100에서 최종값 0이 될 때까지, 증감값 -1씩 실행하면, 구문의 Value 변수에 +5 가산이 101번 반복 실행됩니다.

연습문제

FOR 문을 이용하여 입력신호가 True되면, INT형 배열 AryOut[0-9]에 0부터 9까지의 값을 할당하고, 입력신호가 False되면, AryOut[0-9]변수가 초기화 되는 프로그램을 작성해 봅시다.

변수 테이블

네임스페이스 - 사용

내부 변수 / 외부 변수

이름	데이터 형식	초기	할당대	유지	상수	코멘트
AryOut	ARRAY[0..9] OF INT			☐	☐	배열변수
Position	INT			☐	☐	FOR문 Index(제어변수) 변수

OMRON

이 장에서는
재 이용 가능한 부품(펑션, 펑션블록)의 작성 방법과
라이브러리에 대해서 학습합니다.

8.1 펑션(FUN)
8.2 펑션블록(FB)
8.3 라이브러리 작성

8 부품화와 라이브러리

8 1 펑션(FUN)

1) 펑션(FUN) 개요

펑션(FUN)은 단일 기능의 명령을 말하며, 래더 언어 또는 ST언어로 기술하고, 로컬 변수 테이블과 알고리즘으로 이루어집니다.

펑션(FUN)명 또는 명령 명을 지정하여 사용합니다. 인스턴스는 불필요합니다.

〈펑션의 입력 방법〉

방법 ① 툴 박스에서 원하는 펑션 형식 명령의 회로를 드래그 앤 드롭하여 삽입
방법 ② 마우스 오른쪽 버튼을 클릭하고 [펑션 삽입] 선택 후 펑션 명을 입력
방법 ③ 삽입 위치로 커서를 이동한 후 [I]키를 누른 후 펑션 명을 입력

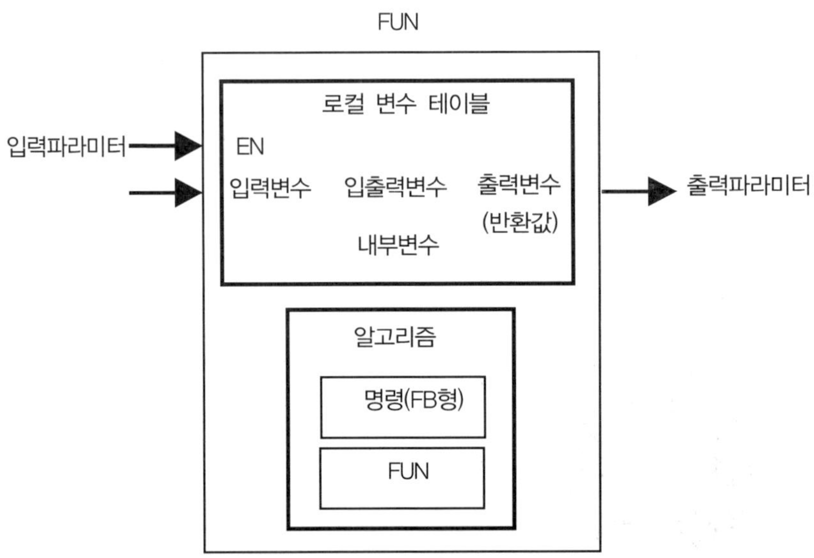

주의

펑션(FUN)의 내부변수는 모니터 할 수 없습니다.

2) 펑션(FUN)의 사용 이미지

(1) 래더

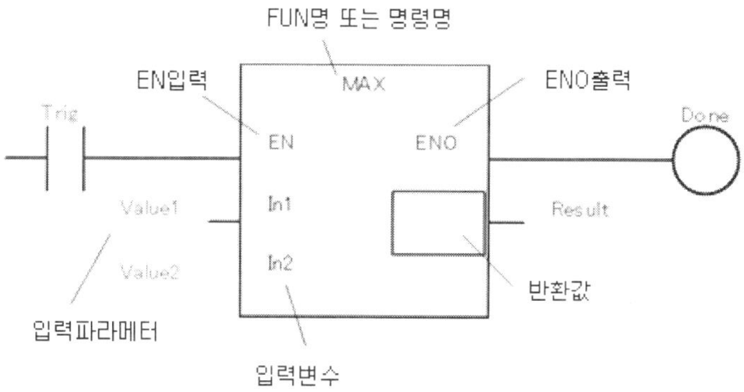

(2) 사용 이미지(ST)

```
Result := MAX(In1:=Value1, In2:=Value2);
(* 입력변수를 생략한 경우 *)
Result := MAX (Value1, Value2) ;
(* EN/ENO를 지정할 수도 있습니다. *)
Result := MAX(EN:=Trig, In1:=Value1, In2:=Value2,
ENO=>Done);
```

3) 펑션(FUN) 사양

변수	갯수	사양 (발췌)
입력변수	0~64	· FUN의 입력인수로서 FUN내부에서 사용되는(값 변경 불가) 변수입니다. · FB와 달리 상승/하강 엣지 설정이 불가합니다. · FUN 외부에서 값을 참조할 수 없습니다.
출력변수	0~64	· FUN에서의 출력인수로서 FUN내부에서 사용되는 변수입니다. · 출력파라미터 접속을 생략할 수 있습니다. 생략한 경우, 출력변수 값은, 어떤 파라미터에도 대입되지 않습니다. · FUN외부에서 값을 참조할 수 없습니다.
입출력 변수	0~64	· FUN의 입력인수로서 FUN내부에서 사용되는(값 변경 불가)변수입니다. · FUN 내에서 값을 변경하면, 그 시점에서 입출력 파라미터 값이 바뀝니다. · 입출력 파라미터를 생략하는 것은 불가능합니다. · FUN외부에서, 값을 참조할 수는 없습니다.

내부변수	무제한	· FB내에서의 일시적인 저장용 변수입니다. · 실행종료 후는, 값이 유지되지 않습니다. · FUN 외부에서, 값을 참조할 수는 없습니다. · 유지속성을 「있음」으로 설정할 수는 없습니다.
외부변수	무제한	· 글로벌 변수를 참조하는 변수입니다.
EN	1	· FUN을 기동하기 위한 BOOL형 입력변수입니다. · EN값이 TRUE일 때, FUN이 실행됩니다. 반드시 1개 존재합니다.
ENO	0 또는 1	· 정상종료시에 TRUE, 이상종료시 또는 비기동시에 FALSE가 되는 BOOL형 출력변수입니다. (생략가능) · ENO가 FALSE일 때, 값을 출력하지 않습니다.
반환값	1	· FUN이 알고리즘을 종료하고, 호출처에 처리 결과로 반환되는 값입니다. · 기본 데이터 형 모두 열거형을 지정가능합니다. 배열지정, 구조체형의 집합체, 공용체형의 집합체를 지정할 수는 없습니다.

4) 펑션(FUN)만들기

그럼 이번에는 사용자 정의 사양의 펑션을 만들어 보도록 하겠습니다.

전 장에서 두 점 간의 거리를 구하는 연산식을 ST로 작성해 보았습니다. 이 때 이 프로그램을 좀 더 사용자 정의 사양으로 만들어 반복 사용할 수 있도록 해보겠습니다.

$$\text{Length} = \sqrt{(X1-X0)^2 + (Y1-Y0)^2}$$

거리를 연산 결과 반환값으로 처리하도록 하는 Distance FUN을 만들어 호출하여 프로그램을 작성해 보도록 하겠습니다.

반환값 : Distance (LREAL형)

■ 사용자 정의 펑션(FUN) 신규 작성

① 멀티뷰 탐색기의 [프로그래밍] – [POU] – [펑션]을 우클릭하고 추가- ST를 선택합니다.

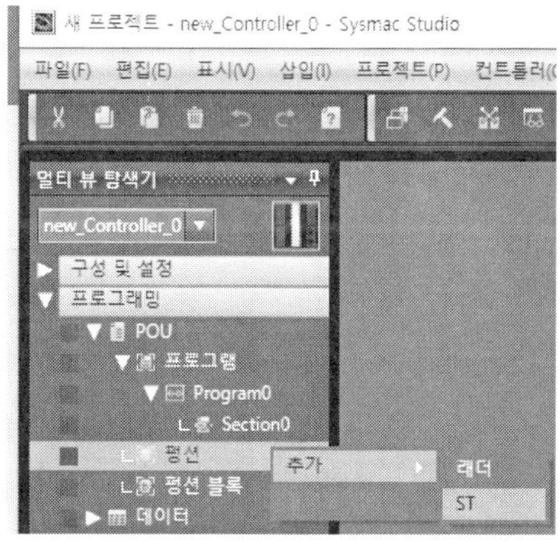

② [펑션]항목 아래 Funtion0 이 생성되고 더블 클릭하여 변수를 정의합니다.

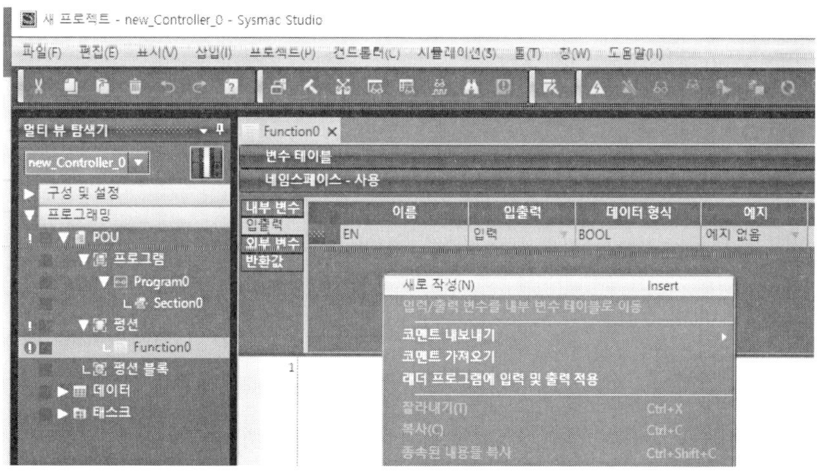

③ 변수테이블에서 입출력 변수를 더블 클릭하고 입력 변수를 작성 후 ENO출력도 추가 작성합니다.

입력변수 : X0, X1, Y0, Y1 (LREAL형)

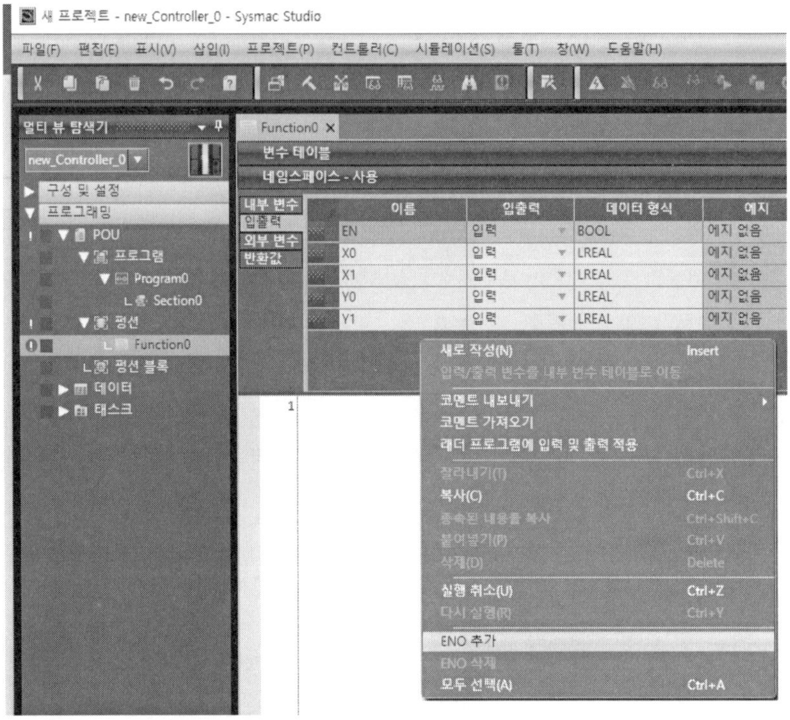

④ 펑션의 이름 Funtion0을 우 클릭하여 이름 변경합니다.

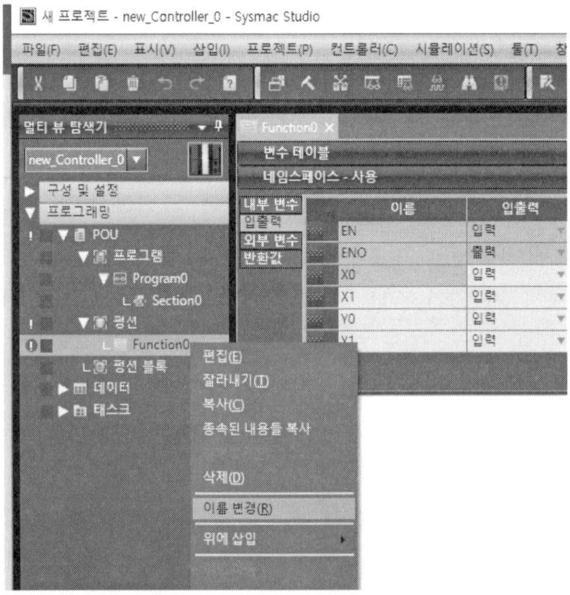

⑤ 펑션 명은 반환 값 변수 명과 동일하게 자동 등록됩니다.

변수 테이블의 반환 값 변수 Distance의 데이터 유형을 LREAL로 변환합니다.
그리고 ST에디터 창에 펑션 동작 프로그램을 작성합니다.

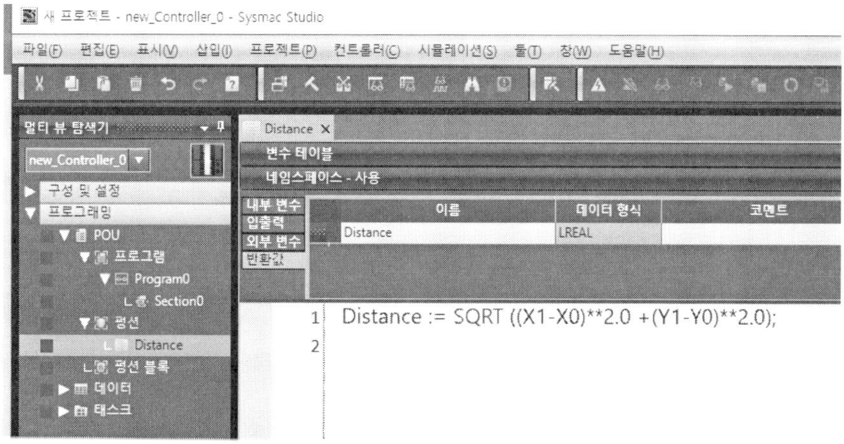

⑥ 펑션 동작 확인을 합니다. [프로그램] – [Program0] – [Section0]을 더블클릭하고 사용자 정의 펑션을 사용하여 프로그램을 입력합니다.

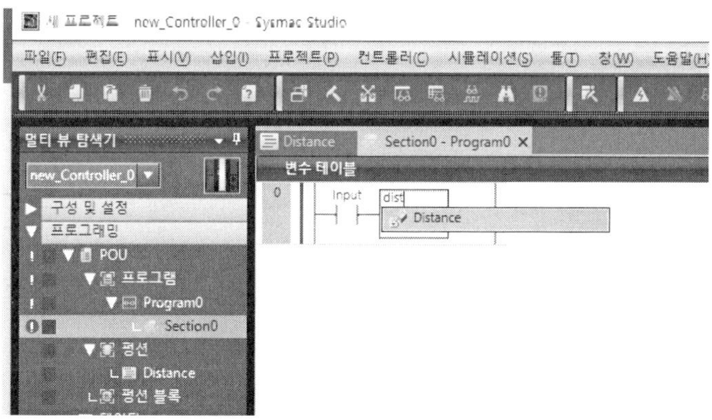

⑦ Distance 펑션에 입력할 X0~Y1 변수를 입력합니다.
감시창에 두 점 좌표값을 입력하고 출력변수 "거리"에 계산이 맞는지 확인해 봅시다.

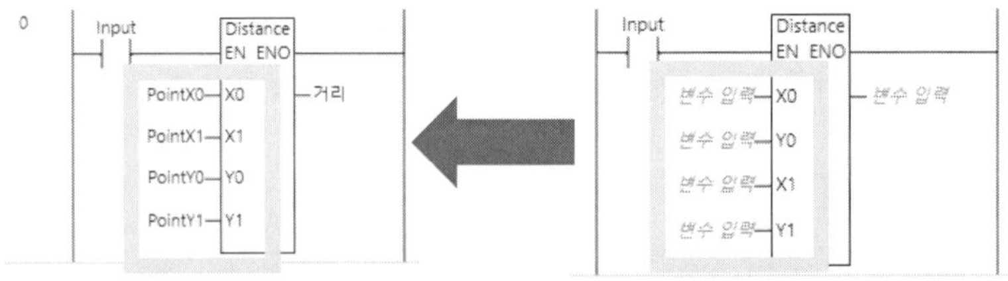

입력변수의 순서 변경 시에는 펑션 작성 시 변수의 순서를 맞춰줘야 합니다.

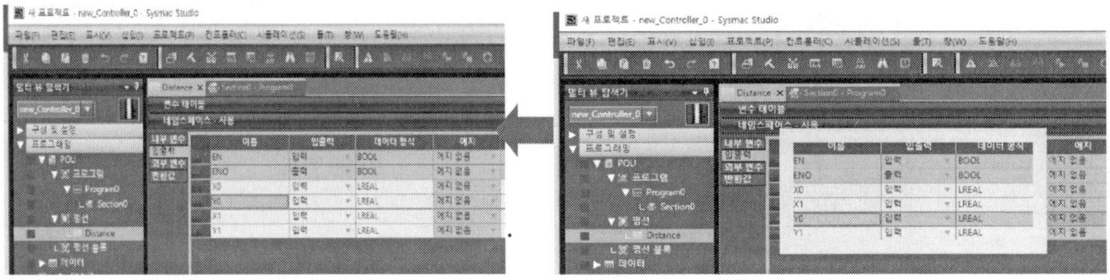

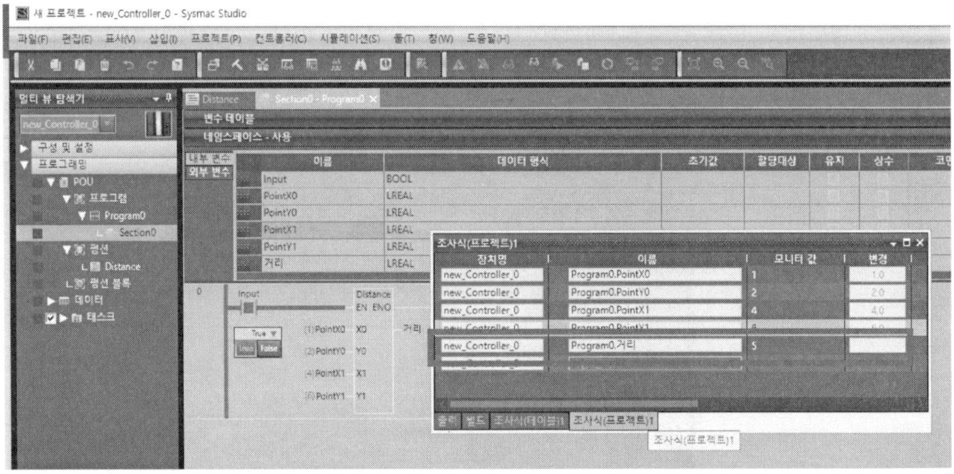

8 2 펑션블록(FB)

1) 펑션블록(FB) 개요

- 펑션블록(FB)은 동작을 정의한 명령을 말하며, 래더 언어 또는 ST언어로 기술하고, 로컬 변수 테이블과 알고리즘로 구성되어 있습니다.
- 펑션블록(FB)은 인스턴스를 생성하여 사용합니다.

〈펑션블록의 입력 방법〉

- 방법 ① 툴 박스에서 원하는 펑션블록 형식 명령의 회로를 드래그 앤 드롭하여 삽입
- 방법 ② 마우스 오른쪽 버튼을 클릭하고 [펑션블록 삽입] 선택 후 펑션블록 명을 입력
- 방법 ③ 삽입 위치로 커서를 이동한 후 [F] 키를 누른 후 펑션블록 명을 입력

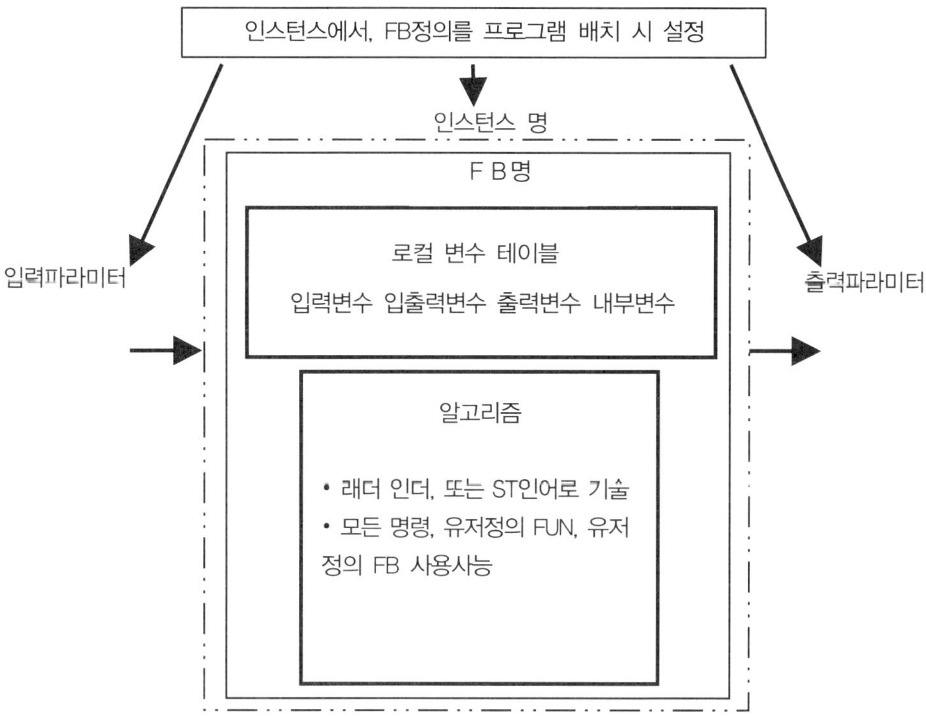

FB의 인스턴스

FB은 미리 작성한 'FB 정의'와 그것을 실제로 프로그램에서 사용하기 위한 '인스턴스'로 이루어집니다. 재사용의 바탕이 되는 것을 'FB 정의'라고 합니다. FB 정의를 프로그램 또는 다른 FB에 배치하면 FB 정의는 실제 프로그램이나 FB의 일부로 취급됩니다. FB 정의를 프로그램 또는 다른 FB에 배치한 것을 '인스턴스'라고 합니다. 그리고 각 인스턴스에는 인스턴스 명이라는 식별자가 있으며, 각각 메모리 영역을 사용합니다. 따라서 FB를 관리하기 위해 프로그램마다 배치한 FB에 대해 개별적으로 붙인 이름입니다. 프로그램이나 다른 FB에서 FB를 호출할 때 인스턴스 명을 설정합니다.

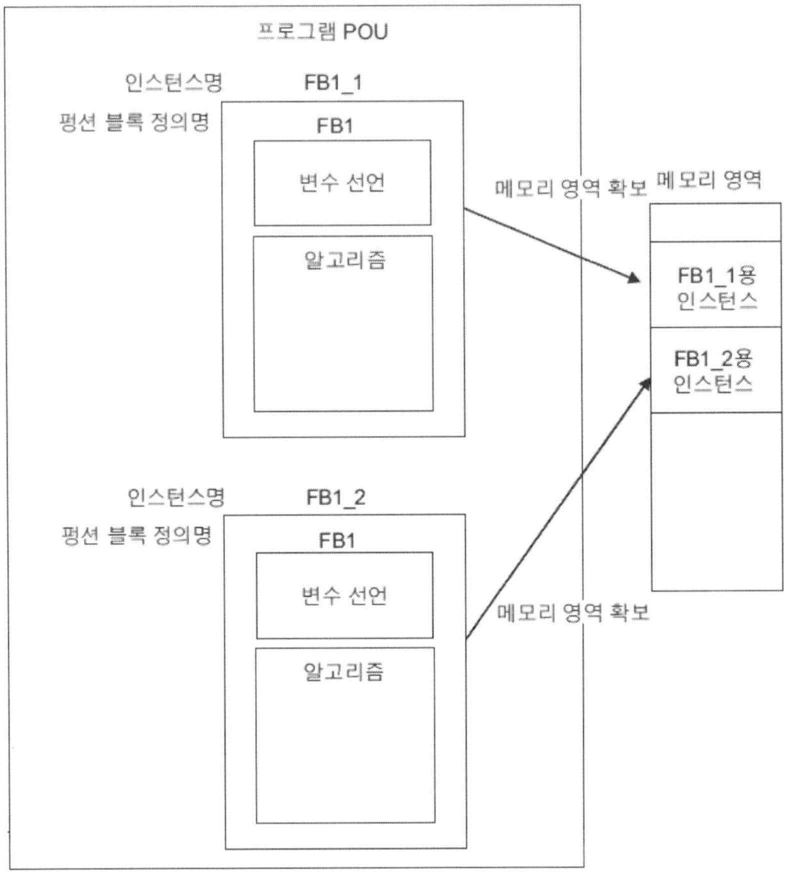

2) 펑션블록(FB)의 사용 이미지

(1) 래더

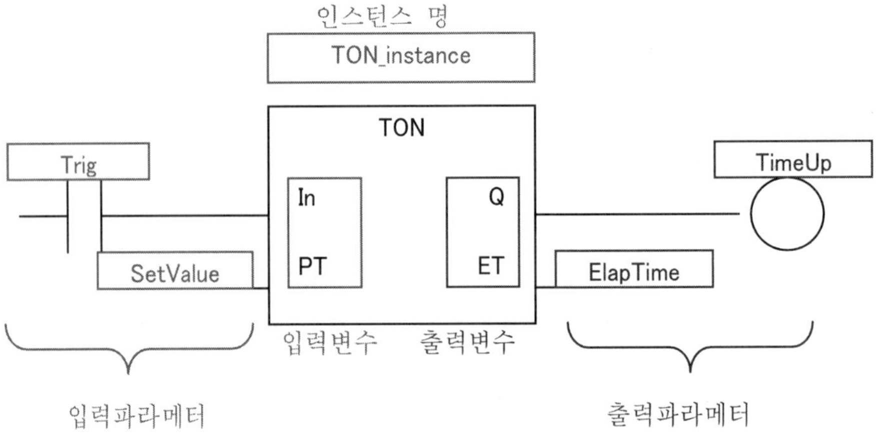

(2) 사용 이미지(ST)

```
TON_instance(In:=Trig, PT:=SetValue, Q=>TimeUp, ET =>ElapTime);
  In(입력)에 Trig을 대입(* 입력변수, 출력변수를 생략한 경우 *)
TON_instance(Trig, SetValue, TimeUp, ElapTime);
```

3) 펑션블록(FB)으로 사용 가능한 변수

■ NJ시리즈와 CJ2시리즈의 차이

변수	NJ시리즈 (개수)	CJ2시리즈 (개수)	사양(발췌)
입력 변수	1~64	0~64(※1)	• FB의 입력 인수로서 FB내부에서 사용되는(값 변경 불가) 변수입니다. • 최저1개는, BOOL 형 입력 변수가 필요합니다. • 상승/하강 엣지를 지정할 수 있습니다.
출력 변수	1~64	0~64(※2)	• FB에서의 출력인수로 FB내부에서 사용되는 변수입니다. • 최저 1 개는, BOOL형 출력 변수가 필요합니다. • 출력파라미터 접속을 생략할 수 있습니다. 생략한 경우, 출력 변수 값은, 어떤 파라미터에도 대입되지 않습니다.
입출력 변수	0~64	0~16	• FB으로의 입출력으로서 FB내부에서 사용되는 (값을 변경 가능) 변수입니다. • 입력 파라미터에 정수는 기술 할 수 없습니다. 변수만 기술 가능합니다. • FB 내에서 값을 변경하면, 그 시점에서 입출력 파라미터 값이 변합니다. • 입출력 파라미터를 생략할 수는 없습니다.
내부 변수	무제한	무제한	• FB내에서의 일시적인 저장용 변수입니다. • 비 실행 시도, 실행 후도, 값이 유지됩니다. • 유지속성을 갖게 할 수 있습니다. • FB 외에서, 값을 참조할 수는 없습니다.
외부 변수	무제한	무제한	• 글로벌 변수를 참조하는 변수입니다.
EN	0	1	• FB에서는 사용할 수 없습니다.
ENO	0 또는 1	1	• 정상종료 시에TRUE, 이상종료 시 또는 비 기동 시에FALSE 가 되는 BOOL형 출력변수입니다. (생략가능) • ENO가 FALSE일 때, 값을 출력하지 않습니다.

※1 입력변수와 입출력 변수의 합계 개수가 됩니다.

※2 출력변수와 입출력 변수의 합계 개수가 됩니다.

4) 펑션블록(FB)에서 사용 가능한 파생 데이터와 배열

■ NJ시리즈와 CJ2시리즈의 차이

데이터 형	NJ시리즈	CJ2시리즈
배열	입력 변수, 출력 변수, 입출력 변수, 내부 변수, 외부 변수의 3차원 배열까지 사용 가능합니다. 최대 사이즈65535	내부 변수 또는 입출력 변수에서 1차원 배열만 사용 가능합니다. 최대 사이즈2048 (REAL/DINT/UDINT/DWORD:1024) (LREAL/LINT/ULINT/LWORD:512)
구조체	입력 변수, 출력 변수, 입출력 변수, 내부 변수, 외부 변수에서 사용 가능합니다.	내부 변수 또는 입출력 변수에서 사용 가능합니다.
열거형	입력 변수, 출력 변수, 입출력 변수, 내부 변수, 외부 변수에서 사용 가능합니다.	사용 불가
공용체	[유니트Ver.1.0] 내부 변수, 외부 변수에서 사용 가능 [유니트Ver.1.1] 입력 변수 출력 변수, 입출력 변수, 내부 변수, 외부 변수에서 사용 가능	사용 불가

FB인스턴스의 출력 변수는 프로그램에서 액세스 가능합니다.

- 이점

  출력 파라미터를 일부러 둘 필요가 없습니다.

- 제약

  쓰기는 불가능합니다. 읽어오기만 가능합니다.

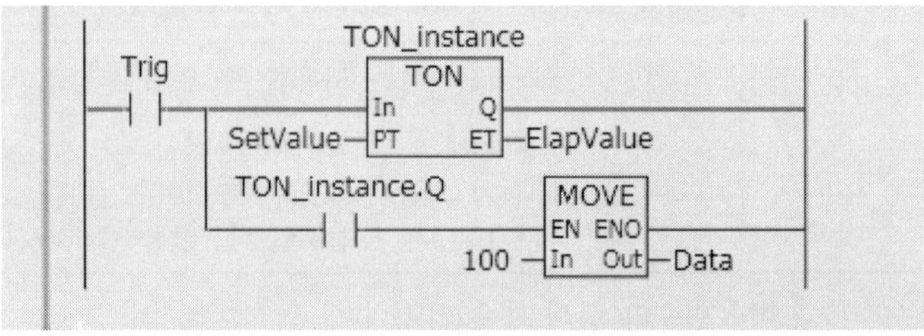

※ Sysmac Studio 버전 1.00에서는, 로컬 변수와 글로벌

변수가 같은 이름일 경우, 컴파일 에러가 됩니다. 버전 1.01에서는 컴파일 에러는 발생하지 않습니다. 단, 로컬 변수의 내부 변수와 외부 변수에 동일 변수명을 사용할 수는 없습니다.

※ 펑션 블록(FB)과 펑션(FUN)의 차이

- 펑션(FUN)
  인스턴스 명이 불필요함. 명령 입력이 편함.
  메모리를 점유하기 않기 때문에 개수의 제약이 없음.
  단순한 연산 등 상태 기술이 필요없는 명령에 적합.

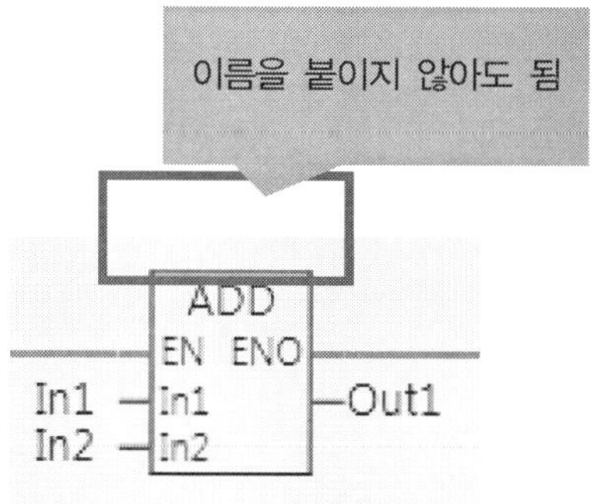

- 펑션 블록(FB)
  인스턴스명이 필요. 사용할 때마다 인스턴스명을 붙일 필요가 있음.
  메모리를 점유하기 때문에 인스턴스 개수와 메모리의 제약이 있음.
  타이머 명령 등 내부 상태를 기억할 필요가 있는 명령은 펑션 블록일 필요가 있음.

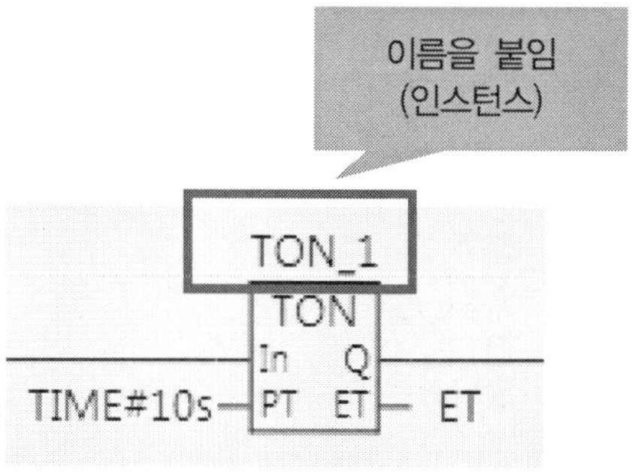

5) 펑션블록(FB) 만들기

그럼 이번에는 사용자 정의 사양의 펑션블록(FB)을 만들어 보도록 하겠습니다.

시간 계측 프로그램을 반복사용이 가능한 사용자 정의 펑션블록으로 작성해 보겠습니다.

TargetSignal 신호가 On되는 순간 시간 계측이 시작되고 신호가 OFF하면 경과 시간을 LapTime변수에 저장하는 시간계측 프로그램입니다.

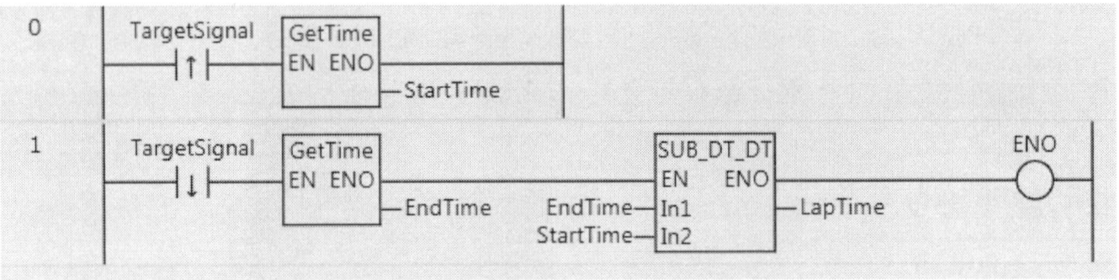

이 프로그램을 Stop Watch라는 이름의 펑션 블록으로 작성하여 호출해 보도록 하겠습니다.

■ 사용자 정의 펑션 블록(FB) 신규 작성

① 멀티뷰 탐색기의 [프로그래밍] - [POU] - [펑션 블록]을 우 클릭하고 추가- 래더를 선택합니다.

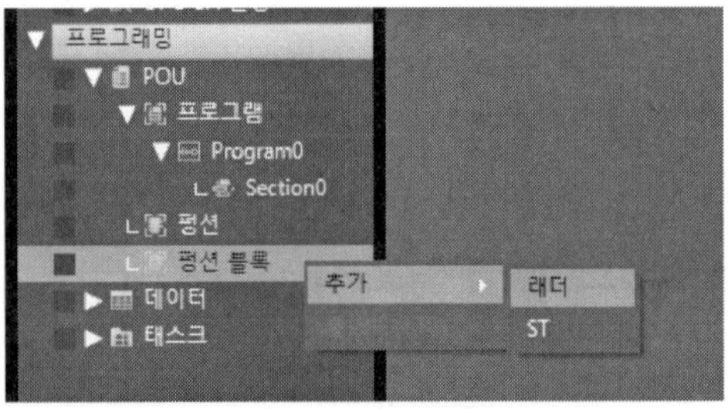

② [펑션 블록]항목 아래 FuntionBlock0 이 생성되고 더블 클릭하여 변수테이블에 변수를 정의합니다.

③ 변수테이블에서 입출력 변수를 더블 클릭하고 입력 변수를 작성 후 ENO출력도 추가 작성합니다. 그리고 내부변수도 추가 작성합니다.

입력변수 : TargetSignal (BOOL)
출력변수 : ENO (BOOL)
LapTime (TIME)
내부변수 : StartTImc (DATE_AND_TIME)
EndTIme (DATE_AND_TIME)

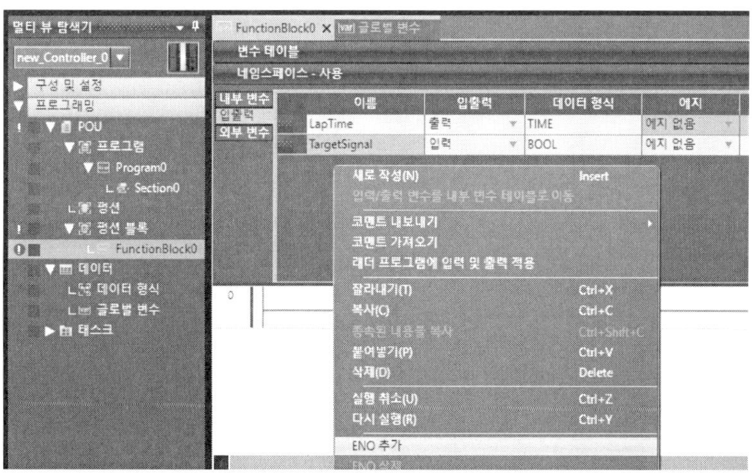

④ 펑션 블록의 이름 FuntionBlock0을 우 클릭하여 [StopWatch]로 이름 변경합니다.

⑤ 작성한 펑션블록을 활용한 프로그램을 작성해 보도록 합니다. 입력BS1이 On되었을 때, 펑션블록 삽입 단축키 [F]를 입력 후 펑션블록 명 StopWatch를 입력합니다.

⑥ 입력한 펑션블록의 인스턴스 명과 경과시간 변수를 설정합니다.

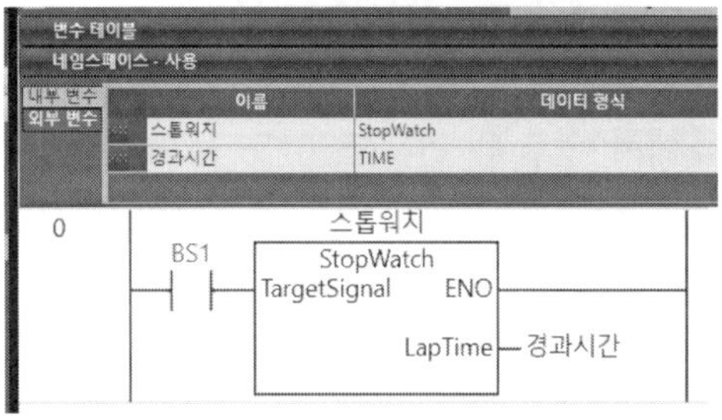

그럼, BS1 스위치를 ON-〉OFF하여 결과를 감시창을 통해 동작을 확인해 봅시다.

8.3 라이브러리 작성

NJ에서는 부품화 된 POU를 여러 개 정리하여 재이용하기 쉽게 라이브러리 프로젝트를 작성할 수 있습니다.

① 라이브러리

라이브러리란, POU의 정의나 데이터 형식을 부품으로써 재이용하여 사용할 수 있는 형태로 정리한 것을 말합니다.

라이브러리는 라이브러리 파일의 형태로 저장하여 제공됩니다.

② 라이브러리 부품

라이브러리 부품이란, 라이브러리에 포함되어 있는 부품을 말합니다.

⇒ 펑션(FUN), 펑션 블록(FB), 데이터형식(구조체, 공용체, 열거자)

③ 라이브러리 프로젝트

라이브러리 프로젝트란, 라이브러리 파일을 생성하기 위한 Sysmac Studio 프로젝트 파일 형식입니다.

라이브러리 파일을 변경하고자 하는 경우 원래의 라이브러리 프로젝트가 필요합니다.

■ 라이브러리 작성 흐름

<u>라이브러리 부품 작성</u>
(FUN, FB작성 및 비밀번호 설정 등)

↓

<u>라이브러리 작성</u>
(라이브러리 설정 / 라이브러리 만들기)

↓

<u>라이브러리 이용</u> (라이브러리 참조)

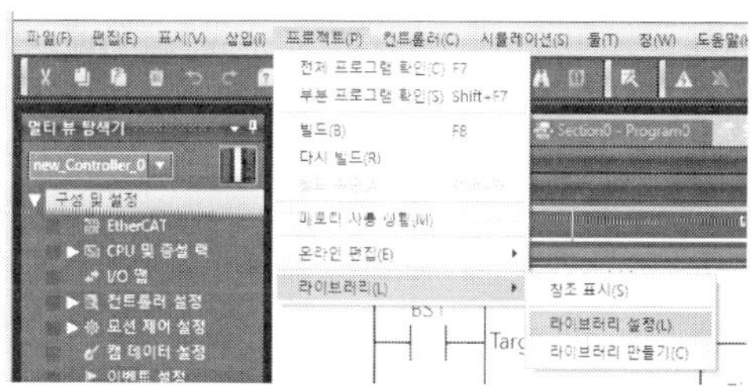

■ 라이브러리 프로젝트 작성 실습

① 앞 장에서 펑션 블록으로 작성한 StopWatch 표준프로젝트를 「다른 이름으로 저장」을 선택하여 프로젝트 속성 종류를 라이브러리 프로젝트로 변경 저장합니다.

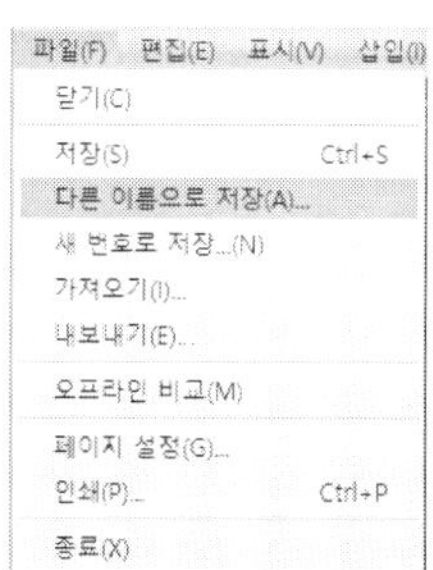

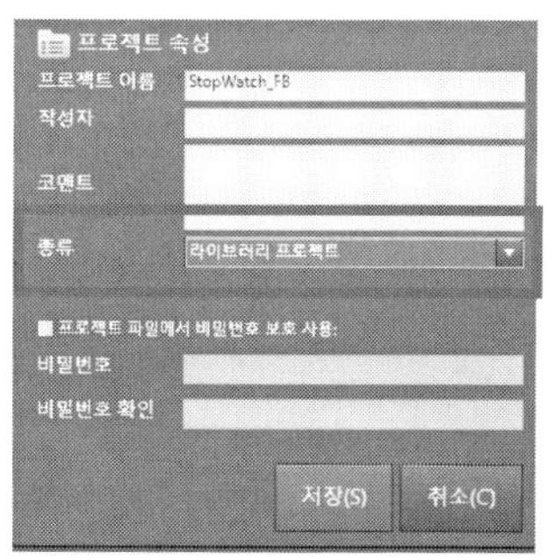

② 작성할 라이브러리 설정을 선택하여 라이브러리 파일로 출력합니다. 프로젝트에서 라이브러리 메뉴의 「라이브러리 설정」을 클릭하고 하기의 라이브러리 설정 다이얼로그 메뉴를 설정합니다.

라이브러리 이름을 설정하고 메뉴 우측의 소스를 포함하여 표시하고자 할 때는 원본 표시 사용 안함의 체크를 해제합니다. 하기 요소에서도 라이브러리로 출력하고자 하는 프로그램만 선택하고 불필요한 요소는 체크박스를 해제합니다. 그 외에도 필요 내용을 추가 설정하고 확인을 클릭합니다.

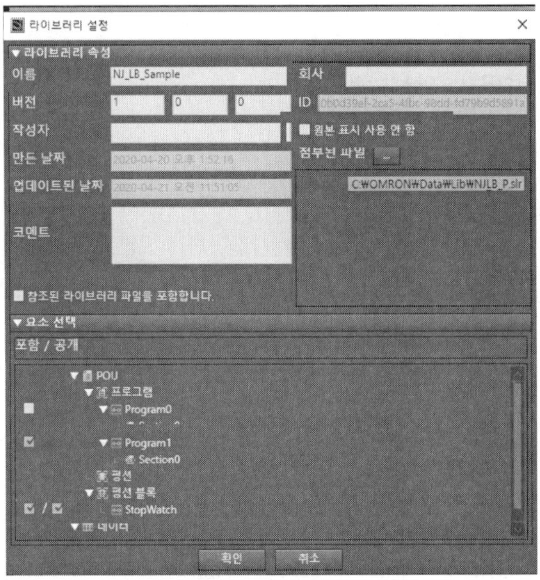

③ 「라이브러리 만들기」를 실행합니다. C:₩OMRON₩Data₩Lib 디폴트 폴더가 생성되며 저장을 눌러 라이브러리 파일을 생성합니다.

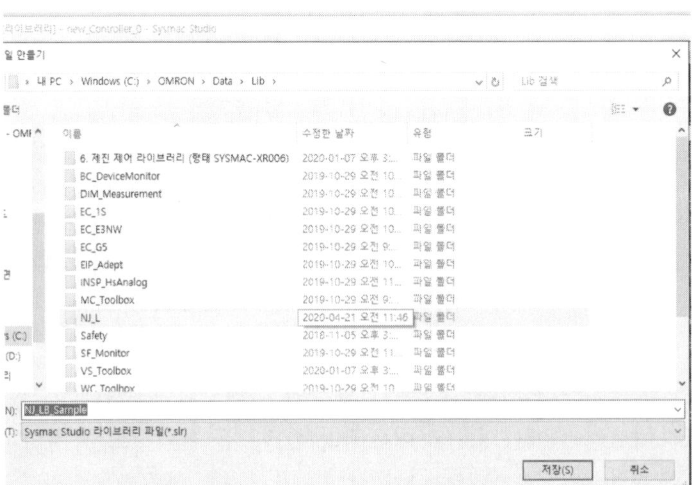

④ 작성한 라이브러리를 사용하기 위하여 일반 프로젝트에서 라이브러리 파일을 읽어와 부품으로서 이용합니다.
읽어온 라이브러리 부품을 표준 프로젝트 내에서 동일하게 반복 사용할 수 있습니다.
이용실습을 하기 위해 새 프로젝트를 열고 부품을 읽어오도록 하겠습니다.
프로젝트의 라이브러리 「참조 표시」 메뉴를 선택하고 +표시 기능을 클릭합니다.

⑤ 라이브러리 참조로 작성한 라이브러리 부품을 표준 프로젝트에서 사용해 보도록 합니다. 사용방법은 일반 FUN, FB, 데이터 형식 등과 같습니다.

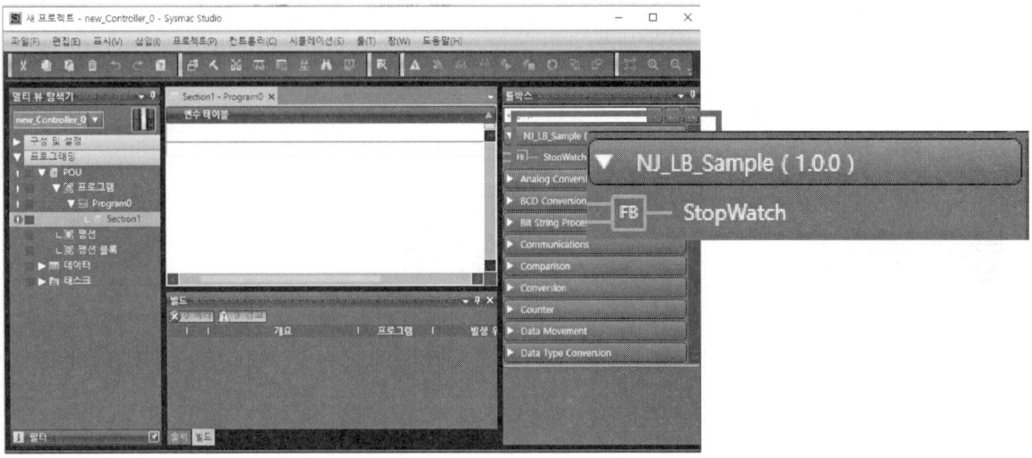

작성한 StopWatch를 사용하기 위해 펑션블록 단축키 [F]키를 누르고 펑션 블록명 StopWatch를 입력하고 필요한 입출력 변수를 설정하여 동작을 확인해 보도록 합니다.

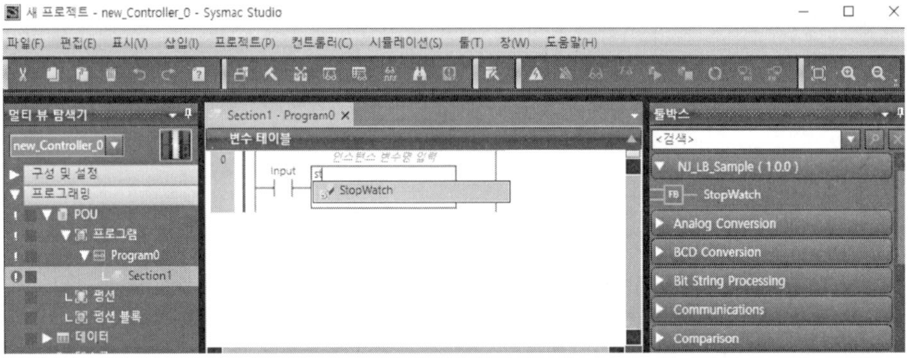

이 장에서는
아날로그 입력 유니트와 아날로그 출력 유니트에 대해
알아보고 실습해 봅시다.

9.1 아날로그 입력
9.2 아날로그 출력
9.3 아날로그 입출력

9

ANALOG I/O Unit

9 1 아날로그 입력

본 장에서는 NJ 시리즈 CPU에 접속할 수 있는 SYSMAC CJ 시리즈용 아날로그 입력 유니트, 아날로그 출력 유니트, 아날로그 입출력 유니트의 특징과 주요 기능에 대한 개요 및 취급 방법에 대해 설명합니다.

1) AD Unit란?

- 온도, 유량, 압력 등의 아날로그 데이터를 PLC로 받아들이기 위해 디지털로 변환 시키는 유니트입니다.
- AD유니트는 0~5V, 1~5V, 0~10V, -10~10V, 4~20mA의 입력을 받을 수 있습니다.

2) SYSMAC CJ시리즈 전용 아날로그 유니트의 외관과 사양

●아날로그 입력 유니트

CJ1W-AD041-V1
CJ1W-AD081-V1

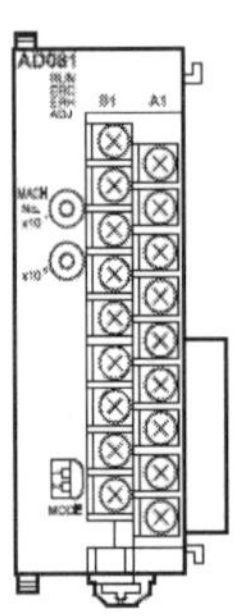

●아날로그 출력 유니트

CJ1W-DA021
CJ1W-DA041

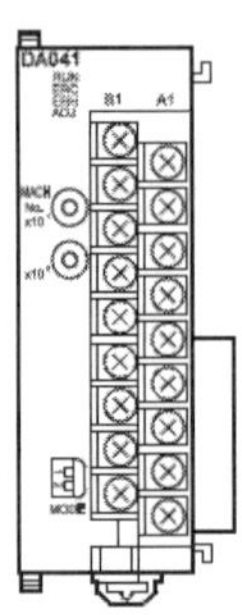

CJ1W-DA04V
CJ1W-DA08C

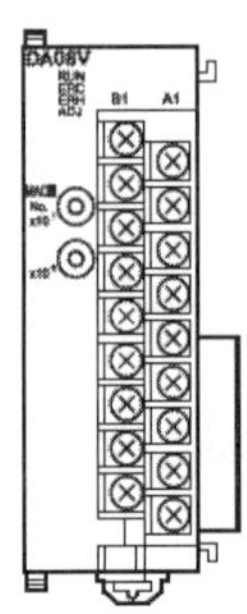

●아날로그 입출력 유니트

CJ1W-MAD42

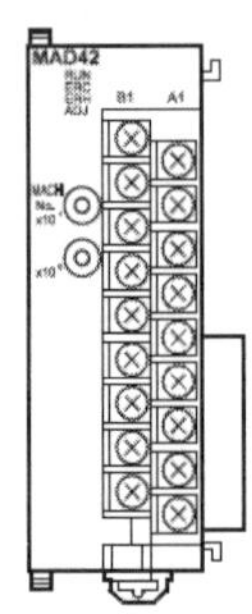

CJ1W-AD042

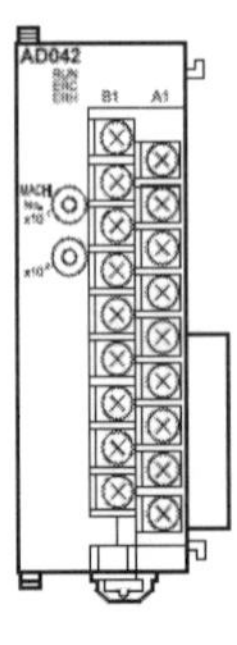

CJ1W-DA042V

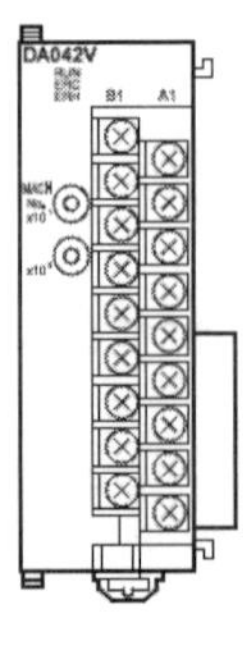

CJ 시리즈에는 아날로그 신호를 디지털 데이터로 변환하여 CPU 유니트로 전송하는 아날로그 유니트와 CPU 유니트의 디지털 데이터를 아날로그 변환하여 출력하는 아날로그 출력 유니트 및 아날로그 입력·출력 유니트의 모든 기능을 가진 아날로그 입출력 유니트가 있습니다.

■ 주요 사양

<table>
<tr><th colspan="2" rowspan="2">유니트</th><th colspan="2">아날로그 입력 기능</th><th colspan="2">아날로그 출력 기능</th><th rowspan="2">변환 주기</th></tr>
<tr><th>입력 점수</th><th>입력 신호 범위·</th><th>출력 점수</th><th>출력 신호 범위·</th></tr>
<tr><td rowspan="3">아날로그 입력 유니트</td><td>CJ1W-AD041-V1</td><td>4</td><td rowspan="2">-10~+10V
0~+10V
0~+5V
+1~+5V
4~20mA</td><td rowspan="3">—</td><td rowspan="3">—</td><td rowspan="2">1ms/점
(250μs /점에도 설정 가능)</td></tr>
<tr><td>CJ1W-AD081-V1</td><td>8</td></tr>
<tr><td>CJ1W-AD042</td><td>4</td><td>-10~+10V
0~+10V
-5~+5V
+1~+5V
4~20mA</td><td>20μs/1 점
25μs/2 점
30μs/3 점
35μs/4 점</td></tr>
<tr><td rowspan="5">아날로그 출력 유니트</td><td>CJ1W-DA041</td><td rowspan="5">—</td><td rowspan="5">—</td><td>4</td><td rowspan="2">-10~+10V
0~+10V
0~+5V
+1~+5V
4~20mA</td><td rowspan="2">1ms/점</td></tr>
<tr><td>CJ1W-DA021</td><td>2</td></tr>
<tr><td>CJ1W-DA08V</td><td>8</td><td>-10~+10V
0~+10V
0~+5V
+1~+5V</td><td rowspan="2">1ms/점
(250μs /점에도 설정 가능)</td></tr>
<tr><td>CJ1W-DA08C</td><td>8</td><td>4~20mA</td></tr>
<tr><td>CJ1W-DA042V</td><td>4</td><td>-10~10V
0~+10V
+1~+5V</td><td>20μs/1 점
25μs/2 점
30μs/3 점
35μs/4 점</td></tr>
<tr><td>아날로그 입출력 유니트</td><td>CJ1W-MAD42</td><td>4</td><td>-10~+10V
0~+10V
0~+5V
+1~+5V
4~20mA</td><td>2</td><td>-10~+10V
0~+10V
0~+5V
+1~+5V
4~20mA</td><td>1ms/점
(500μs/점에도 설정 가능)</td></tr>
</table>

3) AD유니트의 사용 순서

- 글로벌 변수와 각 POU 작성, 등록
- 각 POU의 알고리즘, 로컬 변수 등록
- [구성 · 설정]의 [CPU · 증설랙]에서 유니트 등록. 이 때 등록할 유니트의 디바이스명과 호기 No. 설정 확인
- [I/O맵]에서 CJ유니트 디바이스 변수 작성

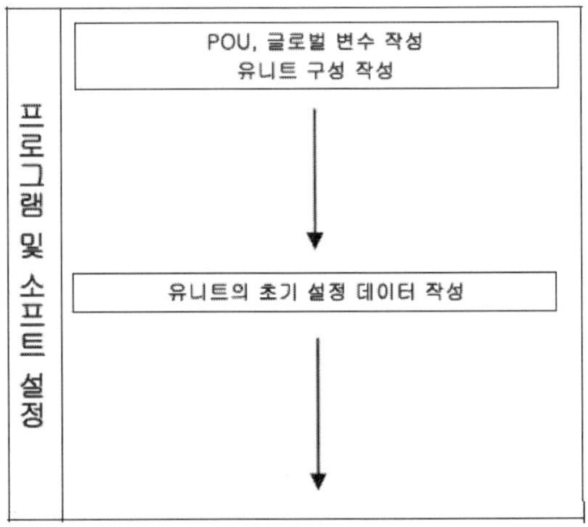

[고기능 유니트 설정 편집] 셋팅

- 사용할 입력번호 설정
- 입력 신호 범위 설정
- 평균화처리 샘플링 횟수 설정
- 변환시간·분해능 설정

(이 설정 데이터는 프로그램 전송 시 초기설정 파라미터로 반영됩니다.)

- 유니트 전면 딥 스위치를 일반 모드로 설정
- 단자대 내부에 있는 전압전류 변환 스위치 설정
- 유니트 전면 호기 NO. 설정 스위치 설정

유니트 구성에 설정한 호기 No와 동일한 번호로 설정

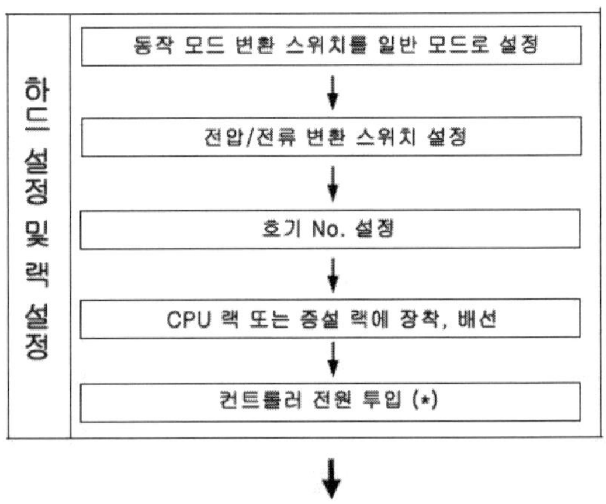

- 오프셋·게인 조정이 불필요한 경우는 컨트롤러를 리셋해 주십시오. 전원 재투입할 필요는 없습니다.
- 유니트 전면 딥 스위치를 조정 모드로 설정
- 고기능유니트가 리스타트 후 조정모드에서 동작합니다. 조정모드에서는 ADJ LED가 점멸
- CPU유니트는 프로그램모드로 합니다. 오프셋·게인조정은 접속한 기기에 맞춰 입력을 조정할 필요가 있는 경우에 실시합니다.
- 유니트 전면 딥 스위치를 일반모드로 설정

  고기능 유니트 리스타트, 일반 모드에서 동작
  일반모드에서는 ADJ LED가 점등

- 설정 값 읽어 오기

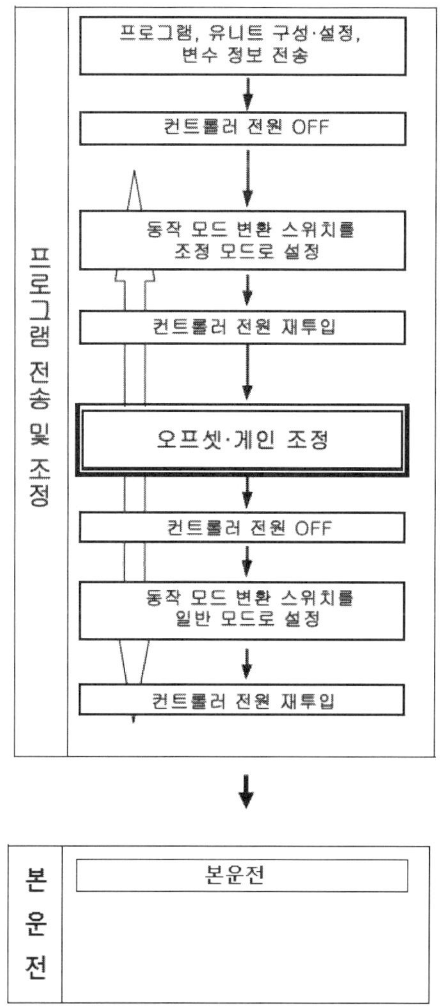

4) 아날로그 I/O의 SYSTEM 하드웨어 구성

아날로그 입력/출력 유니트는 SYSMAC CJ 시리즈의 고기능 I/O유니트에 속합니다. CPU랙 또는 증설 랙에 장착할 수 있으며 1랙에 장착할 수 있는 최대 다른 유니트의 소비 전류에 따라 다릅니다.

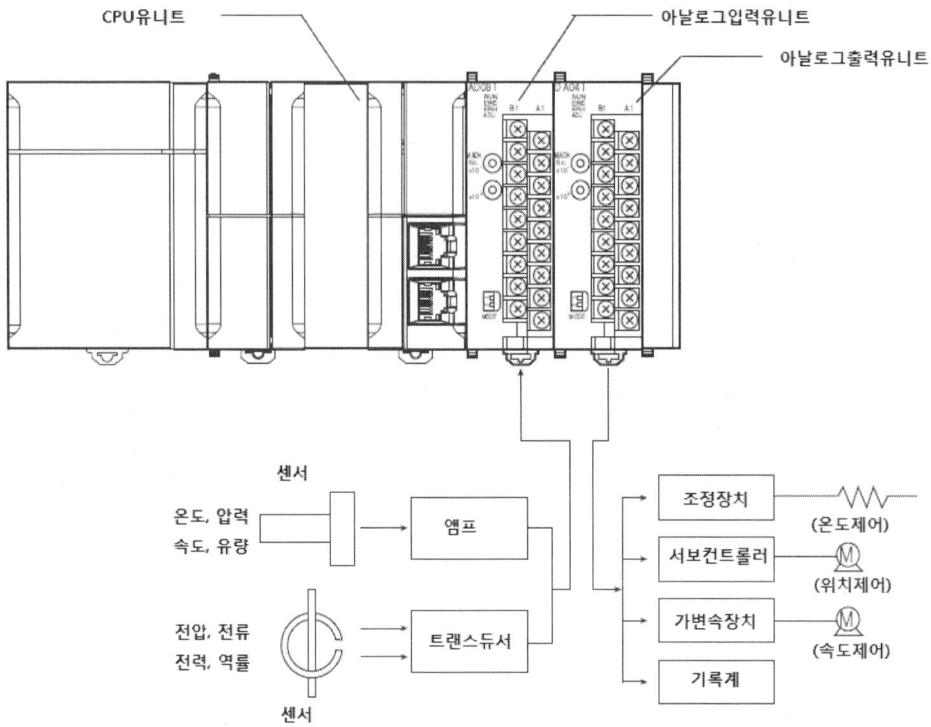
CPU유니트
아날로그입력유니트
아날로그출력유니트
센서
온도, 압력
속도, 유량
앰프
전압, 전류
전력, 역률
트랜스듀서
센서
조정장치
(온도제어)
서보컨트롤러
(위치제어)
가변속장치
(속도제어)
기록계

〈각 부의 명칭과 기능〉

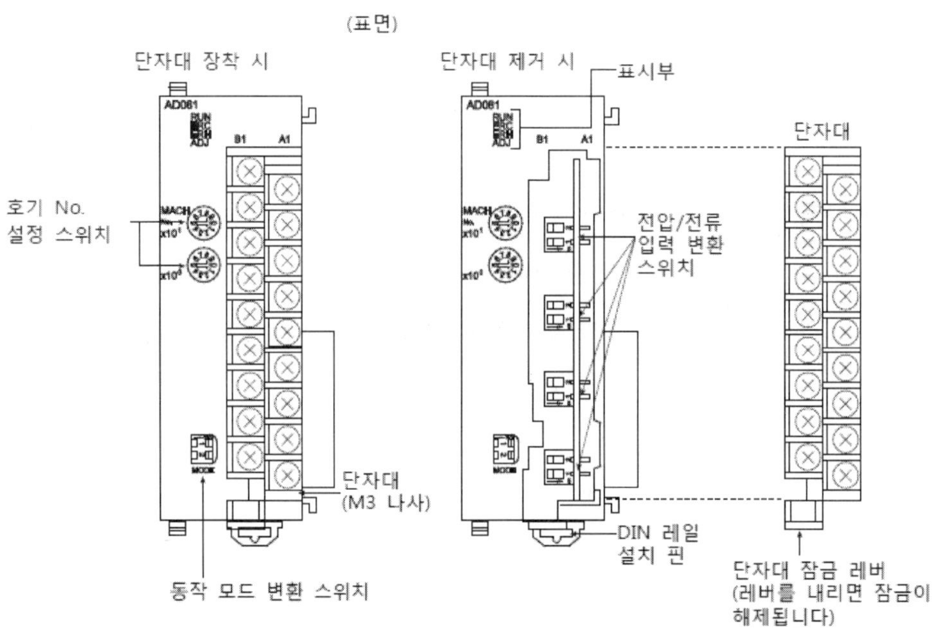
(표면)
단자대 장착 시
단자대 제거 시
표시부
단자대
호기 No.
설정 스위치
전압/전류
입력 변환
스위치
단자대
(M3 나사)
DIN 레일
설치 핀
동작 모드 변환 스위치
단자대 잠금 레버
(레버를 내리면 잠금이
해제됩니다)

■ 사양

<table>
<tr><td colspan="2">유니트형식</td><td colspan="2">CJ1W-AD041-V1</td><td>CJ1W-AD081-V1</td></tr>
<tr><td colspan="2">유니트 그룹</td><td colspan="3">CJ시리즈의 고기능 I/O유니트</td></tr>
<tr><td colspan="2">절연방식</td><td colspan="3">입력과 내부 신호 간 : 포토커플러 절연
(단, 각 입력간은 비절연)</td></tr>
<tr><td colspan="2">외부접속단자</td><td colspan="3">18점 탈착식 단자대(M3단자)</td></tr>
<tr><td colspan="2">내부소비전류</td><td colspan="3">DC5V 420mA</td></tr>
<tr><td colspan="2">외형치수</td><td colspan="3">31(W)×90(H)×65(D)</td></tr>
<tr><td colspan="2">질량</td><td colspan="3">140g 이하</td></tr>
<tr><td colspan="2">그 밖의 일반 사양</td><td colspan="3">NJ시리즈 일반 사양에 준거</td></tr>
<tr><td colspan="2">유니트 장착 가능 위치</td><td colspan="3">NJ시리즈 CPU랙 또는 증설 랙</td></tr>
<tr><td colspan="2" rowspan="3">유니트 장착 가능 대수</td><td rowspan="3">1랙(CPU랙 또는 증설 랙) 당</td><td>전원유니트</td><td>장착가능대수</td></tr>
<tr><td>NJ-PA3001</td><td>CPU랙 상 최대 9대
증설랙 상 최대 10대/랙</td></tr>
<tr><td>NJ-PD3001</td><td>CPU랙 상 최대 9대
증설랙 상 최대 10대/랙</td></tr>
<tr><td rowspan="7">입력사양</td><td>아날로그입력점수</td><td colspan="2">4</td><td>8</td></tr>
<tr><td>입력신호범위</td><td colspan="3">1~5V／0~5V／0~10V／−10V~+10V／4~20mA</td></tr>
<tr><td>최대정격입력</td><td colspan="3">전압입력 : ±15V, 전류입력 : ±30mA</td></tr>
<tr><td>입력임피던스</td><td colspan="3">전압입력 : 1MΩ이상, 전류입력 : 250Ω (고정)</td></tr>
<tr><td>분해능</td><td colspan="2">4,000／8,000</td><td>4,000／8,000</td></tr>
<tr><td>AD변환출력데이터</td><td colspan="3">16비트 정수형 (INT)</td></tr>
<tr><td>AD변환주기(입력1점당)</td><td colspan="2">1ms/250μs</td><td>1ms/250μs</td></tr>
<tr><td rowspan="3">입력부기능</td><td>평균화처리</td><td colspan="3">과거 N 회분의 변환을 버퍼에 저장하고 그 평균값을 변환값으로 저장(버퍼 수 : N = 2, 4, 8, 16, 32, 64)</td></tr>
<tr><td>피크홀드기능</td><td colspan="3">피크 홀드 지정 비트가 ON 인 동안에는 변환값(평균화처리 후를 포함)의 최대값을 변환값으로 저장</td></tr>
<tr><td>단선검지</td><td colspan="3">단선을 검지하고 단선 검지 플래그를 ON *
단선 검지는 1~5V/4~20mA 범위 설정 시에만 유효합니다.</td></tr>
</table>

■ LED 표시부 기능

LED	명칭	표시	상태
RUN(녹색)	운전 중	점등	정상 동작 중
		소등	CPU 유니트와의 데이터 교환 정지
ERC(적색)	유니트가 검지하는 이상	점등	알람(단선 검지 등) 또는 초기 설정에 오류
		소등	정상 동작
ERH(적색)	CPU 유니트에 관한 이상	점등	CPU 유니트와의 데이터 교환 시 이상 발생
		소등	정상 동작
ADJ(황색)	조정 중	점멸	오프셋/게인 조정 모드에서 기동 중
		소등	상기 이외

■ 전압/전류 입력 변환 스위치

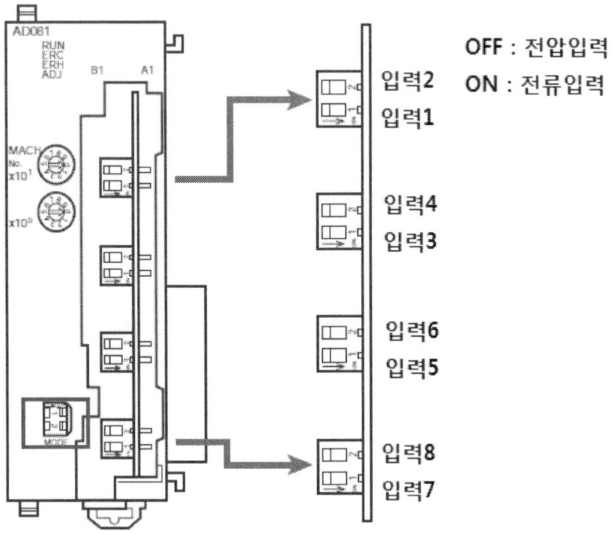

AD081유니트의 경우 입력이 8점이므로 Dip Switch가 8개이지만 AD041-V1유니트의 경우는 입력 5~8 스위치가 없습니다.

■ 동작모드변환 스위치

일반 모드와 조정 모드(오프셋·게인 조정 시)의 변환은 유니트 전면의 동작 모드 설정 스위치로 조작합니다.

스위치 No.		설정 모드
1	2	
OFF	OFF	일반 모드
ON	OFF	조정 모드

주의) 동작모드 변환 스위치 조작 시에는 반드시 전원 OFF 후 실행해 주십시오.
스위치 2번은 항시 OFF로 해 주십시오.

■ 단자대 배열

· CJ1W-AD041-V1

입력 2 +	B1
입력 2 -	B2
입력 4 +	B3
입력 4 -	B4
AG	B5
N.C.	B6
N.C.	B7
N.C.	B8
N.C.	B9

A1	입력 1 +
A2	입력 1 -
A3	입력 3 +
A4	입력 3 -
A5	AG
A6	N.C.
A7	N.C.
A8	N.C.
A9	N.C.

· CJ1W-AD081-V1

입력 2 +	B1
입력 2 -	B2
입력 4 +	B3
입력 4 -	B4
AG	B5
입력 6 +	B6
입력 6 -	B7
입력 8 +	B8
입력 8 -	B9

A1	입력 1 +
A2	입력 1 -
A3	입력 3 +
A4	입력 3 -
A5	AG
A6	입력 5 +
A7	입력 5 -
A8	입력 7 +
A9	입력 7 -

주의) 단자대 제거 시 반드시 전원 OFF 후 실행해 주십시오.
N.C단자에는 아무것도 접속하지 않습니다.

■ 호기 No. 설정 스위치

장착하는 고기능 I/O유니트마다 유니트 구성 시 고유 호기 No설정 스위치로 설정을 합니다. 설정한 호기 No.에 의해 고유 릴레이와 설정용 DM 영역이 설정됩니다. 설정 시에는 컨트롤러 전원을 OFF로 합니다.

호기 No. 설정 스위치

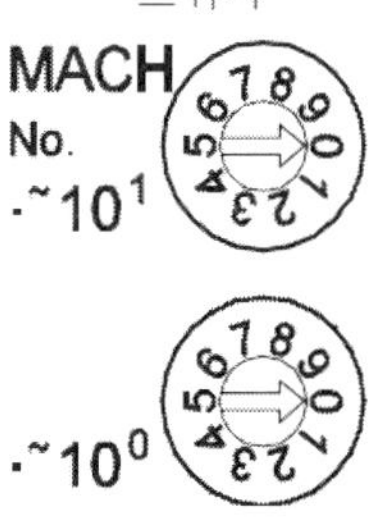

스위치 No.	호기 No.	고기능 I/O 유니트 릴레이 영역 할당 CH 번호	고기능 I/O 유니트용 DM 영역 할당 DM 번호
0	0 호기	2000 ~ 2009 CH	D20000 ~ D20099
1	1 호기	2010 ~ 2019 CH	D20100 ~ D20199
2	2 호기	2020 ~ 2029 CH	D20200 ~ D20299
3	3 호기	2030 ~ 2039 CH	D20300 ~ D20399
4	4 호기	2040 ~ 2049 CH	D20400 ~ D20499
5	5 호기	2050 ~ 2059 CH	D20500 ~ D20599
6	6 호기	2060 ~ 2069 CH	D20600 ~ D20699
7	7 호기	2070 ~ 2079 CH	D20700 ~ D20799
8	8 호기	2080 ~ 2089 CH	D20800 ~ D20899
9	9 호기	2090 ~ 2099 CH	D20900 ~ D20999
10	10 호기	2100 ~ 2109 CH	D21000 ~ D21099
~	~	~	~
n	n 호기	2000 + n×10 ~ 2000 + n×10 + 9	D20000 + n×100 ~ D20000 + n×100 + 99
~	~	~	~
95	95 호기	2950 ~ 2959 CH	D29500 ~ D29599

주의) 동일한 호기 No.를 다른 고기능 유니트에서 중복하여 설정하면 운전정지 이상인 「어드레스 중복 설정에러」 가 발생합니다. 그리고 호기 No.변경 후에는 전원을 재 투입하시기 바랍니다.

5) CPU 유니트와의 데이터 교환

유니트 데이터 유형	데이터 내용	AT(할당대상)지정	프로그램에서의 엑세스 방법	데이터변환 타이밍
운전용 데이터	아날로그 입력 변환 값 등	I/O포트 (운전용데이터)	CJ유니트 디바이스 변수	I/O리플래쉬 시
초기설정 파라미터	아날로그 입력 신호 범위, 평균화 샘플링횟수 등	I/O포트 (초기설정용 데이터)	CJ유니트 디바이스 변수	컨트롤러 리셋 시 또는 유니트 리스타트 시
유니트 리스타트 플래그	유니트 리스타트 플래그 등	없음	시스템정의 변수	I/O리플래쉬 시

■ I/O포트(운전용 데이터)

「I/O포트」는 CPU유니트가 아날로그 입출력 유니트와 데이터를 교환하기 위한 논리적인 인터페이스입니다. I/O포트는 유니트 종류 및 기능에 따라 고유명이 이미 정해져 있습니다. Sysmac Studio에서 유니트 구성을 작성하면 자동 생성됩니다.

■ CJ유니트 디바이스 변수

CJ유니트의 디바이스 변수는 프로그램과 고기능 I/O유니트 간 데이터를 교환하기 위해 사용하는 변수입니다. 유저 프로그램은 CJ유니트 디바이스 변수를 사용하여 아날로그 입출력 유니트를 제어할 수 있습니다.

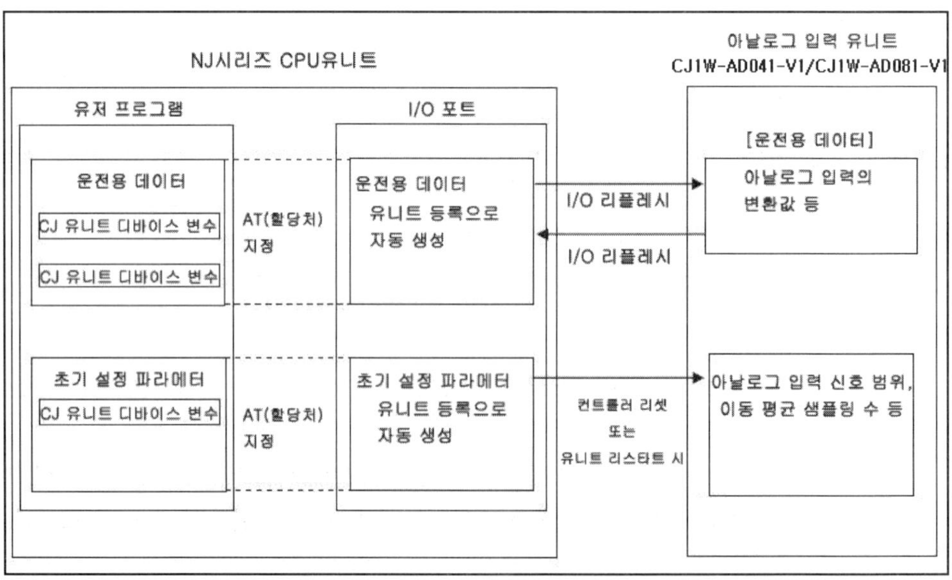

6) 아날로그 I/O의 SYSTEM 프로그램 및 소프트웨어 설정

■ CJ용 초기 설정 파라미터 메모리 어드레스

CJ시리즈 I/O 메모리 어드레스		NJ시리즈의 CJ유니트 디바이스 변수		
DM 어드레스	Bit번호	변수명	명칭	데이터 유형
D(m)	00-15	*_InChUseCfg	사용지정	WORD
	00	*_Ch1_InChUseCfg	입력1 사용지정	BOOL
	01	*_Ch2_InChUseCfg	입력2 사용지정	BOOL
	02	*_Ch3_InChUseCfg	입력3 사용지정	BOOL
	03	*_Ch4_InChUseCfg	입력4 사용지정	BOOL
D(m+1)	00-15	*_InRngCfg	입력신호범위 설정	WORD
	00-01		입력1 신호범위 설정	
	02-03		입력2 신호범위 설정	
	04-05		입력3 신호범위 설정	
	06-07		입력4 신호범위 설정	
D(m+2)	00-15	*_Ch1_AveCfg	입력1 평균화처리 샘플링 회수	UINT
D(m+3)	00-15	*_Ch2_AveCfg	입력2 평균화처리 샘플링 회수	UINT
D(m+4)	00-15	*_Ch3_AveCfg	입력3 평균화처리 샘플링 회수	UINT
D(m+5)	00-15	*_Ch4_AveCfg	입력4 평균화처리 샘플링 회수	UINT
D(m+18)	00-07	*_MdCfg	동작모드 설정	BYTE
	08-15	*_ResolutionCfg	분해능/변환주기설정	BYTE

〈사용지정〉

사용할 아날로그 출력은「출력# 사용지정(*_Ch#_InChUseCfg)」에서 설정합니다. 변수명 *_Ch#_InChUseCfg 데이터 유형 BOOL을 0 : 사용하지 않음, 1 : 사용함 「사용지정(*_InChUseCfg)」에서 일괄 지정할 수도 있습니다.

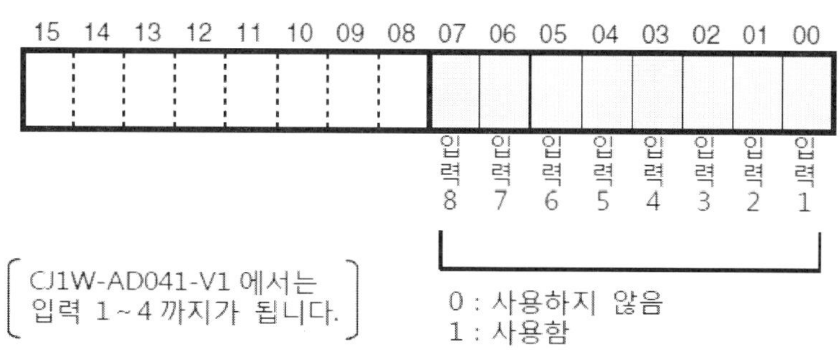

0 : 사용하지 않음, 1 : 사용함

「사용하지 않음」으로 설정된 입력 변환값은 항상 0이 됩니다.

〈입력신호 범위〉

입력 번호 1~8(CJ1W-AD041-V1에서는 입력 번호 1~4)의 각각에 대해 -10~+10V, 0~10V, 1~5V/4~20mA, 0~5V 등 4 종류의 입력 신호 범위를 선택할 수 있습니다. 입력신호 범위를 지정하는데는「입력신호 범위 설정(*_InRngCfg)」으로 설정합니다.

변수명 : *_InRngCfg 데이터유형 : WORD 설정값 16#0000~16#FFFF

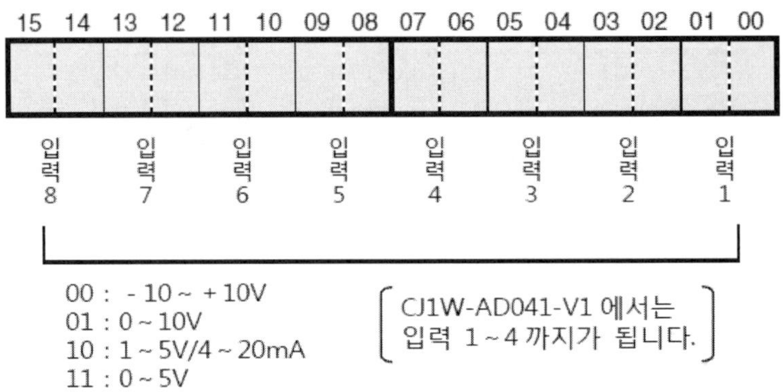

〈변환주기 / 분해능〉

변환주기, 분해능을「분해능/변환주기설정(*_ResolutionCfg)」에서 변환할 수 있습니다.

변수명 : *_ResolutionCfg 데이터 유형 : BYTE
설정값 : 16#00 : 4000 분해능 · 1ms 주기
16#C1 : 8000 분해능 · 250μ s 주기

〈평균화처리기능〉

아날로그 입력에 포함되는 노이즈 등으로 인해 일어나는 이상값을 제거할 수 있습니다. 이동 평균을 취하기 때문에, 평균화해도 데이터의 갱신 주기에 영향을 주지 않습니다.

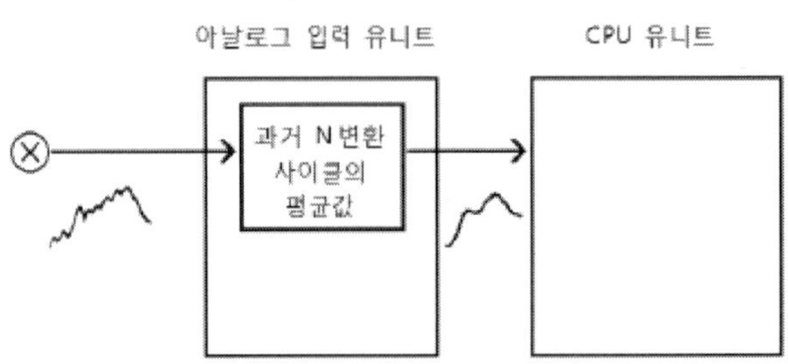

〈평균화 처리〉

아날로그 입력 유니트는 과거 여러 사이클의 아날로그 입력 변환값에 대한 평균값을 산출할 수 있습니다. 평균화 처리는 이력 버퍼의 이동 평균값이므로, 데이터의 갱신 주기에 영향을 주지 않습니다. (평균화 처리에 사용하는 이력버퍼의 개수는 2개, 4개, 8개, 16개, 32개, 64개 중 하나를 설정할 수 있습니다.)

평균화처리를 「실행」, 「비실행」 설정 및 평균화 처리를 하는 경우의 샘플링 횟수를 설정하는 것은, 「입력# 평균화처리 샘플링 횟수(*_Ch#_AveCfg)」 에서 설정합니다.

변수명 : *_Ch#_AveCfg 데이터 유형 : UINT
0 : 샘플링 횟수 2회로 평균화 처리
1 : 평균화 처리하지 않음
2 : 샘플링 횟수 4회로 평균화 처리
3 : 샘플링 횟수 8회로 평균화 처리
4 : 샘플링 횟수 16회로 평균화 처리
5 : 샘플링 횟수 32회로 평균화 처리
6 : 샘플링 횟수 64회로 평균화 처리

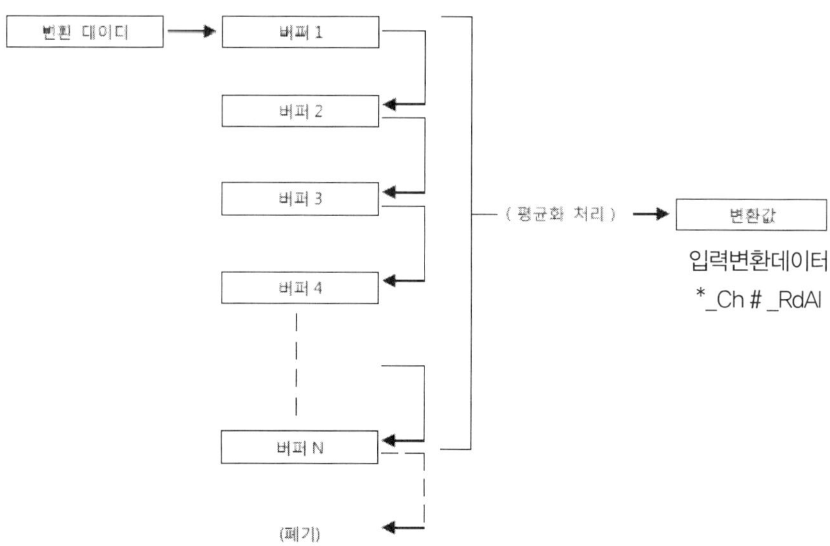

그럼 Sysmac Studio의 구성 및 설정에서 유니트 명을 더블클릭 하거나 CPU 및 증설 랙에서 유니트 클릭 후 고기능 유니트 설정 편집을 클릭하면 파라미터 설정 창으로 이동합니다.

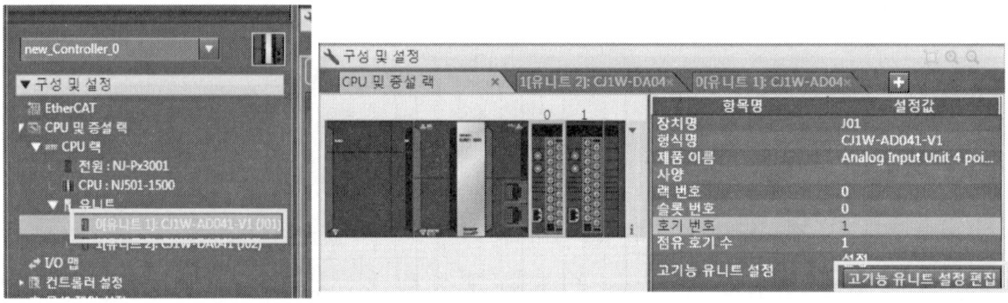

상기 CJ용 초기 설정 파라미터 메모리에 해당하는 설정 주소(DM번지:D20100 ⇒ 해당 장치 변수 : J01_InChUseCfg를 이용)에 설정 값을 설정하고 PC ⇒ 컨트롤러로 전송을 합니다.

■ CJ유니트 디바이스 변수 지정 방법

Sysmac Studio [I/O맵]에서, CJ유니트 디바이스 변수를 I/O포트에 AT지정합니다. AT지정하는 변수 명은 다음과 같은 방법으로 지정합니다.

① 변수테이블에 등록된 변수를 선택하는 방법
② 신규로 변수명을 입력하는 방법
③ 「장치 변수 생성」으로 변수명을 자동 생성하는 방법

2 또는 3번 방법으로 CJ유니트 장치 변수명을 할당하면 Sysmac Studio가 입력한 변수를 변수 테이블에서 자동 등록합니다.
다음은 3번 방법으로 등록 생성한 변수명 구성입니다.

CJ 유니트 장치 변수명

*_ Ch1_PkHdCmd

- Ch1_PkHdCmd → I/O포트 명입니다. 유니트 기능, Status, 파라미터를 가리키는 명칭입니다.
- *_ → 유니트 구성에 해당 유니트를 등록할 때 등록되는 장치명입니다.

(본적으로 유니트는 장착 순서에 따라 「J01」~부터가 됩니다.)

각각의 유니트를 구분할 수 있습니다.
AD유니트를 NJ시리즈 CPU유니트에서 사용하는 경우 프로그램에서 CJ유니트용 메모

리를 참고하는 CJ유니트 디바이스 변수를 사용하여, 유니트의 각종 기능을 사용합니다. CJ CPU유니트의 I/O메모리 및 NJ CPU유니트의 CJ용 메모리 CH주소, 비트 위치와 CJ유니트의 디바이스 변수의 대응을 다음과 같이 합니다.

■ NJ용 운전용 데이터 메모리 어드레스

입출력	CJ시리즈 I/O 메모리 어드레스		NJ시리즈의 CJ유니트 디바이스 변수		
	CH번호	Bit번호	변수명	명칭	데이터유형
출력 (CPU→ 유니트)	n	00-15	*_PkHdCmd	피크홀드실행	WORD
		00	*_Ch1_PkHdCmd	입력1 피크홀드실행	BOOL
		01	*_Ch2_PkHdCmd	입력2 피크홀드실행	BOOL
		02	*_Ch3_PkHdCmd	입력3 피크홀드실행	BOOL
		03	*_Ch4_PkHdCmd	입력4 피크홀드실행	BOOL
입력 (유니트 →CPU)	n+1	00-15	*_Ch1_RdAI	입력1 변환 데이터	INT
	n+2	00-15	*_Ch2_RdAI	입력2 변환 데이터	INT
	n+3	00-15	*_Ch3_RdAI	입력3 변환 데이터	INT
	n+4	00-15	*_Ch4_RdAI	입력4 변환 데이터	INT
	n+9	00-07	*_SensErr	단선검지	BYTE
		00	*_Ch1_SensErr	입력1 단선검지	BOOL
		01	*_Ch2_SensErr	입력2 단선검지	BOOL
		02	*_Ch3_SensErr	입력3 단선검지	BOOL
		03	*_Ch4_SensErr	입력4 단선검지	BOOL
		08-15	*_UnitErr	에러 플래그	BYTE
		11	*_AveErr	평균화처리횟수설정미스	BOOL

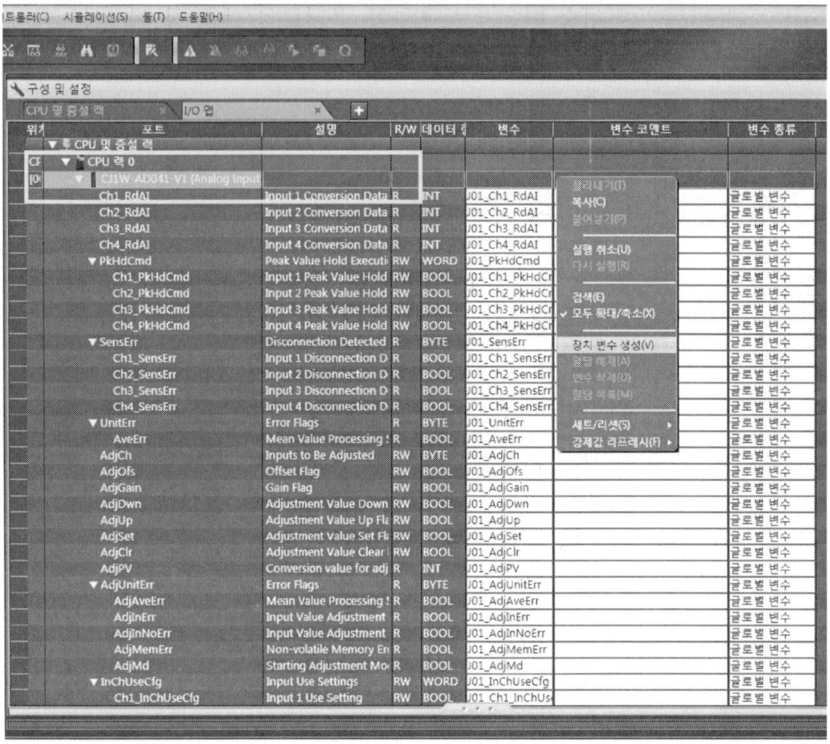

유니트명 우클릭
⇒
장치 변수
생성 클릭

Sysmac Studio의 구성 및 설정에서 CPU랙에 유니트 인식 후 [I/O맵]에서 장치변수 생성으로 변수를 생성합니다. (상기 CJ용 운전용 데이터 번지에 해당하는 변수 생성) 오프라인에서 생성 후 온라인 뒤 동기화 합니다.

〈피크홀드기능〉

피크 홀드 기능을 실행하면 변환값(평균화 처리 시간 포함)은 최대값을 홀드합니다.

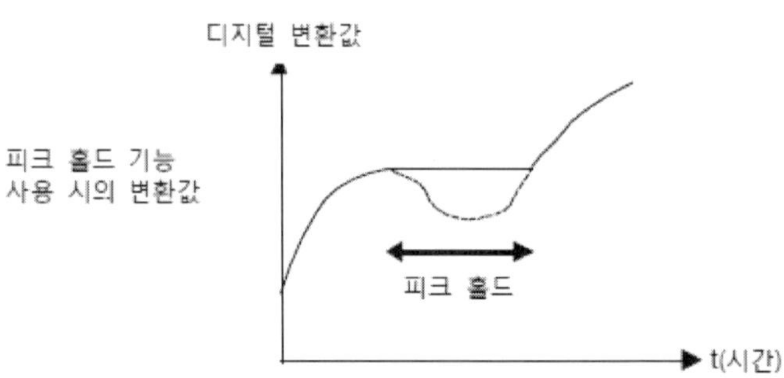

피크홀드기능은 다음 CJ유니트 디바이스 변수 「입력# 피크홀드 실행(*_Ch#_PkHdCmd)」에서 실행합니다. 이 변수가 「1」일 때 변환값을 피크홀드 합니다.

또한, 다음 CJ유니트 디바이스 변수 「피크홀드 실행(*_PkHdCmd)」 에서 일괄 설정 할 수도 있습니다.

변수명 : *_PkHdCmd 데이터 유형 : WORD 설정값 : 16#0000～ 16#00FF

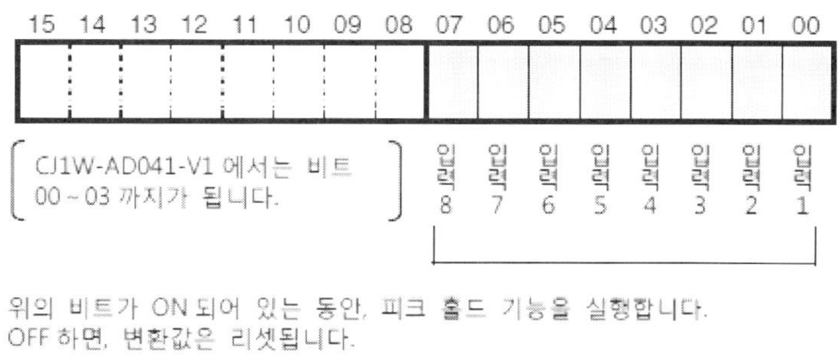

〈입력 변환값〉

아날로그 입력 변환값은 CJ유니트 디바이스 변수「입력# 변환데이터(*_Ch#_RdAI)」에 출력됩니다.

변수명 : *_Ch#_RdAI 데이터 유형 :INT (#은 입력번호)

■ 입력사양 1～5V(4～20mA) 범위인 경우

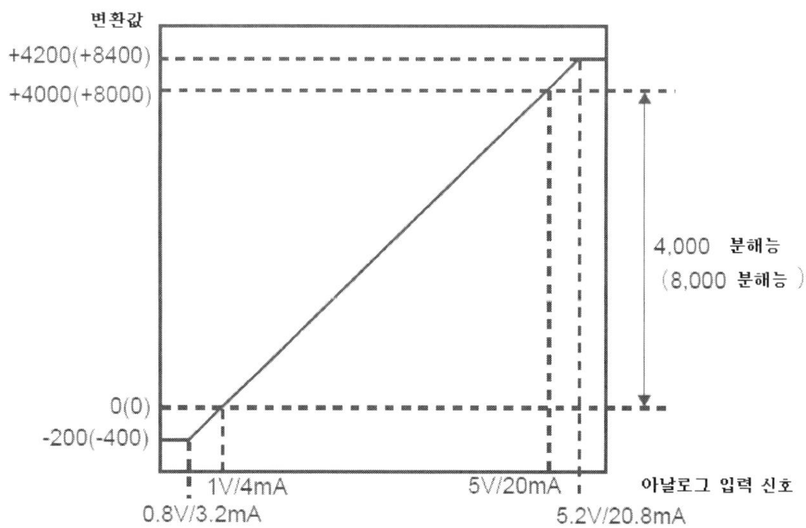

■ 아날로그 입력 유니트 변수 일람

변수	설명	R/W	데이터형식
J01_Ch1_RdAI	Input 1 Conversion Data	R	INT
J01_Ch2_RdAI	Input 2 Conversion Data	R	INT
J01_Ch3_RdAI	Input 3 Conversion Data	R	INT
J01_Ch4_RdAI	Input 4 Conversion Data	R	INT
J01_PkHdCmd	Peak Value Hold Execution Settings	RW	WORD
J01_Ch1_PkHdCmd	Input 1 Peak Value Hold Execution	RW	BOOL
J01_Ch2_PkHdCmd	Input 2 Peak Value Hold Execution	RW	BOOL
J01_Ch3_PkHdCmd	Input 3 Peak Value Hold Execution	RW	BOOL
J01_Ch4_PkHdCmd	Input 4 Peak Value Hold Execution	RW	BOOL
J01_SensErr	Disconnection Detected	R	BYTE
J01_Ch1_SensErr	Input 1 Disconnection Detected	R	BOOL
J01_Ch2_SensErr	Input 2 Disconnection Detected	R	BOOL
J01_Ch3_SensErr	Input 3 Disconnection Detected	R	BOOL
J01_Ch4_SensErr	Input 4 Disconnection Detected	R	BOOL
J01_UnitErr	Error Flags	R	BYTE
J01_AveErr	Mean Value Processing Setting Error	R	BOOL
J01_AdjCh	Inputs to Be Adjusted	RW	BYTE
J01_AdjOfs	Offset Flag	RW	BOOL
J01_AdjGain	Gain Flag	RW	BOOL
J01_AdjDwn	Adjustment Value Down Flag	RW	BOOL
J01_AdjUp	Adjustment Value Up Flag	RW	BOOL
J01_AdjSet	Adjustment Value Set Flag	RW	BOOL
J01_AdjClr	Adjustment Value Clear Flag	RW	BOOL
J01_AdjPV	Conversion value for adjustment	R	INT
J01_AdjUnitErr	Error Flags	R	BYTE
J01_AdjAveErr	Mean Value Processing Setting Error	R	BOOL
J01_AdjInErr	Input Value Adjustment Range Exceeded	R	BOOL
J01_AdjInNoErr	Input Value Adjustment Number Setting Error	R	BOOL
J01_AdjMemErr	Non-volatile Memory Error	R	BOOL
J01_AdjMd	Starting Adjustment Mode	R	BOOL
J01_InChUseCfg	Input Use Settings	RW	WORD
J01_Ch1_InChUseCfg	Input 1 Use Setting	RW	BOOL
J01_Ch2_InChUseCfg	Input 2 Use Setting	RW	BOOL
J01_Ch3_InChUseCfg	Input 3 Use Setting	RW	BOOL
J01_Ch4_InChUseCfg	Input 4 Use Setting	RW	BOOL
J01_InRngCfg	Input Signal Range Settings	RW	WORD
J01_Ch1_AveCfg	Input 1 Number of Samplings for Mean Value Processing	RW	UINT
J01_Ch2_AveCfg	Input 2 Number of Samplings for Mean Value Processing	RW	UINT
J01_Ch3_AveCfg	Input 3 Number of Samplings for Mean Value Processing	RW	UINT
J01_Ch4_AveCfg	Input 4 Number of Samplings for Mean Value Processing	RW	UINT
J01_MdCfg	Operating Mode Settings	RW	BYTE
J01_ResolutionCfg	Resolution/Conversion Time Settings	RW	BYTE

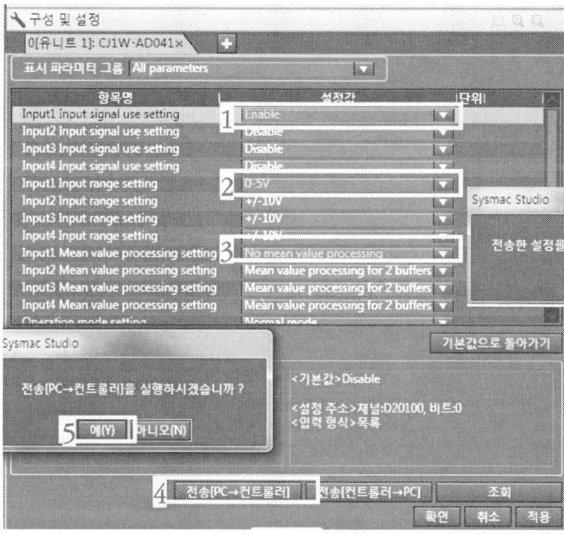

실습 아날로그 입력 데이터 확인

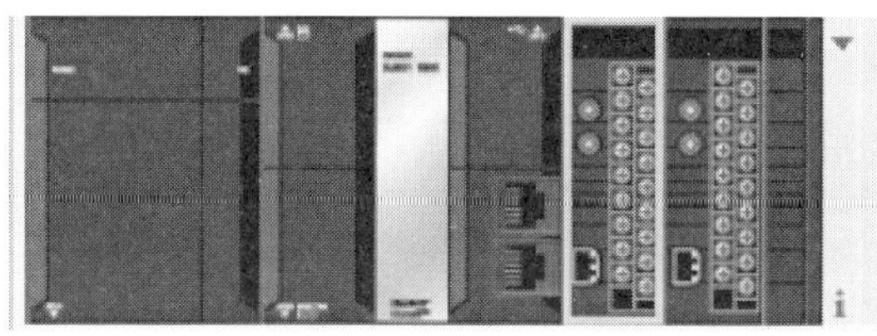

1) AD유니트 입력 1번으로 받아들인 1~5V의 입력 데이터를 워치 윈도우를 사용하여 J01_Ch1_RdAI변수에서 확인하십시오.

7) 아날로그 입력 스케일 기능

아날로그 입력 유니트로 읽어 온 데이터를 유저가 원하는 임의의 기준 값 범위로 자동 변환해 주는 기능을 스케일 기능이라고 합니다.

-32,000 ~ +32,000 범위 안에서 상한 값과 하한 값을 설정하면, 분해능 값을 기준으로 스케일 상하한 범위를 풀 스케일하여, 아날로그 입력값을 유저 임의로 자동변화 할 수 있습니다. 실제 AD 풀 스케일 범위는 -5% ~ +105%까지 변환됩니다.

변수명 :

*_Ch#_Scl_L_Cfg 데이터 유형 :INT (#은 입력번호) :스케일 하한 값(−32,000 ~ +32,000)

*_Ch#_Scl_H_Cfg 데이터 유형 :INT (#은 입력번호) :스케일 상한 값(−32,000 ~ +32,000)

【예】 아날로그 입력 시

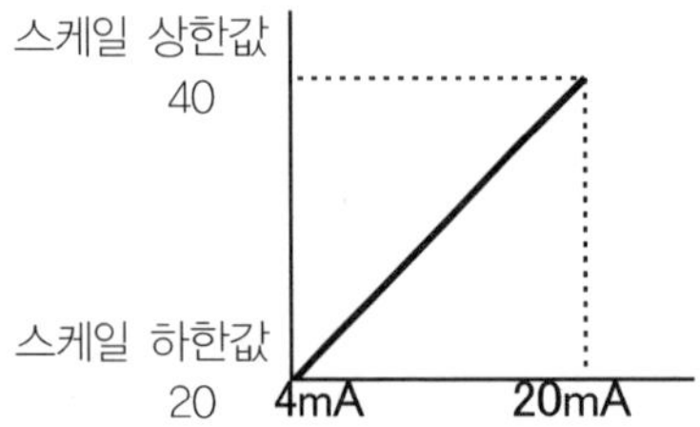

입력신호	변환결과 INT(부호있는십진수)
4mA	20
20mA	40

(아날로그 입력카드 J1W-AD042.
아날로그 출력카드 J1W-DA08V/08C/042V와 아날로그 입출력카드 J1W-MAD042만 가능)

연습문제

입력1의 0~10V 신호를 0~10,000으로 스케일 했을 때, 다음 입력에 따른 변환결과 값을 기재하십시오.

입력신호	변환결과
0V	
10V	
-0.5V	
10.5V	

9 2 아날로그 출력

1) DA Unit란?

온도, 유량, 압력, Servo기기 등의 위치/속도 등의 제어를 위하여 PLC의 Digital값을 Analog값으로 변환하여 출력하는 Unit입니다.

2) SYSMAC CJ시리즈 전용 아날로그 유니트의 외관과 사양

CJ 시리즈에는 아날로그 신호를 디지털 데이터로 변환하여 CPU 유니트로 전송하는 아날로그 입력 유니트와 CPU 유니트의 디지털 데이터를 아날로그 변환하여 출력하는 아날로그 출력 유니트 및 아날로그 입력 · 출력 유니트의 모든 기능을 가진 아날로그 입출력 유니트가 있습니다. 여기에서는 CJ1W-DA041유니트를 기준으로 설명합니다.
(사양 및 종류 등의 중복 되는 내용은 전 내용 참조)

3) DA유니트의 사용 순서

- 글로벌 변수와 각 POU를 작성, 등록
- 각 POU의 알고리즘을 작성. 각 POU의 로컬 변수를 등록
- [구성 및 설정]의 [CPU 증설 랙]에서 유니트를 유니트구성에 등록. 이 때 등록 유니트의 디바이스 명과 호기 No.를 함께 설정합니다.
- [I/O 맵]에서 CJ유니트 디바이스 변수 작성

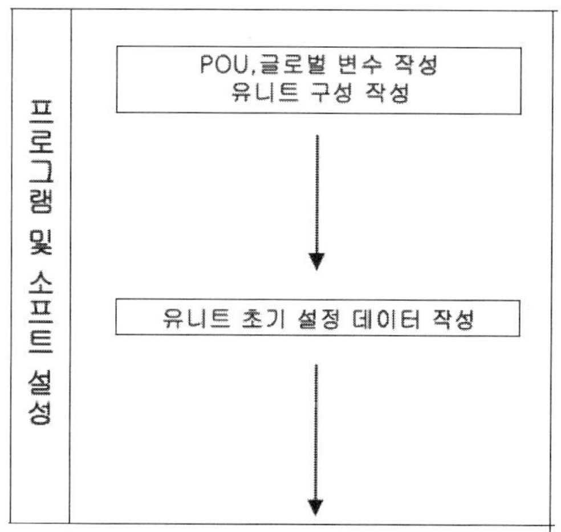

[고기능 유니트 설정 편집]에서 유니트 설정을 작성

- 사용할 출력 번호 및 출력신호 범위 설정
- 출력 홀드 기능 설정(여기서 설정한 내용이 프로그램 전송에 의해 초기 설정 파라미터에 반영됩니다.)
- 유니트 전면 딥 스위치를 일반모드로 설정
- 유니트 전면 호기 No.스위치 설정

유니트 구성에 설정한 호기 No.와 같은 번호를 설정합니다.

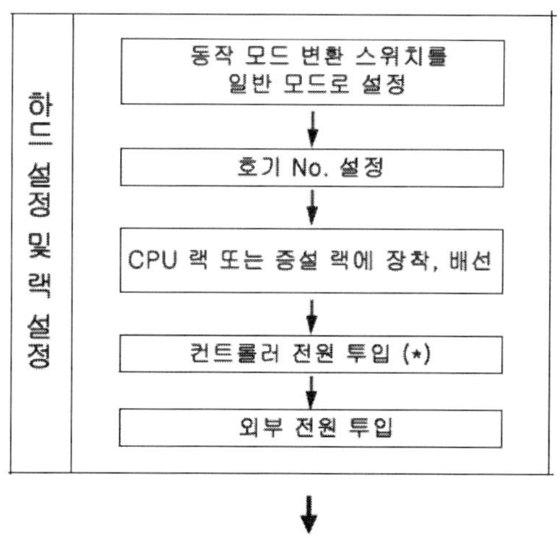

- 오프셋·게인 설정이 불필요한 경우는 Sysmac Studio에서 컨트롤러를 리셋해 주십시오. 전원 재투입할 필요는 없습니다.
- 유니트 전면 딥 스위치를 조정모드로 설정
- 고기능 유니트가 리스타트, 조정모드에서 동작. 조정모드에서는 ADJ LED가 점멸합니다.
- CPU를 프로그램모드로 해주십시오.
- 오프셋·게인조정은 접속 기기에 맞춰 출력을 조정할 필요가 있는 경우에 실시합니다.
- 유니트 전면 딥스위치를 일반모드로 설정
- 고기능 유니트가 리스타트, 일반모드로 동작. 일반모드에서는 ADJ LED가 꺼집니다.

- 유저 프로그램에서 설정 값을 읽기 또는 설정값 쓰기
- 설정값 쓰기·변환출력 개시/정지
- 에러 플래그 취득

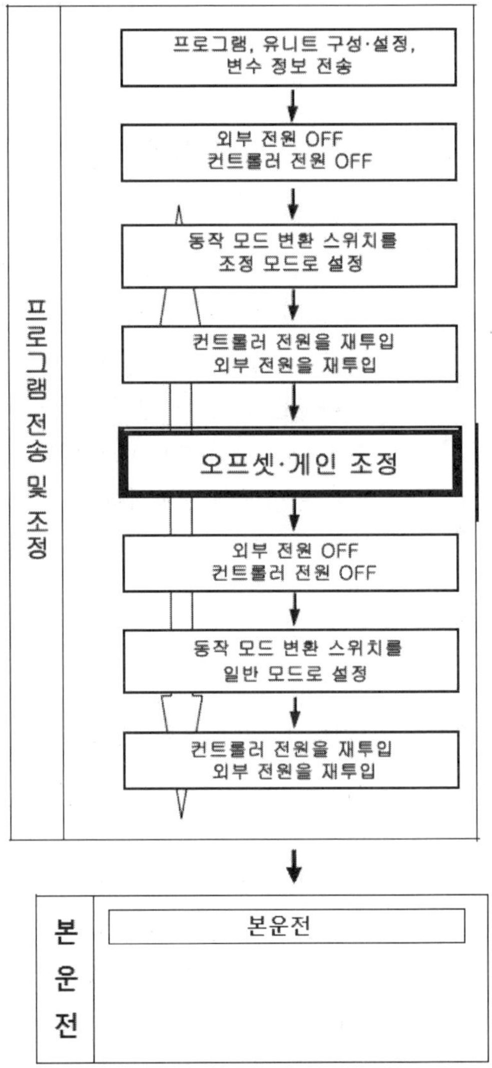

4) DA유니트 하드웨어 구성

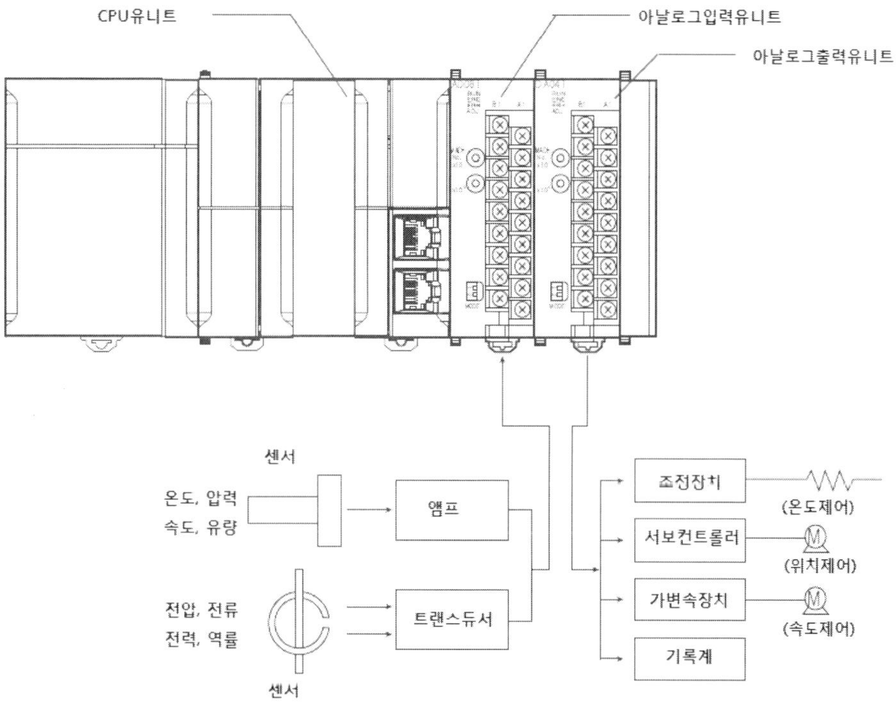

〈각 부의 명칭과 기능〉

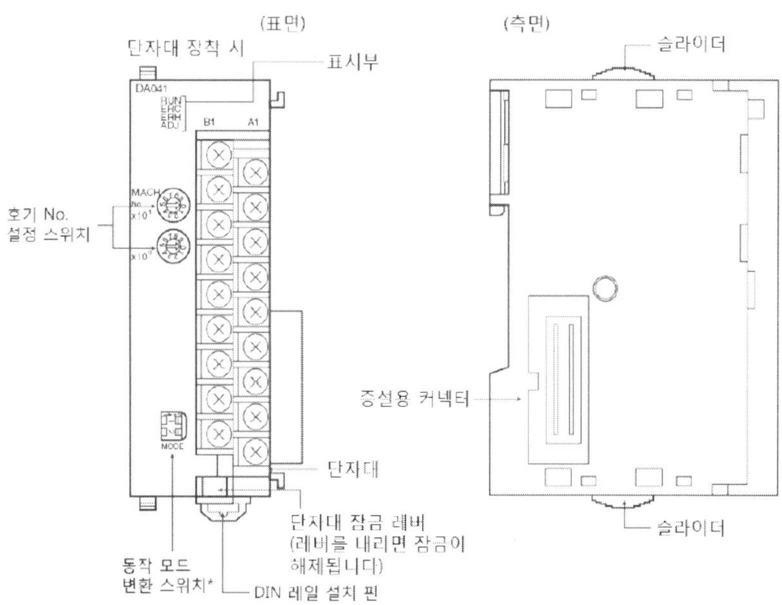

■ 유니트 사양

유니트형식		CJ1W-DA021	CJ1W-DA041	CJ1W-DA08V	CJ1W-DA08C
유니트 그룹		CJ시리즈고기능유니트			
절연방식		출력과 PLC 신호 간 : 포토 커플러 절연 *1 (단, 각 출력 신호 간은 비절연)			
외부접속단자		18점 탈착식 단자대(M3 나사)			
내부소비전류		DC 5V : 120mA 이하		DC 5V : 140mA 이하	
외부전원		DC24V +10%/−15% 돌입 전류 최대 20A, 펄스 폭 1ms 이상			
		140mA 이하	200mA 이하	140mA 이하	170mA 이하
외형 치수(mm)		31(W)×90(H)×65(D)			
질량		150g 이하			
기타 일반 사양		SYSMAC CJ 시리즈의 일반 사양에 따름			
유니트의 장착 가능 대수		1 장치(CPU 장치 또는 증설 장치)당	전원 유니트	장착 가능 대수	
			NJ-PA3001	CPU 장치상 최대 10대/장치 증설 장치상 최대 10대/장치	
			NJ-PD3001	CPU 장치상 최대 10대/장치 증설 장치상 최대 10대/장치	
CPU 유니트와의 데이터 교환 방식		I/O포트에 의한 데이터 통신			
출력사양	아날로그 출력 점수	2	4	8	
	출력 신호 범위	1~5V/4~20mA 0~5V 0~10V -10~+10V		1~5V 0~5V 0~10V -10~+10V	4~20mA
	외부 출력 임피던스	전압 출력 : 0.5Ω 이하/전류 출력 : —		전압 출력 : 0.5Ω 이하	
	외부 출력 최대 전류 (1점당)	전압 출력 : 12mA/전류 출력 : —		전압 출력 : 2.4mA	
	최대 허용 부하 저항	600Ω(전류 출력)			350Ω
	분해능	4,000(풀 스케일)		4,000／8,000 *9	
	설정 데이터	16 비트 정수형 데이터			
출력기능	출력 홀드 기능	다음 중 하나일 때, 지정한 출력 상태(CLR, HOLD, MAX)를 출력 • 출력 변환 이네이블 플래그 OFF *8 • 조정 모드로 조정 중인 출력 번호 이외 • 출력 설정값 이상, PLC 가 운전 정지			
	스케일링 기능 (CJ1W-DA08V/ DA08C 만)	변환 주기 1ms/분해능 4,000 인 경우에만 유효. ±32,000 사이에서 임의의 공업 단위 값을 상한값 · 하한값으로 설정하면, 이 값을 풀 스케일로 하고 D/A 변환해서 아날로그 신호를 출력.			

■ LED 표시부 기능

LED	명칭	표시	상태
RUN(녹색)	운전 중	점등	정상 동작 중
		소등	CPU 유니트와의 데이터 교환 정지
ERC(적색)	유니트가 검지하는 이상	점등	알람(단선 검지 등) 또는 초기 설정에 오류
		소등	정상 동작
ERH(적색)	CPU 유니트에 관한 이상	점등	CPU 유니트와의 데이터 교환 시 이상 발생
		소등	정상 동작
ADJ(황색)	조정 중	점멸	오프셋/게인 조정 모드에서 기동 중
		소등	상기 이외

■ 동작모드 변환 스위치

스위치 No.		설정 모드
1	2	
OFF	OFF	일반 모드
ON	OFF	조정 모드

■ CJ1W-DA041의 단자대 외부출력 배선

신호	단자	단자	신호
Voltage output 2 (+)	B1	A1	Voltage output 1 (+)
Output 2 (–)	B2	A2	Output 1 (–)
Current output 2 (+)	B3	A3	Current output 1 (+)
Voltage output 4 (+)	B4	A4	Voltage output 3 (+)
Output 4 (–)	B5	A5	Output 3 (–)
Current output 4 (+)	B6	A6	Current output 3 (+)
N.C.	B7	A7	N.C.
N.C.	B8	A8	N.C.
0 V	B9	A9	24 V

주의) 단자대 제거 시 반드시 전원 OFF 후 실행해 주십시오.
N.C단자에는 아무것도 접속하지 않습니다.

■ 호기 No. 설정 스위치

장착하는 고기능 I/O유니트마다 유니트 구성 시 고유 호기 No설정 스위치로 설정을 합니다. 설정한 호기 No.에 의해 고유 릴레이와 설정용 DM 영역이 설정됩니다. 설정 시에는 컨트롤러 전원을 OFF로 합니다.

호기 No. 설정 스위치

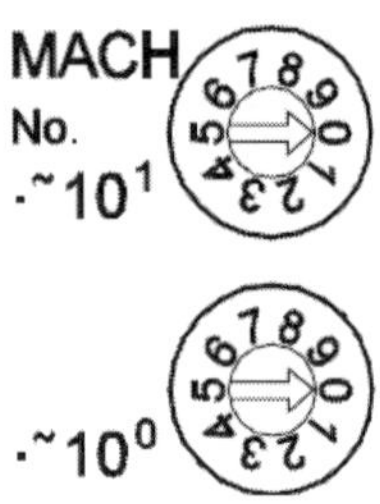

스위치 No.	호기 No.	고기능 I/O 유니트 릴레이 영역 할당 CH 번호	고기능 I/O 유니트용 DM 영역 할당 DM 번호
0	0 호기	2000 ~ 2009 CH	D20000 ~ D20099
1	1 호기	2010 ~ 2019 CH	D20100 ~ D20199
2	2 호기	2020 ~ 2029 CH	D20200 ~ D20299
3	3 호기	2030 ~ 2039 CH	D20300 ~ D20399
4	4 호기	2040 ~ 2049 CH	D20400 ~ D20499
5	5 호기	2050 ~ 2059 CH	D20500 ~ D20599
6	6 호기	2060 ~ 2069 CH	D20600 ~ D20699
7	7 호기	2070 ~ 2079 CH	D20700 ~ D20799
8	8 호기	2080 ~ 2089 CH	D20800 ~ D20899
9	9 호기	2090 ~ 2099 CH	D20900 ~ D20999
10	10 호기	2100 ~ 2109 CH	D21000 ~ D21099
~	~	~	~
n	n 호기	2000 + n×10 ~ 2000 + n×10 + 9	D20000 + n×100 ~ D20000 + n×100 + 9 9
~	~	~	~
95	95 호기	2950 ~ 2959 CH	D29500 ~ D29599

주의

동일한 호기 No.를 다른 고기능 유니트에서 중복하여 설정하면 운전정지 이상인「어드레스 중복 설정에러」가 발생합니다. 그리고 호기 No.변경 후에는 전원을 재 투입하시기 바랍니다.

5) CPU유니트와의 데이터 교환

유니트 데이터 유형	데이터 내용	AT(할당대상) 지정	프로그램에서의 엑세스 방법	데이터변환 타이밍
운전용 데이터	아날로그 입력 변환 값 등	I/O포트 (운전용데이터)	CJ유니트 디바이스 변수	I/O 리플래쉬 시
초기설정 파라미터	아날로그 입력 신호 범위, 평균화 샘플링횟수 등	I/O포트 (초기설정용 데이터)	CJ유니트 디바이스 변수	컨트롤러 리셋 시 또는 유니트 리스타트 시
유니트 리스타트 플래그	유니트 리스타트 플래그 등	없음	시스템정의 변수	I/O 리플래쉬 시

■ I/O포트(운전용 데이터)

「I/O포트」는 CPU유니트가 아날로그 입출력 유니트와 데이터를 교환하기 위한 논리적인 인터페이스입니다. I/O포트는 유니트 종류 및 기능에 따라 고유명이 이미 정해져 있습니다.

Sysmac Studio에서 유니트 구성을 작성하면 자동 생성됩니다.

■ CJ유니트 디바이스 변수

CJ유니트의 디바이스 변수는 프로그램과 고기능 I/O유니트 간 데이터를 교환하기 위해 사용하는 변수입니다. 유저 프로그램은 CJ유니트 디바이스 변수를 사용하여 아날로그 입출력 유니트를 제어할 수 있습니다.

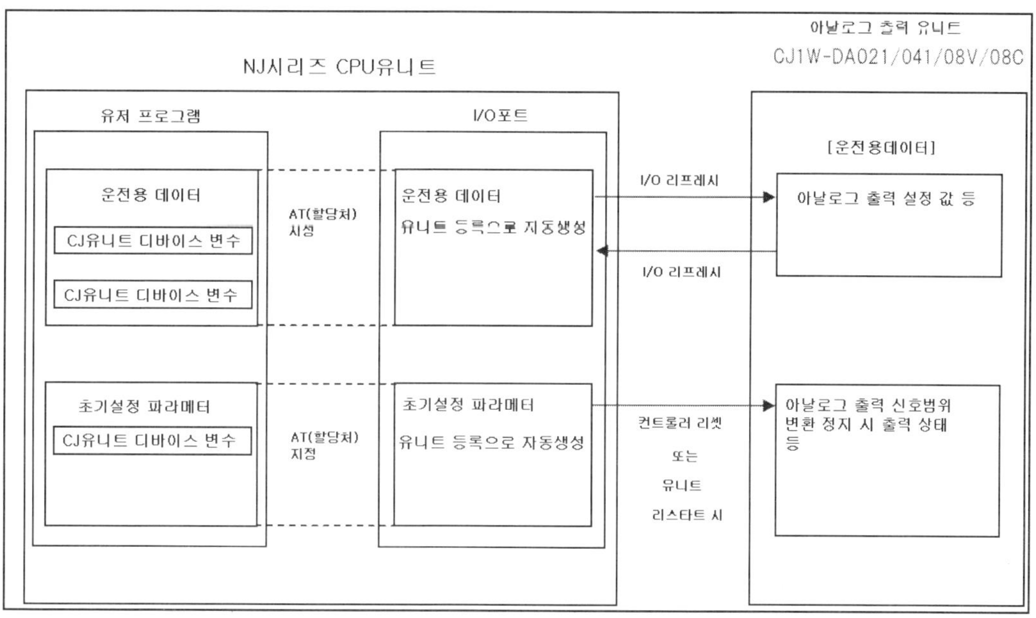

6) 아날로그 I/O의 SYSTEM 프로그램 및 소프트웨어 설정

■ CJ용 초기 설정 파라미터 메모리 어드레스

CJ시리즈 I/O 메모리 어드레스		NJ시리즈의 CJ유니트 디바이스 변수		
DM 어드레스	Bit번호	변수명	명칭	데이터 유형
D(m)	00-15	*_OutChUseCfg	사용지정	WORD
	00	*_Ch1_OutChUseCfg	출력1 사용지정	BOOL
	01	*_Ch2_OutChUseCfg	출력2 사용지정	BOOL
	02	*_Ch3_OutChUseCfg	출력3 사용지정	BOOL
	03	*_Ch4_OutChUseCfg	출력4 사용지정	BOOL
D(m+1)	00-15	*_OutRngCfg	출력신호범위 설정	WORD
	00-01		출력1 신호범위 설정	
	02-03		출력2 신호범위 설정	
	04-05		출력3 신호범위 설정	
	06-07		출력4 신호범위 설정	
D(m+2)	00-07	*_Ch1_HdMdCfg	*출력1 변환정지 시 출력상태	USINT
D(m+3)	00-07	*_Ch2_HdMdCfg	출력2 변환정지 시 출력상태	USINT
D(m+4)	00-07	*_Ch3_HdMdCfg	출력3 변환정지 시 출력상태	USINT
D(m+5)	00-07	*_Ch4_HdMdCfg	출력4 변환정지 시 출력상태	USINT

〈사용지정〉

사용할 아날로그 출력은「출력# 사용지정(*_Ch#_OutChUseCfg)」에서 설정합니다. 변수명 *_Ch#_OutChUseCfg 데이터 유형 BOOL을 0 : 사용하지 않음, 1 : 사용함「사용지정(*_OutChUseCfg)」에서 일괄 지정할 수도 있습니다.

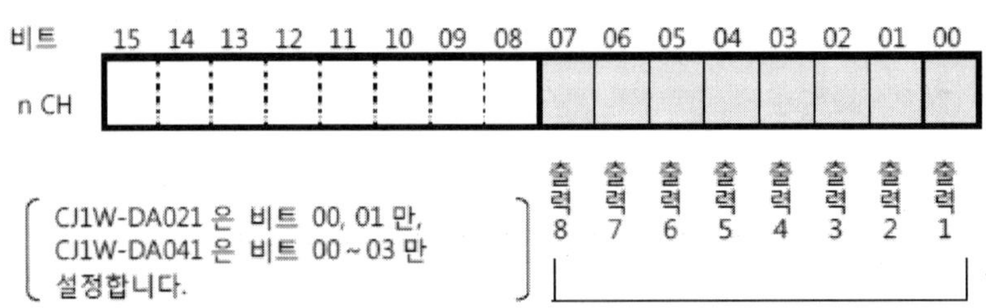

0 : 사용하지 않음, 1 : 사용함

「사용하지 않음」으로 설정된 출력번호의 출력은 0V가 됩니다.

〈출력신호 범위〉

출력 번호 1~8의 각각에 대해 -10~+10V, 0~10V, 1~5V/4~20mA, 0~5V 등 4 종류의 출력 신호 범위를 선택할 수 있습니다(DA 08V는 전압 출력만, DA 08C는 4~20mA만).

출력신호 범위를 지정하는데는「출력신호 범위 설정(*_OutRngCfg)」으로 설정합니다.

변수명 : *_OutRngCfg 데이터유형 : WORD 설정값 16#0000~16#FFFF

비트	15	14	13	12	11	10	09	08	07	06	05	04	03	02	01	00
D(m+1)	출력8		출력7		출력6		출력5		출력4		출력3		출력2		출력1	

형식	비트 15~08	비트 07~00
CJ1W-DA021	-(설정 불가) (비트 15~04)	
CJ1W-DA041	-(설정 불가)	00 : -10~+10V 01 : 0~10V 10 : 1~5V/4~20mA* 11 : 0~5V
CJ1W-DA08V	00 : -10~+10V 01 : 0~10V 10 : 1~5V 11 : 0~5V	
CJ1W-DA08C	10 : 4~20mA	

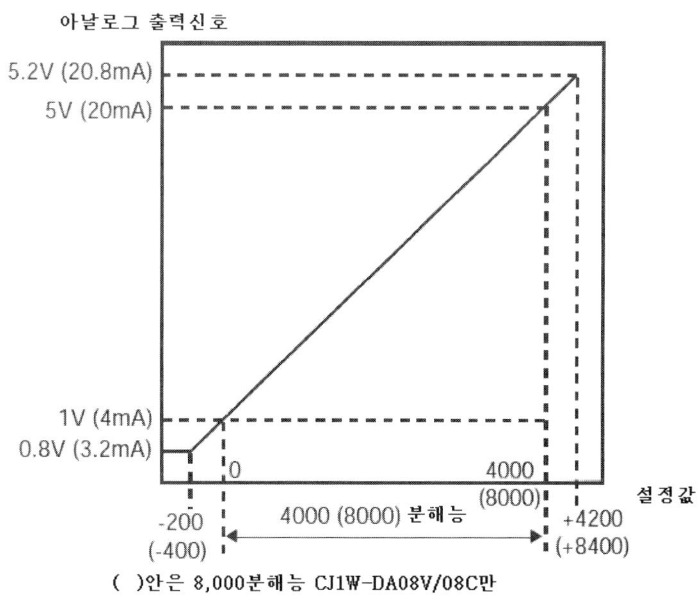

( )안은 8,000분해능 CJ1W-DA08V/08C만

〈출력 홀드 기능〉

아날로그 출력 유니트는 다음 중 한 경우에 변환을 정지하고 출력 홀드 기능에서 설정한 값을 출력합니다.

① 변환 이네이블 플래그가 OFF일 때
② 조정 모드에서 조정 중인 출력 번호 이외의 출력
③ 출력값 설정 이상인 경우
④ 전체 시스템 정지 홀드 레벨의 컨트롤러 이상이 발생한 경우

변환 정지 시의 출력 상태는 CLR, HOLD, MAX 3 종류에서 선택할 수 있습니다.

출력 신호 범위	CLR	HOLD	MAX
0~10V	-0.5V (MIN-5% of FS)	직전에 출력된 전압	+10.5V (MAX+5% of FS)
-10~+10V	0.0V	직전에 출력된 전압	+11.0V (MAX+5% of FS)
1-5V	0.8V (MIN-5% of FS)	직전에 출력된 전압	5.2V (MAX+5% of FS)
0-5V	-0.25V (MIN-5% of FS)	직전에 출력된 전압	5.25V (MAX+5% of FS)
4~20mA	3.2mA (MIN-5% of FS)	직전에 출력된 전류	20.8mA (MAX+5% of FS)

• 오프셋·게인을 조정한 경우, 위의 값은 변동됩니다.

출력 홀드 기능은 「출력# 변환정지시 출력상태(*_Ch#_HdMdCfg)」에서 설정합니다.

변수명 *_Ch#_HdMdCfg 데이터 유형 USINT
설정값 : 0 : CLR, 1 : HOLD, 2 : MAX

〈소프트웨어 설정〉

그럼, Sysmac Studio의 구성 및 설정에서 초기 설정 파라미터를 설정해 보겠습니다. 유니트 명을 더블클릭 하거나 CPU 및 증설 랙에서 유니트 클릭 후 고기능 유니트 설정 편집을 클릭하면 파라미터 설정 창으로 이동합니다.

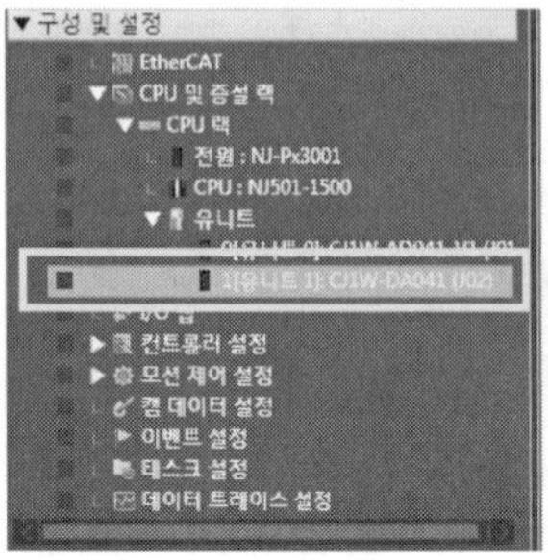

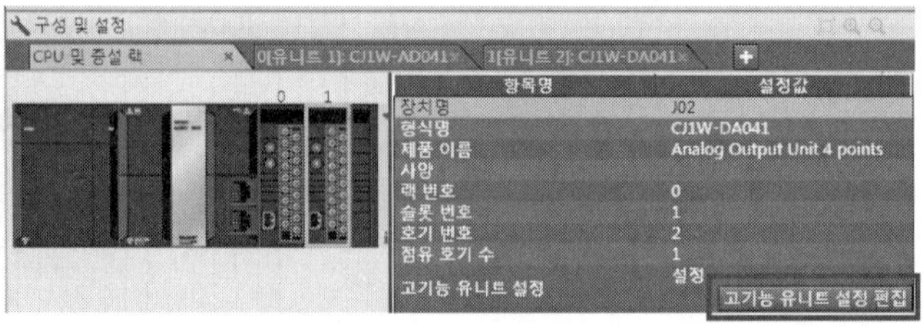

상기 CJ용 초기 설정 파라미터 메모리에 해당하는 설정 주소(DM번지:D20200 ⇒ 해당 장치 변수: J02_OutChUseCfg를 이용)에 설정 값을 설정하고 PC ⇒ 컨트롤러로 전송을 합니다.

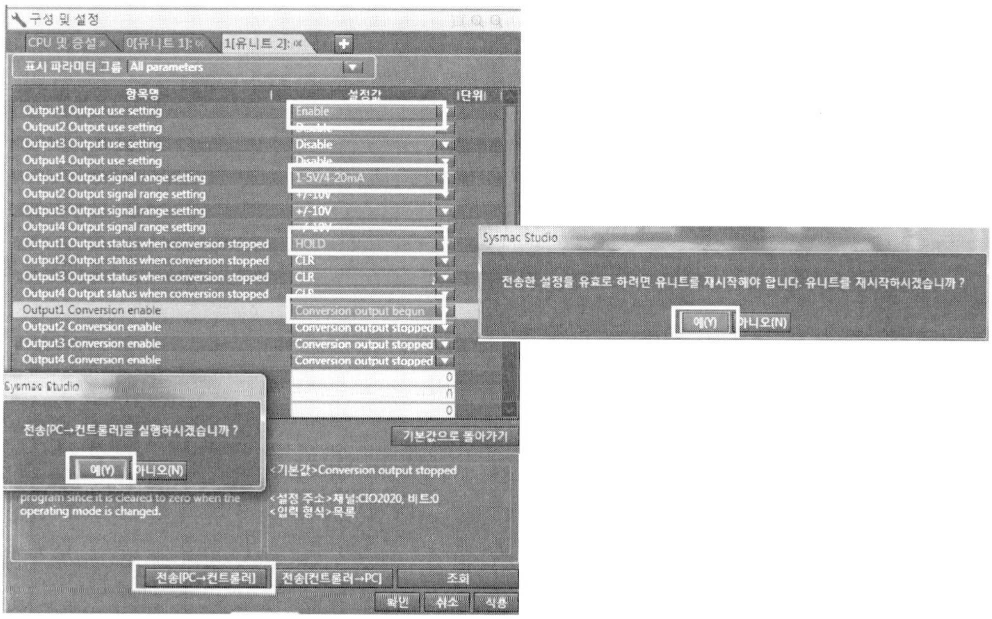

■ CJ유니트 디바이스 변수 지정 방법

Sysmac Studio [I/O맵]에서, CJ유니트 디바이스 변수를 I/O포트에 AT지정합니다. AT지정하는 변수 명은 다음과 같은 방법으로 지정합니다.

① 변수테이블에 등록된 변수를 선택하는 방법
② 신규로 변수명을 입력하는 방법
③「장치 변수 생성」으로 변수명을 자동 생성하는 방법

2 또는 3번 방법으로 CJ유니트 장치 변수명을 할당하면 Sysmac Studio가 입력한 변수를 변수 테이블에서 자동 등록합니다.

다음은 3번 방법으로 등록 생성한 변수명 구성입니다.

CJ 유니트 장치 변수 명

*_ Ch1_ ConvCmd

→ I/O포트 명입니다. 유니트 기능, Status, 파라미터를 가리키는 명칭입니다.

→ 유니트 구성에 해당 유니트를 등록할 때 등록되는 장치 명입니다.

(본적으로 유니트는 장착 순서에 따라 「J01」 ~부터가 됩니다.)

각각의 유니트를 구분할 수 있습니다.

AD유니트를 NJ시리즈 CPU유니트에서 사용하는 경우 프로그램에서 CJ유니트 용 메모리를 참고하는 CJ유니트 디바이스 변수를 사용하여, 유니트의 각종 기능을 사용합니다. CJ CPU유니트의 I/O메모리 및 NJ CPU유니트의 CJ용 메모리 CH주소, 비트 위치와 CJ유니트의 디바이스 변수의 대응을 다음과 같이 합니다.

■ NJ용 운전용 데이터 메모리 어드레스

Sysmac Studio의 구성 및 설정에서 CPU랙에 유니트 인식 후 [I/O맵]에서 장치변수 생성으로 변수를 생성합니다. (상기 CJ용 운전용 데이터 번지에 해당하는 변수 생성) 오프라인에서 생성 후 온라인 뒤 동기화합니다.

입출력	CJ시리즈 I/O 메모리 어드레스		NJ시리즈의 CJ유니트 디바이스 변수		
	CH번호	Bit번호	변수명	명칭	데이터유형
출력 (CPU → 유니트)	n	00-15	*_ConvCmd	출력 변환 Enable	WORD
		00	*_Ch1_ConvCmd	출력1 변환 Enable	BOOL
		01	*_Ch2_ConvCmd	출력2 변환 Enable	BOOL
		02	*_Ch3_ConvCmd	출력3 변환 Enable	BOOL
		03	*_Ch4_ConvCmd	출력4 변환 Enable	BOOL
	n+1	00-15	*_Ch1_WrAO	출력1 설정값	INT
	n+2	00-15	*_Ch2_WrAO	출력2 설정값	INT
	n+3	00-15	*_Ch3_WrAO	출력3 설정값	INT
	n+4	00-15	*_Ch4_WrAO	출력4 설정값	INT
입력 (유니트 → CPU)	n+9	00-07	*_MVErr	출력 설정값 이상	BYTE
		00	*_Ch1_MVErr	출력1 출력 설정값 이상	BOOL
		01	*_Ch2_MVErr	출력2 출력 설정값 이상	BOOL
		02	*_Ch3_MVErr	출력3 출력 설정값 이상	BOOL
		03	*_Ch4_MVErr	출력4 출력 설정값 이상	BOOL
		08-15	*_UnitErr	에러 플래그	BYTE
		10	*_HdErr	출력홀드설정 미스	BOOL

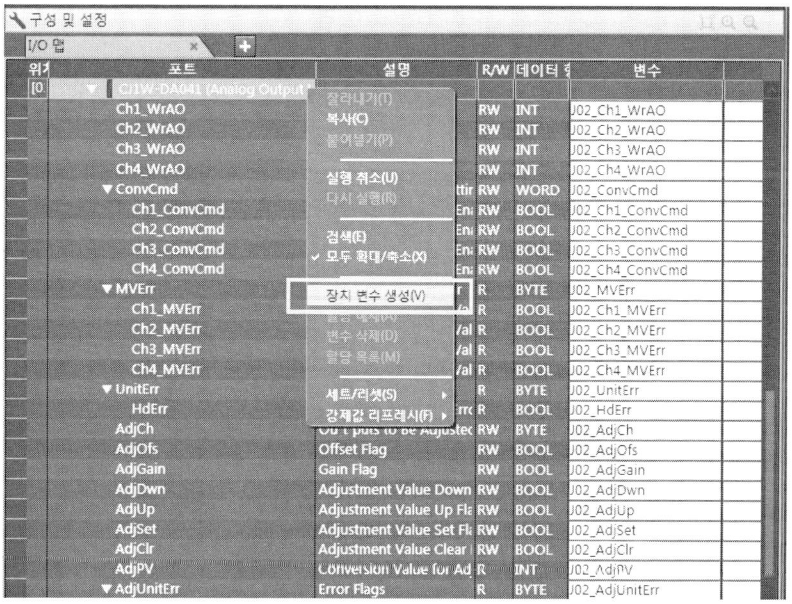

〈출력 변환 개시 / 정지〉

아날로그 출력 변환을 시작하기 위해서는 다음 CJ유니트 디바이스 변수「출력# 변환 Enable(*_Ch#_ConvCmd)」에서 사용할 출력을 변환 Enable상태로 합니다.

변수명 : *_Ch#_ConvCmd　데이터 유형 : BOOL

설정값 :　0 : 변환 Disable　1 : 변환 Enable

또한 다음 CJ유니트 디바이스 변수「변수 Enable(*_ConvCmd)」에서 일괄 설정할 수도 있습니다.

변수명 : *_ConvCmd　데이터 유형 : WORD 설정값 :　16#000 ~ 16#00FF

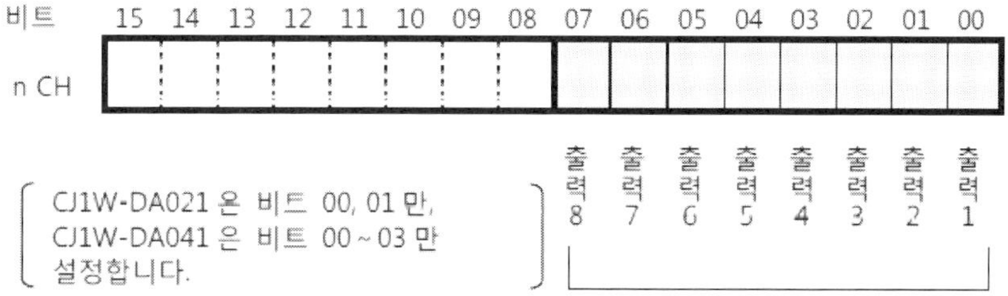

위의 비트가 ON 되어 있는 동안, 아날로그 출력 변환을 실행합니다.
OFF 하면 변환을 정지하고 출력 데이터는 홀드됩니다.

■ 아날로그 출력 유니트 변수 일람

변수	설명	R/W	데이터 형식
J02_Ch1_WrAO	Output 1 Set Value	RW	INT
J02_Ch2_WrAO	Output 2 Set Value	RW	INT
J02_Ch3_WrAO	Output 3 Set Value	RW	INT
J02_Ch4_WrAO	Output 4 Set Value	RW	INT
J02_ConvCmd	Conversion Enable Settings	RW	WORD
J02_Ch1_ConvCmd	Output 1 Conversion Enable	RW	BOOL
J02_Ch2_ConvCmd	Output 2 Conversion Enable	RW	BOOL
J02_Ch3_ConvCmd	Output 3 Conversion Enable	RW	BOOL
J02_Ch4_ConvCmd	Output 4 Conversion Enable	RW	BOOL
J02_MVErr	Output Set Value Error	R	BYTE
J02_Ch1_MVErr	Output 1 Output Set Value Error	R	BOOL
J02_Ch2_MVErr	Output 2 Output Set Value Error	R	BOOL
J02_Ch3_MVErr	Output 3 Output Set Value Error	R	BOOL
J02_Ch4_MVErr	Output 4 Output Set Value Error	R	BOOL
J02_UnitErr	Error Flags	R	BYTE
J02_HdErr	Output Hold Setting Error	R	BOOL
J02_AdjCh	Ou t puts to Be Adjusted	RW	BYTE
J02_AdjOfs	Offset Flag	RW	BOOL
J02_AdjGain	Gain Flag	RW	BOOL
J02_AdjDwn	Adjustment Value Down Flag	RW	BOOL
J02_AdjUp	Adjustment Value Up Flag	RW	BOOL
J02_AdjSet	Adjustment Value Set Flag	RW	BOOL
J02_AdjClr	Adjustment Value Clear Flag	RW	BOOL
J02_AdjPV	Conversion Value for Adjustment	R	INT
J02_AdjUnitErr	Error Flags	R	BYTE
J02_AdjHdErr	Output Hold Setting Error	R	BOOL
J02_AdjOutNoErr	Output Value Adjustment Number Setting Error	R	BOOL
J02_AdjMemErr	Non-volatile Memory Error	R	BOOL
J02_AdjMd	Starting Adjustment Mode	R	BOOL
J02_OutChUseCfg	Output Use Settings	RW	WORD
J02_Ch1_OutChUseCfg	Output 1 Use Setting	RW	BOOL
J02_Ch2_OutChUseCfg	Output 2 Use Setting	RW	BOOL
J02_Ch3_OutChUseCfg	Output 3 Use Setting	RW	BOOL
J02_Ch4_OutChUseCfg	Output 4 Use Setting	RW	BOOL
J02_OutRngCfg	Output Signal Range Setting	RW	WORD
J02_Ch1_HdMdCfg	Output 1 Output Status When Conversion Stops	RW	USINT
J02_Ch2_HdMdCfg	Output 2 Output Status When Conversion Stops	RW	USINT
J02_Ch3_HdMdCfg	Output 3 Output Status When Conversion Stops	RW	USINT
J02_Ch4_HdMdCfg	Output 4 Output Status When Conversion Stops	RW	USINT

실습 아날로그 출력 데이터 확인

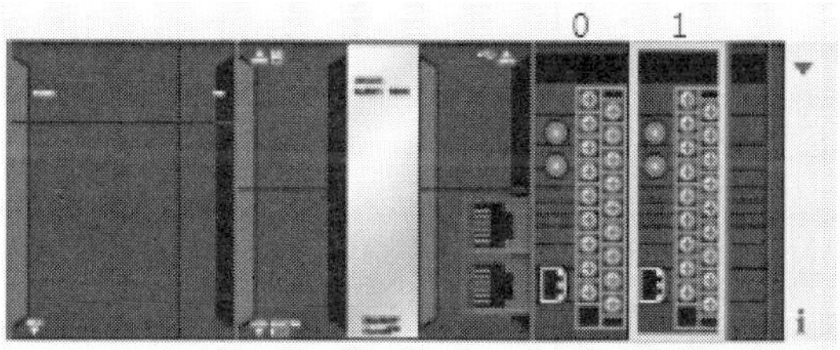

Output 1 번 단자대에 연결된 출력 기기에 Set Value를 입력하여 1~5V 출력이 연결된 출력기기로 출력되는지 확인해 봅니다.

7) 아날로그 출력 스케일 기능

아날로그 출력을 내보낼 데이터 범위를 유저가 원하는 임의의 기준 값 범위로 자동 변환해 주는 기능을 스케일 기능이라고 합니다.

-32,000 ~ +32,000 범위 안에서 상한 값과 하한 값을 설정하면, 아날로그 출력 설정 값을 스케일 상하한 범위를 풀 스케일하여, DA변환합니다.

이 스켈링 기능에 의해 종래에 필요했었던 수치 변환 프로그램이 불필요해집니다. 단, 4000분해능에서만 사용 가능합니다. 실제 DA 풀 스케일의 -5%~+105%까지 변환됩니다. 이 범위를 넘어가게 되면 출력 설정 값 이상이 되며 출력 홀드 기능이 실행됩니다.

변수명 :
*_Ch#_Scl_L_Cfg 데이터 유형 :INT (#은 입력번호) :스케일 하한 값(-32,000 ~ +32,000)
*_Ch#_Scl_H_Cfg 데이터 유형 :INT (#은 입력번호) :스케일 상한 값(-32,000 ~ +32,000)

예) 아날로그 출력 시

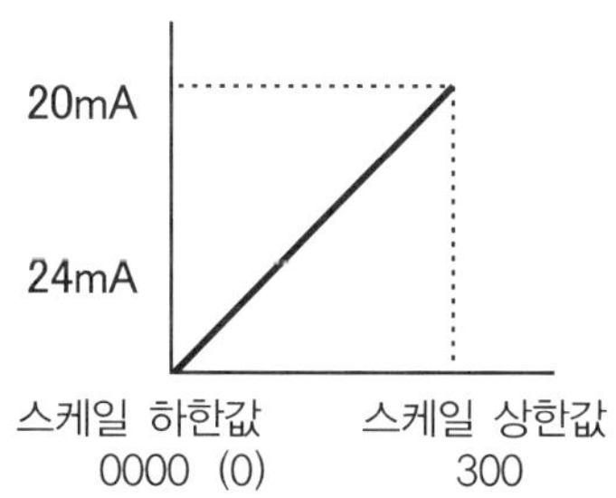

출력설정값 INT(부호있는 십진수)	출력신호
0	4mA
300	20mA

(아날로그 입력카드 CJ1W-AD042, 아날로그 출력카드 CJ1W-DA08V/08C/042V와 아날로그 입출력카드 CJ1W-MAD042만 가능)

9 3 아날로그 입출력

1) Demokit MAD42 Unit로 아날로그 입출력 실습하기

하기 MAD42 유니트의 특징을 참고하여, Sysmac Studio에서 MAD42 유니트의 입력 1Ch의 아날로그 볼륨 데이터 값이 출력 1Ch의 출력메터에 출력되도록 설정하고 입출력을 확인해 보도록 합시다.

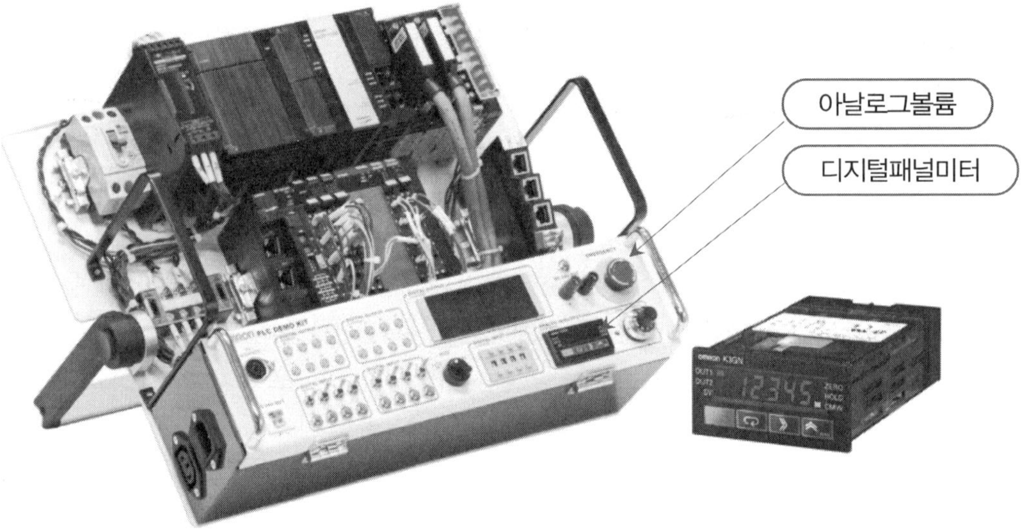

■ MAD42 Unit (아날로그입출력유니트)의 외관 〈각 부의 명칭과 기능〉

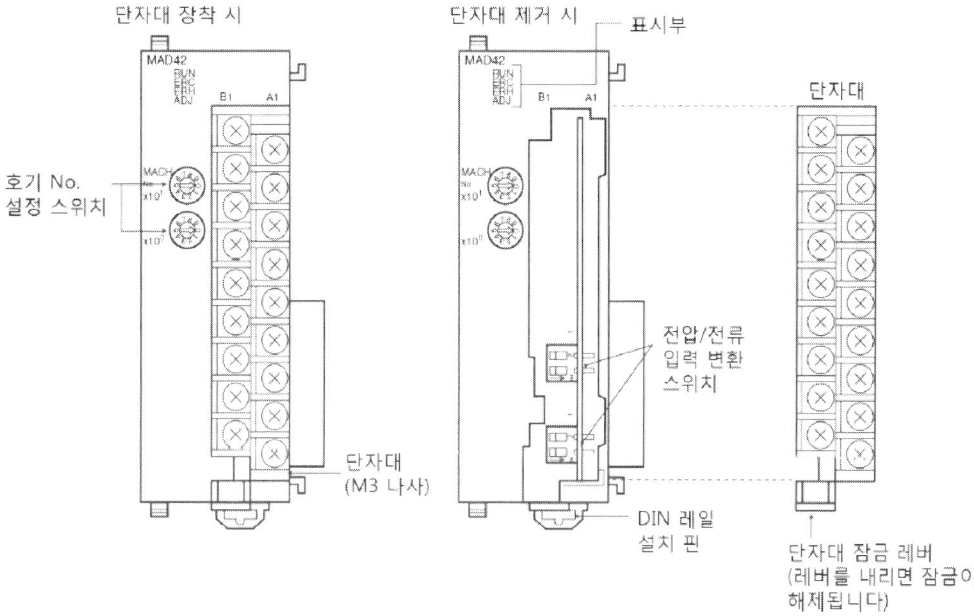

■ 전압/전류 입력 변환 스위치와 단자대 배열

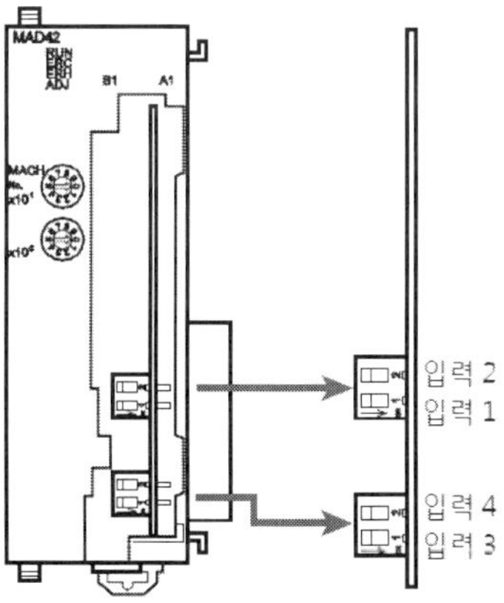

OFF : 전압 입력
ON : 전류 입력

신호	단자	단자	신호
전압 출력 2 +	B1	A1	전압 출력 1 +
출력 2 -	B2	A2	출력 1 -
전류 출력 2 +	B3	A3	전류 출력 1 +
N.C.	B4	A4	N.C.
입력 2 (+)	B5	A5	입력 1 (+)
입력 2 (-)	B6	A6	입력 1 (-)
AG	B7	A7	AG
입력 4 (+)	B8	A8	입력 3 (+)
입력 4 (-)	B9	A9	입력 3 (-)

■ CJ용 초기 설정 파라미터 메모리 어드레스

<table>
<tr><td rowspan="2">DM 번호*</td><td colspan="16">비트 번호</td></tr>
<tr><td>15</td><td>14</td><td>13</td><td>12</td><td>11</td><td>10</td><td>09</td><td>08</td><td>07</td><td>06</td><td>05</td><td>04</td><td>03</td><td>02</td><td>01</td><td>00</td></tr>
<tr><td rowspan="2">D(m)</td><td colspan="8">비율 변환 사용 지정</td><td colspan="4">입력 사용 지정</td><td colspan="4">출력 사용 지정</td></tr>
<tr><td colspan="2">미사용</td><td colspan="2">미사용</td><td colspan="2">루프 2</td><td colspan="2">루프 1</td><td>입력 4</td><td>입력 3</td><td>입력 2</td><td>입력 1</td><td colspan="2">미사용</td><td>출력 2</td><td>출력 1</td></tr>
<tr><td rowspan="2">D(m + 1)</td><td colspan="8">입력 신호 범위 설정</td><td colspan="8">출력 신호 범위 설정</td></tr>
<tr><td colspan="2">입력 4</td><td colspan="2">입력 3</td><td colspan="2">입력 2</td><td colspan="2">입력 1</td><td colspan="2">미사용</td><td colspan="2">미사용</td><td colspan="2">출력 2</td><td colspan="2">출력 1</td></tr>
<tr><td>D(m + 2)</td><td colspan="8">미사용</td><td colspan="8">출력 1 변환 정지 시의 출력 상태</td></tr>
<tr><td>D(m + 3)</td><td colspan="8">미사용</td><td colspan="8">출력 2 변환 정지 시의 출력 상태</td></tr>
<tr><td>D(m + 4)</td><td colspan="16">미사용</td></tr>
<tr><td>D(m + 5)</td><td colspan="16">미사용</td></tr>
<tr><td>D(m + 6)</td><td colspan="16">입력 1 평균화 처리 설정</td></tr>
<tr><td>D(m + 7)</td><td colspan="16">입력 2 평균화 처리 설정</td></tr>
<tr><td>D(m + 8)</td><td colspan="16">입력 3 평균화 처리 설정</td></tr>
<tr><td>D(m + 9)</td><td colspan="16">입력 4 평균화 처리 설정</td></tr>
<tr><td>D(m + 10)</td><td colspan="16">루프 1(입력 1→출력 1) A 정수</td></tr>
<tr><td>D(m + 11)</td><td colspan="16">루프 1(입력 1→출력 1) B 정수</td></tr>
<tr><td>D(m + 12)</td><td colspan="16">루프 2(입력 2→출력 2) A 정수</td></tr>
<tr><td>D(m + 13)</td><td colspan="16">루프 2(입력 2→출력 2) B 정수</td></tr>
<tr><td>D(m + 14)
~D(m + 17)</td><td colspan="16">미사용</td></tr>
<tr><td>D(m + 18)</td><td colspan="8">변환 주기 · 분해능 설정</td><td colspan="8">동작 모드 변환</td></tr>
<tr><td>D(m + 19)</td><td colspan="16">출력 1 스케일링 하한값 데이터</td></tr>
<tr><td>D(m + 20)</td><td colspan="16">출력 1 스케일링 상한값 데이터</td></tr>
<tr><td>D(m + 21)</td><td colspan="16">출력 2 스케일링 하한값 데이터</td></tr>
<tr><td>D(m + 22)</td><td colspan="16">출력 2 스케일링 상한값 데이터</td></tr>
<tr><td>D(m + 23)
~D(m + 26)</td><td colspan="16">미사용</td></tr>
<tr><td>D(m + 27)</td><td colspan="16">입력 1 스케일링 하한값 데이터</td></tr>
<tr><td>D(m + 28)</td><td colspan="16">입력 1 스케일링 상한값 데이터</td></tr>
<tr><td>D(m + 29)</td><td colspan="16">입력 2 스케일링 하한값 데이터</td></tr>
<tr><td>D(m + 30)</td><td colspan="16">입력 2 스케일링 상한값 데이터</td></tr>
<tr><td>D(m + 31)</td><td colspan="16">입력 3 스케일링 하한값 데이터</td></tr>
<tr><td>D(m + 32)</td><td colspan="16">입력 3 스케일링 상한값 데이터</td></tr>
<tr><td>D(m + 33)</td><td colspan="16">입력 4 스케일링 하한값 데이터</td></tr>
<tr><td>D(m + 34)</td><td colspan="16">입력 4 스케일링 상한값 데이터</td></tr>
<tr><td rowspan="2">D(m + 35)</td><td colspan="16">전압/전류 범위 지정(1-5V/4-20mA 지정 시 유효)</td></tr>
<tr><td colspan="8">미사용</td><td>입력 4</td><td>입력 3</td><td>입력 2</td><td>입력 1</td><td colspan="2">미사용</td><td>출력 2</td><td>출력 1</td></tr>
</table>

※ **스케일링 기능** : 아날로그 입출력 유니트 CJ1W-MAD42는 입력 아날로그 값 및 출력 아날로그 설정값을 임의의 공업 단위값으로 자동 변환할 수 있습니다. 단, 아날로그 입출력 유니트 CJ1W-MAD42에서는 변환 주기 1ms/분해능 4,000인 경우에만 가능합니다. 변환주기 250μ s (CJ1W-MAD42 는 500μ s)/분해능 8,000인 경우에는 스케일링 기능이 무효화됩니다.

■ NJ용 운전용 데이터 메모리 어드레스

<table>
<tr><td rowspan="2">입출력</td><td>CH</td><td colspan="16">비트 번호</td></tr>
<tr><td>번호</td><td>15</td><td>14</td><td>13</td><td>12</td><td>11</td><td>10</td><td>09</td><td>08</td><td>07</td><td>06</td><td>05</td><td>04</td><td>03</td><td>02</td><td>01</td><td>00</td></tr>
<tr><td rowspan="7">출력
(CPU→
본 유니트)</td><td rowspan="2">n</td><td colspan="8" rowspan="2">미사용</td><td colspan="4">피크 홀드 기능</td><td colspan="2" rowspan="2">미사용</td><td colspan="2">변환
이네이블</td></tr>
<tr><td>입력
4</td><td>입력
3</td><td>입력
2</td><td>입력
1</td><td>출력
2</td><td>출력
1</td></tr>
<tr><td rowspan="2">n + 1</td><td colspan="16">출력 1 변환값</td></tr>
<tr><td colspan="4">16^3</td><td colspan="4">16^2</td><td colspan="4">16^1</td><td colspan="4">16^0</td></tr>
<tr><td>n + 2</td><td colspan="16">출력 2 설정값</td></tr>
<tr><td>n + 3</td><td colspan="16">미사용</td></tr>
<tr><td>n + 4</td><td colspan="16">미사용</td></tr>
<tr><td rowspan="7">입력
(본 유니트
→CPU)</td><td rowspan="2">n + 5</td><td colspan="16">입력 1 변환값/루프 1 연산 결과</td></tr>
<tr><td colspan="4">16^3</td><td colspan="4">16^2</td><td colspan="4">16^1</td><td colspan="4">16^0</td></tr>
<tr><td>n + 6</td><td colspan="16">입력 2 변환값/루프 2 연산 결과</td></tr>
<tr><td>n + 7</td><td colspan="16">입력 3 변환값</td></tr>
<tr><td>n + 8</td><td colspan="16">입력 4 변환값</td></tr>
<tr><td rowspan="2">n + 9</td><td colspan="8">알람 플래그</td><td colspan="4">난선 검시</td><td colspan="2" rowspan="2">미사용</td><td colspan="2">출력
실정값
이상</td></tr>
<tr><td></td><td></td><td></td><td></td><td></td><td></td><td></td><td></td><td>입력
4</td><td>입력
3</td><td>입력
2</td><td>입력
1</td><td>출력
2</td><td>출력
1</td></tr>
</table>

그럼 상기 MAD42 유니트의 특징을 참고하여, Sysmac Studio에서 MAD42 유니트의 출력1Ch의 데이터 값이 입력 1Ch로 입력되도록 설정하고 입출력을 확인해 보도록 합시다.

OMRON

이 장에서는
컨트롤에 NJ, 서보에 G5를 사용한 모션 제어에 대해 설명합니다.
모션 제어에 필요한 기초 지식부터 시작합니다.

10.1 모션 제어의 구조
10.2 축
10.3 시운전(MC 시운전)

10 모션제어의 구조

10 1 모션 제어의 구조

NJ시리즈 시스템에서는 모션 제어 기능 모듈(「MC기능 모듈」이라 함)에 의해 축의 제어를 행합니다. 모션 제어 기능 모듈이란 CPU 유니트에 내장된 소프트웨어의 기능 모듈을 뜻합니다. MC 기능 모듈은 CPU 유니트의 내장 EtherCAT 포트를 통해 최대 64축의 모션을 제어할 수 있습니다. EtherCAT 포트에 접속된 서보 드라이버와 주기적으로 통신하여 빠른 속도와 높은 정밀도를 요구하는 기계 제어를 실현할 수 있습니다.

1) 내부 구조

NJ 시리즈 CPU 유니트의 내부 소프트웨어 구성은 아래와 같습니다.

PLC 기능 모듈	PLC 전체 스케줄 관리, 사용자 프로그램 실행, 모션 제어 모듈에 보내는 지령, USB · SD 메모리 카드와의 인터페이스 등을 실행합니다.
모션 제어 기능 모듈	MC 사용자 프로그램의 모션 제어 명령 지령에 따라 모션 제어를 실행하고 EtherCAT 마스터 기능 모듈로 데이터를 보냅니다. 모션 제어 기능 모듈은 모션 제어를 실행하는 소프트웨어입니다.
EtherCAT 마스터 기능 모듈	ECAT EtherCAT 마스터로서 EtherCAT 슬레이브와 통신합니다.
그 밖의 기능 모듈	

- MC기능 모듈은 NJ시리즈의 CPU유니트에 내장되어 있고, 모션 제어 명령(프로그램)은, IEC규격 태스크 내에서 실행됩니다.
- MC기능 모듈의 축 파라미터는 _sAXIS_REF데이터형의 축 변수로 할당됩니다.
- 축의 전체 제어 및 모니터 링은 MC기능 모듈이 행합니다.
- MC기능 모듈과 서보 드라이버는 EtherCAT통신으로 데이터를 교환합니다.

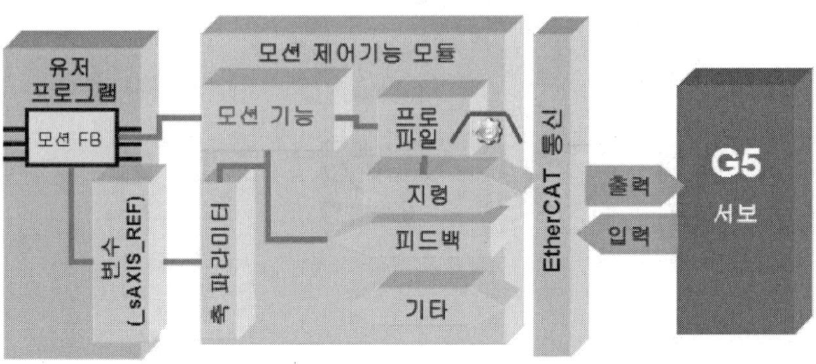

● NJ 모션 프로그램은 IEC 규격의 프로그램(래더, ST)으로 작성합니다.

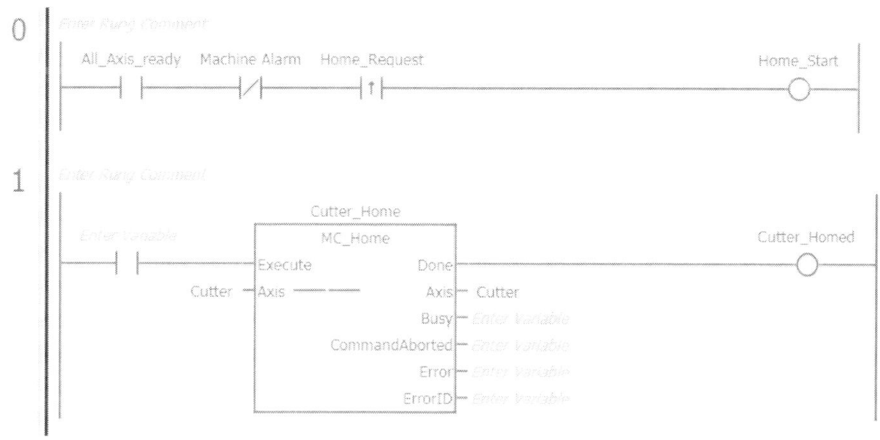

서보로 구축되는 제어계는 일반적으로 세미클로즈드 루프 방식으로 모터 동작을 제어합니다.

세미클로즈드 루프 방식은 지령값에 대한 모터의 회전량을 모터에 장착한 엔코더로 검출합니다. 이것을 기계의 이동량으로 피드백합니다. 지령값과 모터의 실회전량과의 편차를 산출하고 이 값이 「0」이 되도록 제어하는 방법입니다.

즉, MC 기능 모듈을 사용한 기기 구성에서는 CPU 유니트의 사용자 프로그램에서 보내는 지령에 관해 피드백 정보를 사용하지 않고, 서보 드라이버 안에서 피드백계를 구축하고 있습니다.

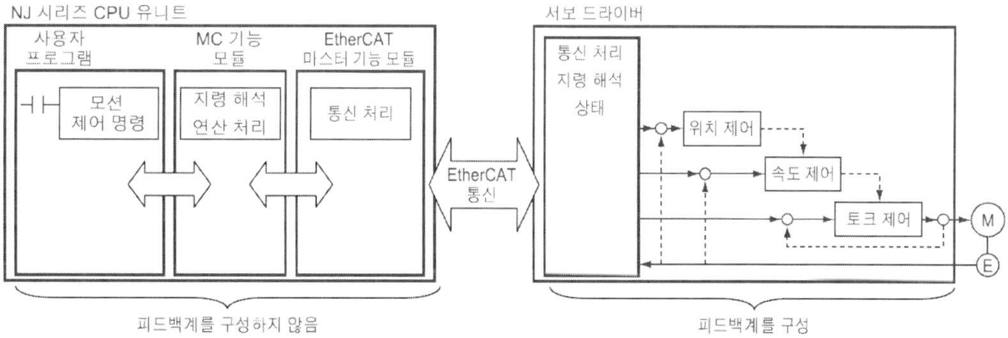

- 사용자 프로그램으로 모션 제어 명령을 기동하면 MC 기능 모듈이 지령을 해석합니다.
- MC 기능 모듈은 지령의 해석 결과를 바탕으로 일정주기마다 모션 연산을 실행하고

서보 드라이버에 대한 지령값을 생성합니다. 생성되는 지령값은 목표 위치, 목표 속도, 목표 토크입니다.

- 생성된 지령값을 EtherCAT 통신의 프로세스 데이터 통신 주기마다 PDO 통신으로 송신합니다.
- 서보 드라이버는 EtherCAT 통신의 프로세스 데이터 통신 주기별 지령값에 따라 위치 루프 제어, 속도루프 제어, 토크 루프 제어를 실행합니다.
- 엔코더의 현재값 및 서보 드라이버의 상태는 EtherCAT 통신의 프로세스 데이터 통신 주기마다 CPU유니트로 송신합니다.
- MC기능모듈은 위치제어루프, 속도제어루프, 토크제어루프가 내장되어 있는 서보 드라이버를 대상으로 합니다.

EtherCAT서보 드라이버 내부 Block

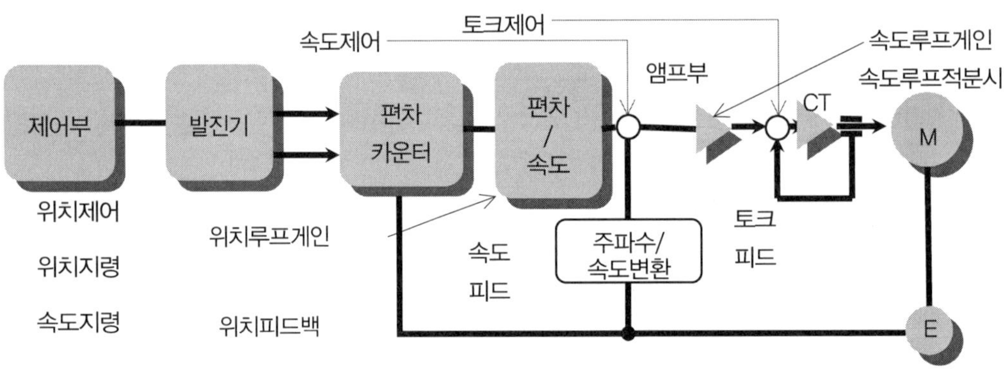

2) 드라이버의 명칭과 기능

OMNUC G5 시리즈 AC 서보 드라이버(EtherCAT 통신 내장 타입)는 100Mbps의 EtherCAT에 적합한 오므론 G5 시리즈 서보 드라이버입니다. 머신 자동화 컨트롤러 NJ 시리즈나 EtherCAT 호환 위치 제어 유니트와 조합하면 최고의 고속 위치 제어 시스템을 구축할 수 있습니다. 서보 드라이버와 컨트롤러 사이는 통신 케이블 하나로 연결되므로 적은 배선으로 간단하게 위치 제어 시스템을 구축할 수 있습니다. 또한 실시간 자동 조정 기능, 적응형 필터 기능, 노치 필터 기능, 제진 제어 기능을 사용하면 강성이 낮은 기계의 진동을 억제하여 안정된 동작의 시스템을 구축할 수 있습니다.

■ 드라이버 각 부분의 기능

7세그먼트 표시부

2자리의 7세그먼트 LED로, 노드 주소 값, 에러 번호 및 기타 드라이버 상태 등을 표시합니다.

EtherCAT Status 표시

EtherCAT 통신의 상태를 LED로 표시합니다.(하기 페이지 참고)

충전램프

주 회로 전원이 투입된 경우 켜집니다.

제어입출력커넥터(CN1)

명령 입력 신호, 입출력 신호에 사용합니다.

엔코더 커넥터(CN2)

서보 모터에 탑재된 엔코더와 연결하는 커넥터입니다.

외부 스케일 연결 커넥터

풀 클로즈 제어 시의 엔코더 신호 연결 커넥터입니다.

EtherCAT 통신용 커넥터(ECAT IN, ECAT OUT)

EtherCAT 통신을 수행하기 위한 커넥터입니다.

아날로그 모니터용 커넥터(CN5)

전용 케이블을 사용하여 모터 회전 속도나 토크 명령 값 등을 모니터링합니다.

USB커넥터

PC와의 통신용 커넥터입니다.

안전커넥터(CN8)

안전 기기를 연결하기 위한 커넥터입니다.

안전 기기를 사용하지 않는 경우는 출하 시 상태 그대로 안전 바이패스 커넥터를 설치한 채 사용하십시오.

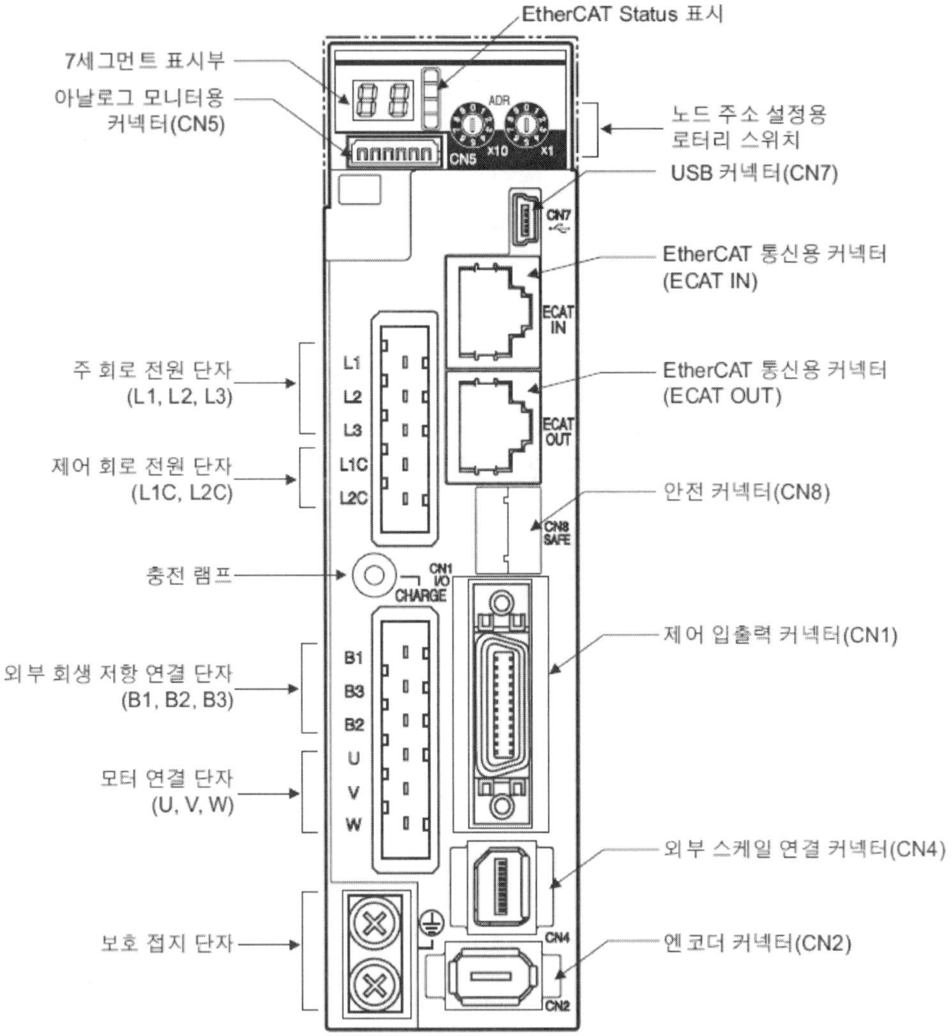

(1) 노드 어드레스 설정

표시부의 로터리 스위치를 사용하여 EtherCAT의 노드 주소를 설정합니다.

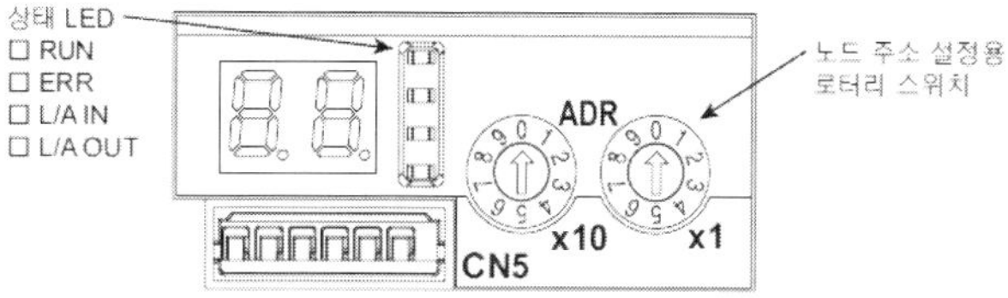

로터리 스위치 설정	내용 CJ1W-NC281/481/881/F81/482/882와 연결
00	노드 주소는 위치 제어 유니트측의 설정값이 됩니다.
01~99	로터리 스위치의 설정값이 노드 주소가 됩니다.

(2) 상태 LED

이름	색상	상태	내용
RUN	녹색	소등	초기화 상태
		점멸	조작 전 상태
		1회 깜박임	안전한 조작 상태
		점등	조작 상태
ERR	적색	소등	이상 없음
		점멸	통신 설정 이상
		1회 깜박임	동기 이상, 통신 데이터 이상
		2회 깜박임	응용 프로그램 워치독 시간 초과
		불안정하게 깜박거림	부팅 이상
		점등	PDI 워치독 시간 초과
L/A IN	녹색	소등	물리층의 LINK가 확립 안됨
		점등	물리층의 LINK 확립
		불안정하게 깜박거림	LINK 확립 후 동작 중
L/A OUT	녹색	소등	물리층의 LINK가 확립 안됨
		점등	물리층의 LINK 확립
		불안정하게 깜박거림	LINK 확립 후 동작 중

(3) USB커넥터(CN7)

PC와 USB의 연결을 통해 파라미터 설정/변경, 제어 상태의 모니터링, 에러 상태/이력 참조, 파라미터의 저장/로드 등을 수행할 수 있습니다.

핀 번호	기 호	이 름	기능 · 인터페이스
1	VBUS	USB 신호 단자	PC 통신에 사용합니다.
2	D−		
3	D+		
4	−	제조업체 사용	연결하지 마십시오.
5	SENGND	신호 접지	신호 접지

(4) 제어 입출력 커넥터 CN1

명령 입력 신호, 입출력 신호에 사용합니다.

번호	신호	내용	번호	신호	내용	번호	신호	내용	번호	신호	내용
1	OUTM1 (BKIR)	범용 출력 1 (브레이크 인터록 출력)	2	OUTM1COM	범용 출력 1 공통	14	BAT	앱솔루트 엔코더용 백업 배터리 입력	15	BATGND	앱솔루트 엔코더용 백업 배터리 입력
3	/ALM	에러 출력	4	ALMCOM	에러 출력 공통	16	GND	신호 접지	17		*
5	IN1 (STOP)	범용 입력 1 (즉시 정지 입력)	6	+24VIN	DC12~24V 원점 입력	18		*	19		*
7	IN2 (POT)	범용 입력 2 (정회전측 구동 금지 입력)	8	IN3 (NOT)	범용 입력 3 (역회전측 구동 금지 입력)	20		*	21		*
9	IN4 (DEC)	범용 입력 4 (원점 근방 입력)	10	IN5 (EXT3)	범용 입력 5 (외부 래치 입력 3)	22		*	23		*
11	IN6 (EXT2)	범용 입력 6 (외부 래치 입력 2)	12	IN7 (EXT1)	범용 입력 7 (외부 래치 입력 1)	24		*	25	OUTM2 (READY)	범용 출력 2 (서보 준비 완료 출력)
13	IN8 (MON0)	범용 입력 8 (모니터 입력 0)				26	OUTM2COM	범용 출력 2 공통			

(5) 모터 연결 단자

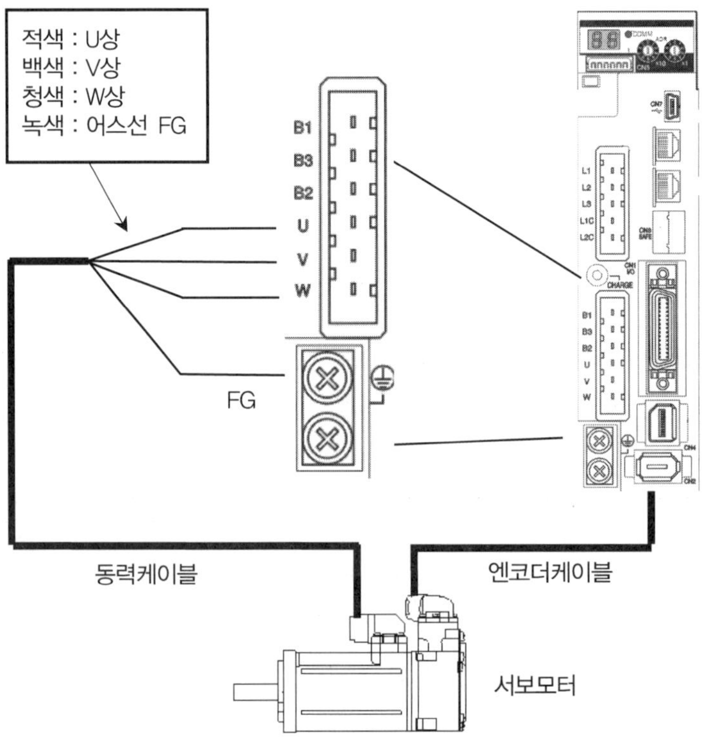

3) PLC태스크와 모션 제어 동기

태스크란 사용자 프로그램 등의 처리 실행 조건 및 순서의 속성을 말합니다. NJ 시리즈 CPU 유니트는 싱글 태스크 및 멀티 태스크로 사용자 프로그램을 실행할 수 있습니다.(제2장 참고)

태스크에는 실행 우선도가 있으며 실행 우선도가 높은 태스크를 우선적으로 실행합니다. 한 태스크를 실행하는 도중에 실행 우선도가 높은 다른 태스크의 실행 조건이 성립된 경우에는 실행 우선도가 높은 태스크를 우선적으로 실행합니다. IEC준거 태스크 및 모션제어는 EtherCAT통신 사이클 타임 내에 실행 완료합니다. 때문에 NJ시리즈에서는 EtherCAT드라이브와의 고정밀한 동기가 가능합니다.

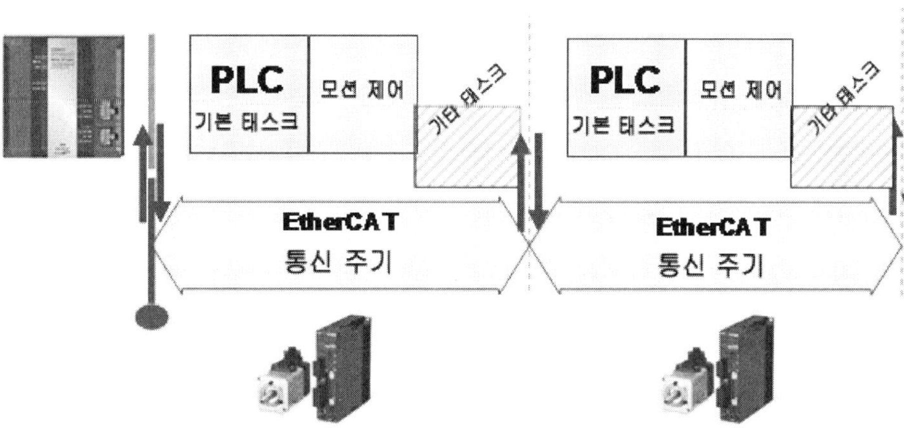

모션 제어 명령은 프라이머리 정주기 태스크(우선순위 4) 또는 정주기 태스크(우선순위 16)로 실행합니다.

즉시 응답이 필요한 모션 제어 명령을 프로그램에 두는 경우, 프라이머리 정주기 태스크에 할당할 필요가 있습니다. 상기 외의 태스크로 모션 제어 명령을 사용하면 Sysmac Studio에서 빌드할 때 이상이 발생합니다.

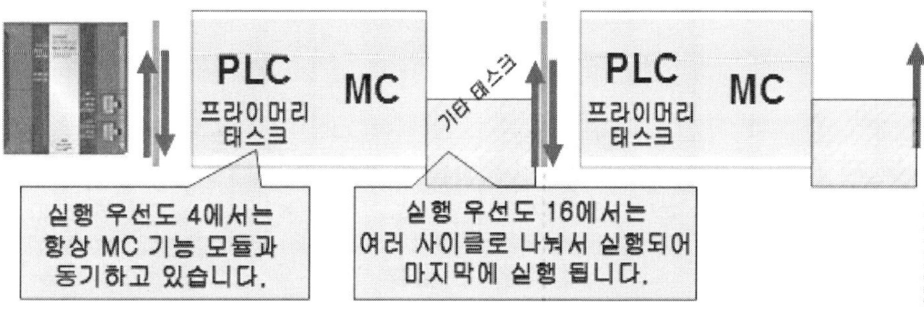

4) EtherCAT 통신과의 관계

(1) EtherCAT이란

EtherCAT은 이더넷에 기반한 초고속 산업용 네트워크 시스템입니다.

100Mbps 전이중 통신 대역을 최대한으로 활용하여 서보 드라이버나 인버터 등 모터 드라이버를 고속으로 제어하고, 드라이버 제어 뿐만 아닌 센서나 아날로그 I/O 등 각종 입출력 기기의 리얼 타임 제어도 EtherCAT통신으로 가능합니다.

또한, 접속 된 슬레이브 간 시간 정보를 공유함으로써 ±1㎲ 이하의 정확한 동기제어를 할 수 있습니다.

(2) [CAN application protocol over EtherCAT (CoE)]

MC 기능 모듈은 CPU 유니트에 내장된 EtherCAT 태스크 기능 모듈의 PDO 통신을 통해서 서보 드라이버 및 카운터를 제어합니다.

MC 기능 모듈은 EtherCAT에서 이루어지는 슬레이브와의 정보 교환에 관해 CAN application protocol over EtherCAT(CoE) 프로토콜을 사용합니다.

CoE에서는 각종 슬레이브를 가진 파라미터 및 제어 정보는 오브젝트 딕셔너리(OD)라는 데이터 사양으로 규정됩니다.

이러한 데이터를 컨트롤러/통신 마스터와 슬레이브 사이에 정보 전달하기 위해 정주기로 실시간 정보를 교환하는 PDO(Process Data Objects)와 임의의 타이밍으로 정보를 전달하는 SDO(Service Data Objects)의 2가지 수단이 있습니다. MC 기능 모듈에서는 서보 모터의 위치 제어 등 일정한 제어 주기로 입출력 데이터를 갱신하는 지령에 대해서 PDO 통신을 사용합니다. 이와는 달리 파라미터 전송 등 지정된 타이밍으로 데이터를 판독/기록하는 지령에는 SDO 통신을 사용합니다.

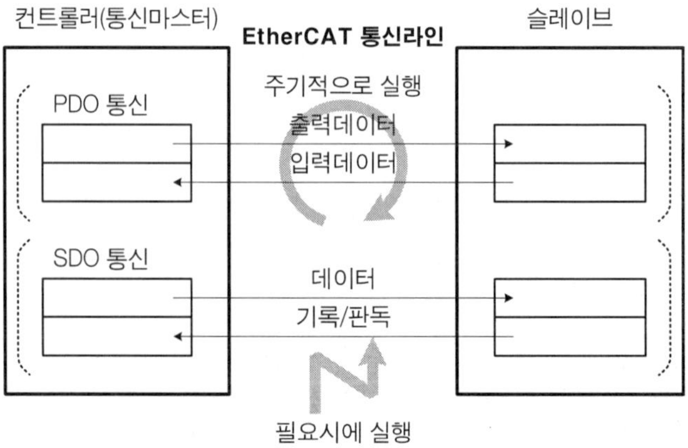

(3) EtherCAT 마스터 기능과 모션 제어 기능 모듈의 관계

NJ 시리즈 CPU 유니트에서는 EtherCAT 슬레이브를 접속해서 시퀀스 제어 및 모션 제어를 실행할 수 있습니다.

〈시퀀스 제어〉

- EtherCAT 편집 화면에서 EtherCAT 구성을 작성하면 구성 슬레이브의 「I/O 포트」가 자동 생성됩니다.
- 모션 제어 명령 이외의 명령으로 시퀀스 제어를 실행합니다.

〈모션 제어〉

- EtherCAT 편집 화면에서 EtherCAT 구성을 작성하면 구성 슬레이브의 「I/O 포트」가 자동 생성됩니다.
- 모션 제어 설정 뷰에서 축 변수를 작성하고 모션 제어의 제어 대상인 EtherCAT 슬레이브를 할당합니다.
- 모션 제어 명령으로 모션 제어를 실행합니다.

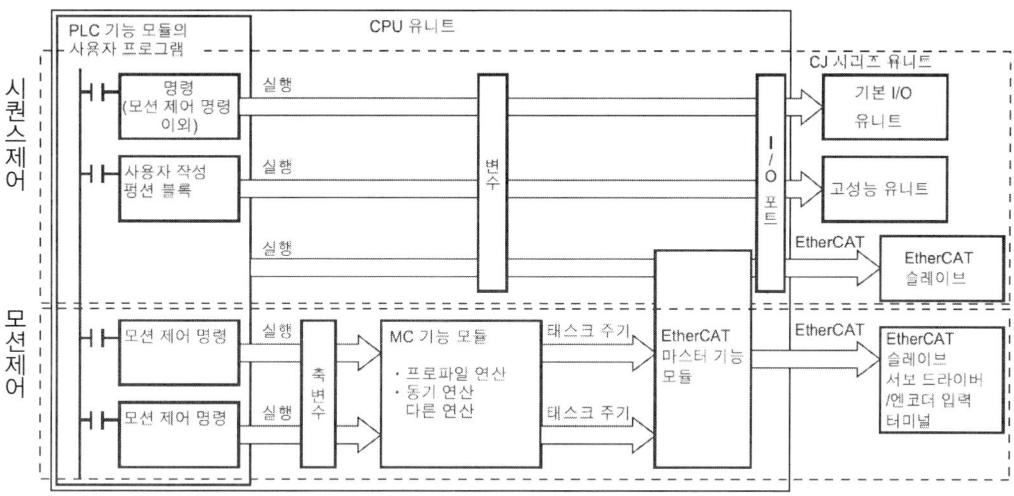

5) 태스크 실행 시간 모니터

PLC 기본 기능 모듈은 사용자 프로그램상의 모듈 제어 명령을 기동해서 모션 제어의 지령을 모션 제어기능 모듈에 대해 발행합니다. 이것을 바탕으로 모션 제어 기능 모듈은 모션 연산을 하고 연산 결과를 EtherCAT상의 서보 드라이버에 지령합니다.

이러한 데이터 교환은 다음과 같은 주기로 갱신됩니다.

「프라이머리 주기」=「모션 제어 주기」=「EtherCAT 통신의 프로세스 데이터 통신 주기」

태스크의 실행 상태는 태스크 실행 시간 모니터로 확인할 수 있습니다.

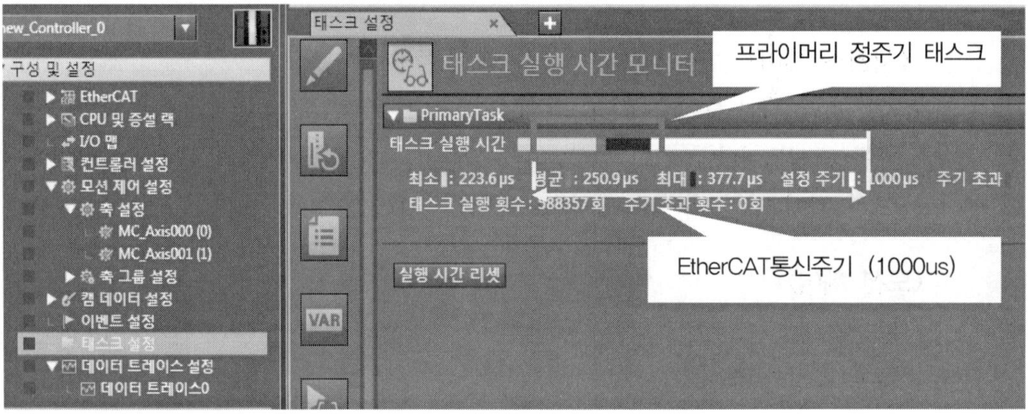

6) 모션 프로그래밍의 규격

MC 기능 모듈의 모션 제어 명령은 PLCopen으로 표준화된 모션 제어용 펑션 블록 (FB)을 기본으로 합니다. 단축의 PTP 위치 결정부터 보간 제어, 전자 캠 등의 동기 제어, 속도 제어 및 토크 제어까지 표준에 준거한 명령으로 프로그래밍할 수 있습니다.

또한 모션 제어 명령 기동마다 속도, 가속도, 감속도 및 저크를 설정할 수 있기 때문에 어플리케이션에 맞는 유연한 동작 제어가 가능합니다. 모션 FB군은 NJ에 내장되어있어, PLCopen의 모션 FB규격에 준거합니다.

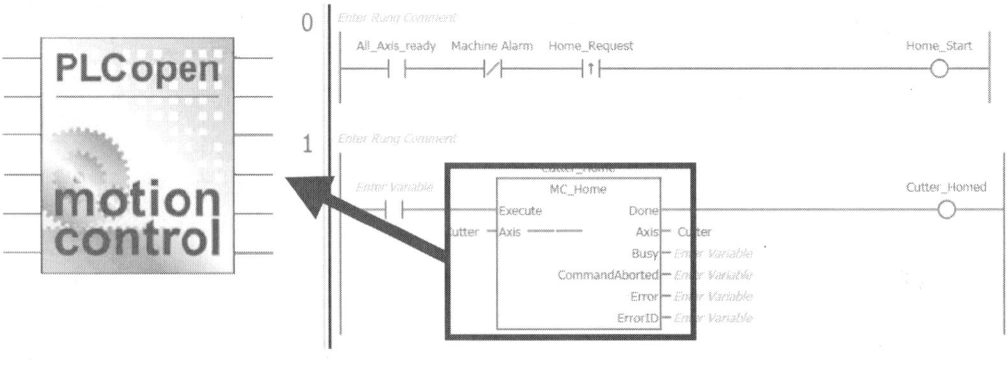

PLC Open이란 IEC61131-3에 준거한 PLC프로그래밍의 보급을 목적으로 한 국제적인 단체입니다. PLCopen은 모션 제어용 펑션 블록을 표준화하여 IEC 61131-3(JISB 3503)

규격의 언어에 의한 프로그래밍 인터페이스를 정의하고 있습니다.

PLC Open준거는 주요 모션 메이커(SIEMENS, OMRON, Schneidler, Beckhoff, B&R, KUKA Robotics, etc…)의 상호적인 경험에서부터 만들어진 것입니다.

10.2 축

- MC기능 모듈은 G5 EtherCAT서보축과의 조합으로 복잡한 모션 동작을 실현합니다.
- 모션 제어 시스템에서는 모션 제어의 대상을 「축」이라고 합니다. 축에는 EtherCAT으로 접속하는 실제 서보 드라이버 및 엔코더, MC 기능 모듈 내부의 가상적인 서보 드라이버 및 엔코더가 있습니다.
- 축의 조작은 컨트롤러에서 _sAXIS_REF데이터 형을 써서 행합니다.

1) 축 종별

NJ501에서는 아래와 같은 축 종별이 있습니다.

축 종별	내 용
서보 축	EtherCAT 슬레이브 서보 드라이버를 축으로 합니다. 실제 서보 드라이버를 축으로 할당하여 사용합니다. 1대의 서보모터를 1축으로 사용합니다.
가상 서보 축	MC기능 모듈 내에서만 존재하는 가상 축입니다. 실제 서보 드라이버는 사용하지 않습니다. 동기 제어 시, 주축으로 사용합니다.
엔코더 축	EtherCAT슬레이브 엔코더 입력 터미널을 축으로 사용합니다. 실제 엔코더 입력 터미널의 엔코더 입력을 축으로 할당하여 사용합니다.
가상 엔코더 축	엔코더의 동작을 가상으로 행하는 축입니다. 엔코더가 실제로 없는 경우 등 엔코더 축 을 대신하여 디버그용으로 사용합니다.

2) 축 파라미터

- MC기능 모듈에서는 축을 제어하기 위한 사양을 축 파라미터에서 정의합니다.
- 축 파라미터는 SysmacStudio를 사용하여 설정과 모니터링을 합니다.
- 축 파라미터의 일부는 축 변수(_sAXIS_REF형)을 사용하여 운전중에 컨트롤러에서 참조할 수도 있습니다.

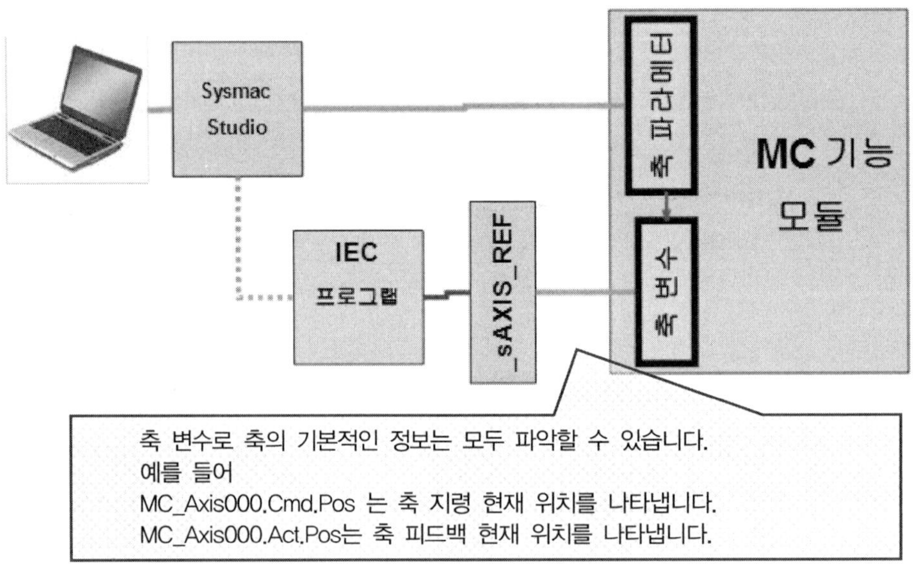

■ 서보 드라이버 측의 파라미터(서보 드라이버 오브젝트) 설정 방법

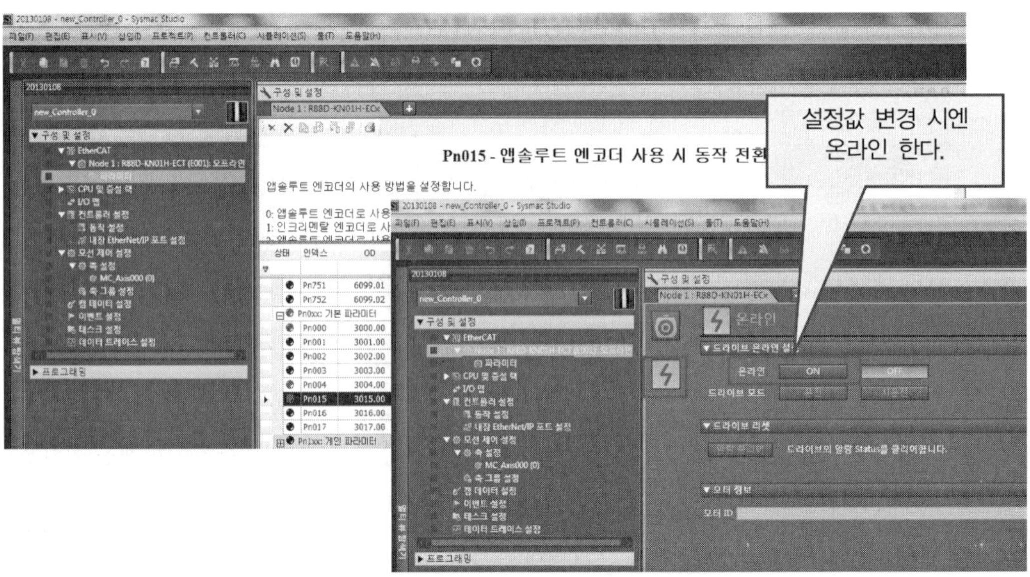

■ 축 파라미터 일람

※ 두꺼운 글씨는 축을 사용하기 위한 필수 설정항목, 두꺼운 틀은 시운전을 위한 필수 설정항목

구분	파라미터 명칭
축 기본 설정	축 번호
	축 사용
	축 종별
	노드 어드레스(입력 디바이스/출력 디바이스)
단위 변환 설정	표시 단위
	모터 1 회전의 펄스 수
	모터1 회전의 이동량
동작 설정	최고 속도
	조그 최고 속도
	최대 가속도
	최대 감속도
	가감속 오버
	반전시 동작
	속도 경고값
	가속도 경고값
	감속도 경고값
	정방향 토크 경고값
	역방향 토크 경고값
	피드백 속도 필터 시정수
	인포지션 폭
	인포지션 체크 시간
	원점 위치 범위
확장 동작 설정	즉시 정지 입력 정지 방법
	한계 입력 정지 방법
	드라이버 에러 리셋 감시 시간
	정방향 토크 제한 상한값
	역방향 토크 제한 상한값
리미트 설정	소프트웨어 리미트 기능
	정방향 소프트웨어 리미트
	역방향 소프트웨어 리미트
	위치 편차 오버값
	위치 편차 경고값
위치 카운트 설정	카운트 모드
	링 카운터 상한 설정값
	링 카운터 하한 설정값
	엔코더 종별
서보 드라이버 설정	링 카운터 상한 설정값
	링 카운터 하한 설정값
원점 복귀 설정	원점 복귀 동작
	원점 입력 신호
	원점 복귀 개시 방향
	원점 검출 방향
	정방향 한계 입력시 동작
	역방향 한계 입력시 동작
	원점 복귀 속도
	원점 복귀 어프로치 속도
	원점 복귀 가속도
	원점 복귀 감속도
	원점 복귀 저그
	원점 입력 마스크 거리
	원점 위치 오프셋
	원점 복귀 유지 시간
	원점 복귀 보정값
	원점 복귀 보정 속도

■ 축 파라미터 설정 예

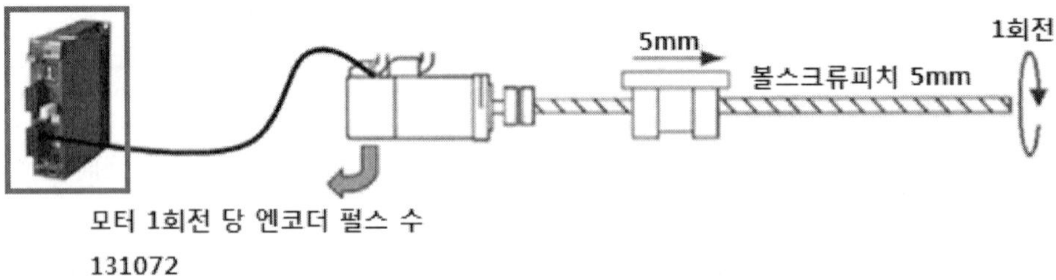

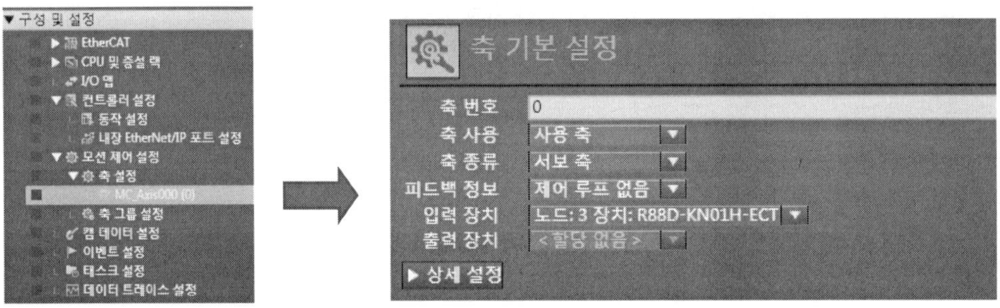

설정 뷰에서는 카테고리 당 파라미터가 표시됩니다.

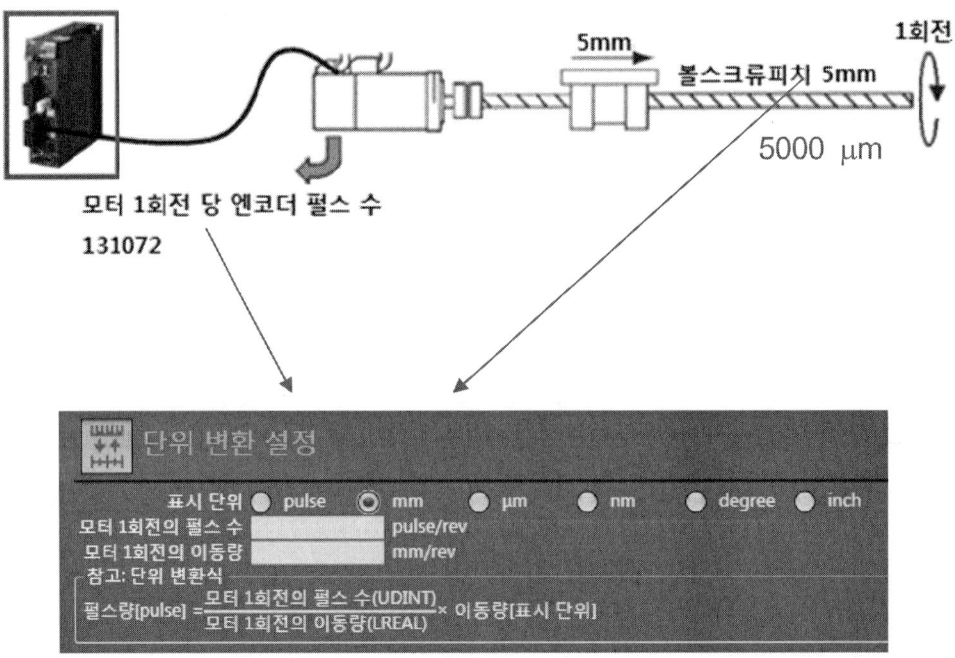

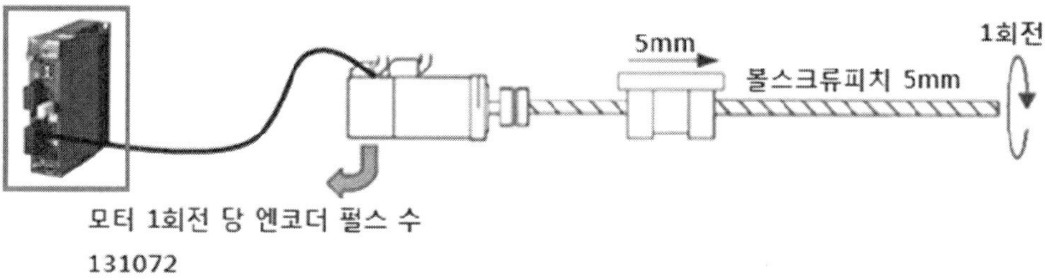
5mm
1회전
볼스크류피치 5mm
모터 1회전 당 엔코더 펄스 수
131072

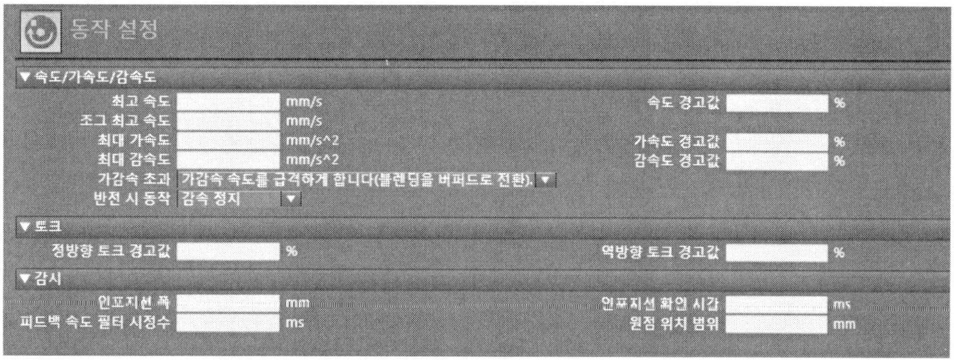
동작 설정
▼속도/가속도/감속도
최고 속도 mm/s
조그 최고 속도 mm/s
최대 가속도 mm/s^2
최대 감속도 mm/s^2
가감속 초과 가감속 속도를 급격하게 합니다(블렌딩을 버퍼드로 전환).
반전 시 동작 감속 정지
속도 경고값 %
가속도 경고값 %
감속도 경고값 %
▼토크
정방향 토크 경고값 %
역방향 토크 경고값 %
▼감시
인포지션 폭 mm
피드백 속도 필터 시정수 ms
인포지션 확인 시간 ms
원점 위치 범위 mm

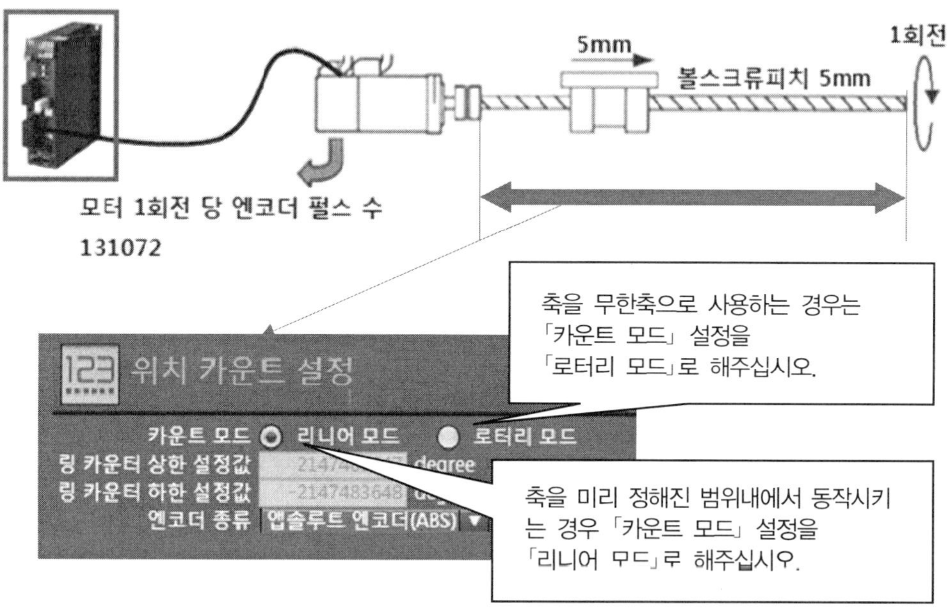
5mm
1회전
볼스크류피치 5mm
모터 1회전 당 엔코더 펄스 수
131072
축을 무한축으로 사용하는 경우는
「카운트 모드」 설정을
「로터리 모드」로 해주십시오.
위치 카운트 설정
카운트 모드 리니어 모드 로터리 모드
링 카운터 상한 설정값 degree
링 카운터 하한 설정값 -2147483648
엔코더 종류 앱솔루트 엔코더(ABS)
축을 미리 정해진 범위내에서 동작시키
는 경우 「카운트 모드」 설정을
「리니어 무드」루 해주십시오.

● 카운트 모드 : 리니어 모드

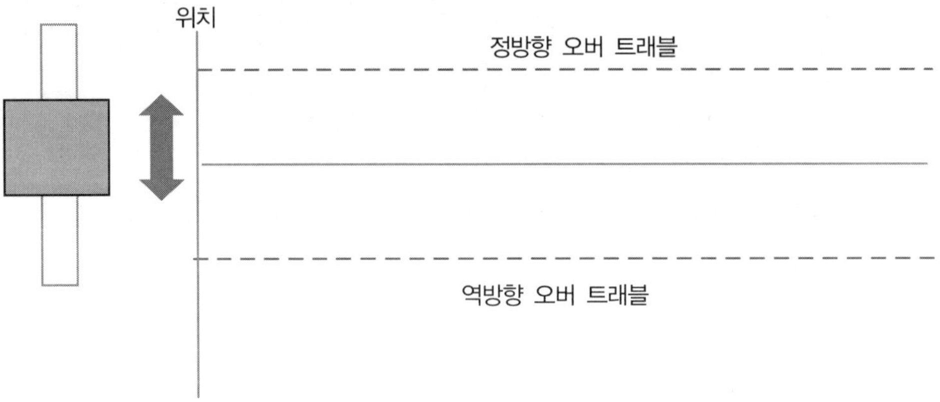

● 카운트 모드 : 로터리 모드

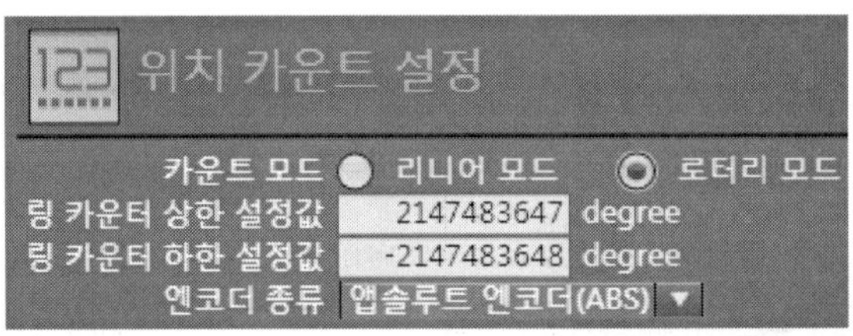

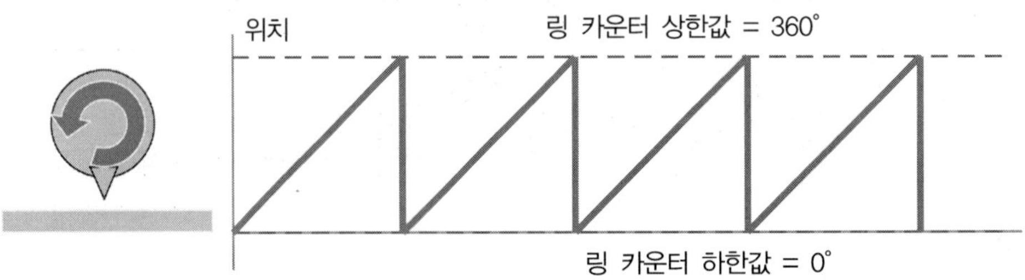

10.3 시운전(MC 시운전)

SysmacStudio의 시운전(MC 시운전) 기능으로 모터의 기본적 동작을 확인할 수 있습니다. 시운전 기능에는 아래와 같은 기능이 있습니다.

- JOG 전송
- 위치 결정(절대값 및 상대값)
- 원점 복귀
- I/O 배선 체크

주) MC 시운전이 이용 가능한 것은 G5 서보의 경우만 해당합니다.

※ MC 시운전을 하려면 먼저 아래의 두 가지를 확인해 주십시오.

• Sysmac Studio와 온라인으로 연결되어 있는지와 MC 시운전 기동 중인지 확인

〈실습 플로우〉

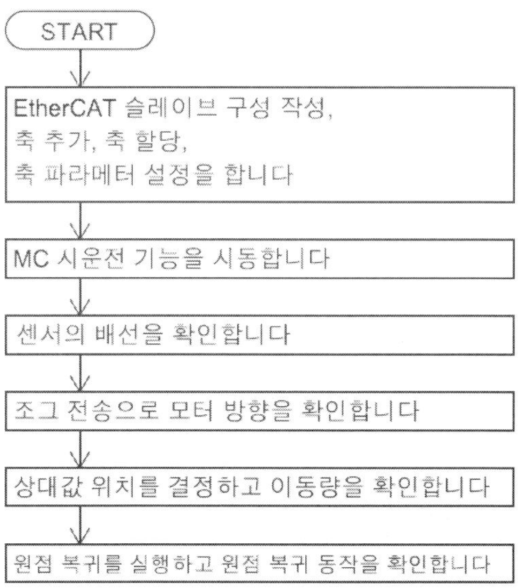

❶ 모션제어의 축 설정에서 시운전하고자 하는 축을 우클릭하여 MC 시운전 시작을 누릅니다.

❷ 주의 창이 뜨면 내용 열람 후 확인을 누르고 MC시운전을 시작합니다.

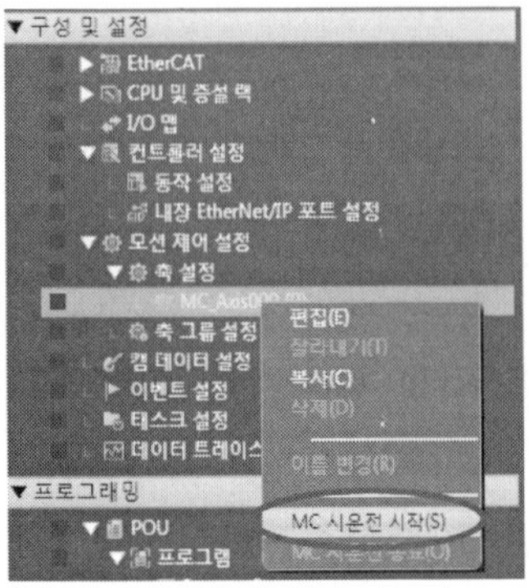

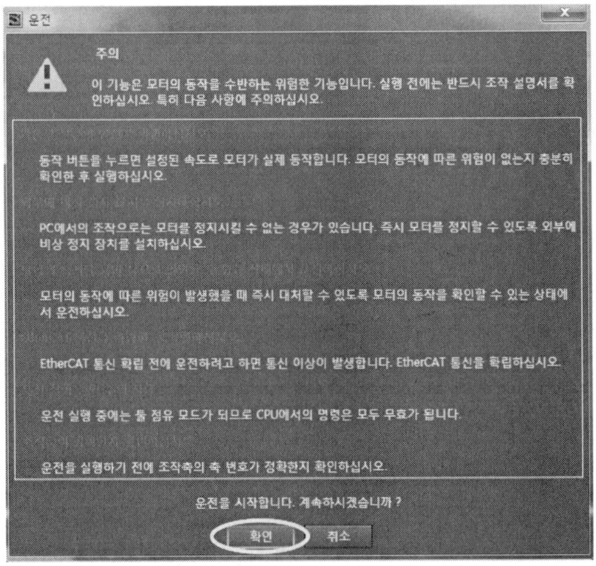

❸ Status 모니터 섹션

Status 모니터에는 축의 각종 상태 및 모션 이상 일람과 그 상세 정보, 이상에 대한 처치 방법 등이 표시됩니다. 또한 모션 이상해제 및 서보 이상 모니터가 기동됩니다.

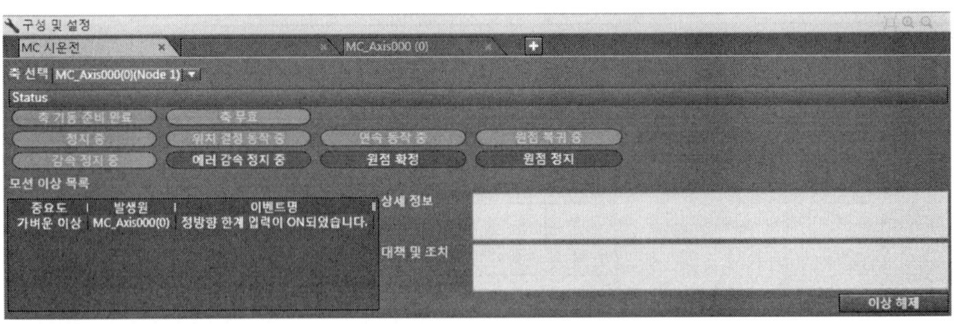

❹ 시운전 섹션에서는 프로그램 없이 하기 동작 패턴으로 모터 구동을 시킬 수 있습니다. 각 파라미터는 섹션 안의 탭에서 설정합니다.

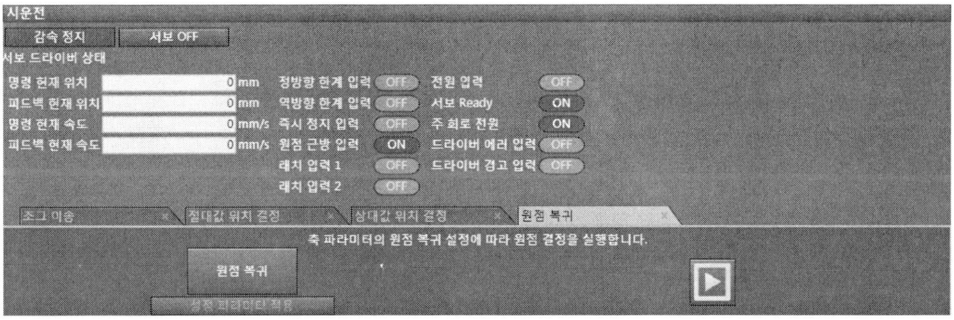

❺ 조그 이송

JOG 운전은 JOG 입력이 ON인 동안 지정된 방향, JOG 속도, JOG 가속 시간에 축을 기동하고, OFF가 되면 지정된 JOG 감속 시간에 감속하여 정지합니다. JOG 동작은 원점이 확정되지 않은 상태에서도 실행할 수 있습니다.

실습

목표속도 10000mm/s로 설정 후 적용키를 누르고 -(역방향), +(정방향)버튼을 이용하여 조그이동을 합니다.

❻ 절대값위치 결정 / 상대값 위치 결정

절대운전 : 직접 운전 명령 릴레이 영역의 위치 명령값을 절대값 데이터로 하여 위치 결정을 실행합니다.

상대운전 : 직접 운전 명령 릴레이 영역의 위치 명령값을 증분형 데이터로 하여 위치 결정을 실행합니다.

실습

목표위치와 50mm와 목표속도 10mm/s를 설정한 뒤 적용을 누르고 운전키를 누릅니다.

절대값 위치 결정과 상대값 위치 결정을 같은 위치와 속도로 설정한 후 차이점에 대해서 이해합니다.

❼ 원점복귀

지정 축의 원점을 맞춥니다. **원점 복귀**버튼을 클릭하면 원점 복귀 모드를 설정하실 수 있습니다. 모드를 설정하고 다시 원점 복귀로 돌아와서 **설정 파라미터 적용**을 누릅니다.

실습

원점 복귀 속도를 20mm/s로 지정한 후 원점 복귀 동작 모드를 바꿔 적용하면서 동작 특성을 이해합니다.

■ 근방 퇴피·근방 입력 OFF 지정

원점 복귀 속도로 기동해 원점 근방 입력 신호의 'OFF' → 'ON'에 의해 원점 복귀 접근 속도로 감속하기 시작합니다. 원점 복귀 접근 속도에 도달해 원점 근방 입력 신호가 'ON' → 'OFF'된 후 최초의 원점 입력에서 정지하고 기계 원점이 확정됩니다.

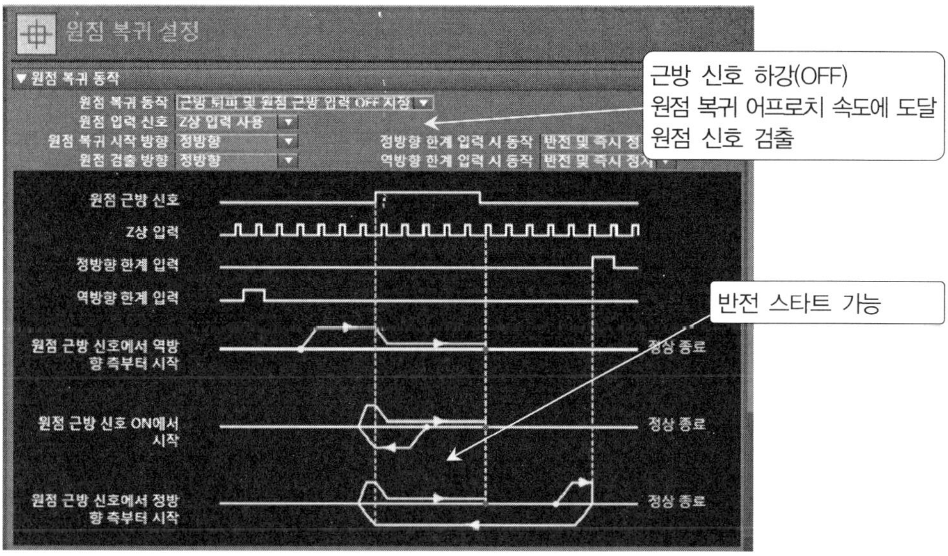

원점 근방 입력 신호가 'ON'인 상태에서 원점 복귀를 실행하면 원점 검출 방향과 반대 방향으로 원점복귀 속도로 동작을 시작합니다. 원점 근방 입력 신호가 'ON'인 상태에서 일단 퇴피한 후에는 원점 검출 방향으로 원점 복귀 속도로 원점 복귀 동작을 시작합니다.

원점 복귀 시작 후 원점 복귀 접근 속도 이하인 채로 원점 근방 입력 신호가 'OFF' → 'ON' → 'OFF'한 후에 원점 입력 신호가 'ON'한 경우라도 기계 원점이 결정됩니다.

■ 근방 퇴피·근방 입력 ON 지정

원점 복귀 속도로 기동해 원점 근방 입력 신호의 'OFF' → 'ON'에 의해 원점 복귀 접근 속도로 감속하기 시작합니다. 원점 복귀 접근 속도에 도달한 후의 최초 원점 입력에서 정지하고 기계 원점이 확정됩니다.

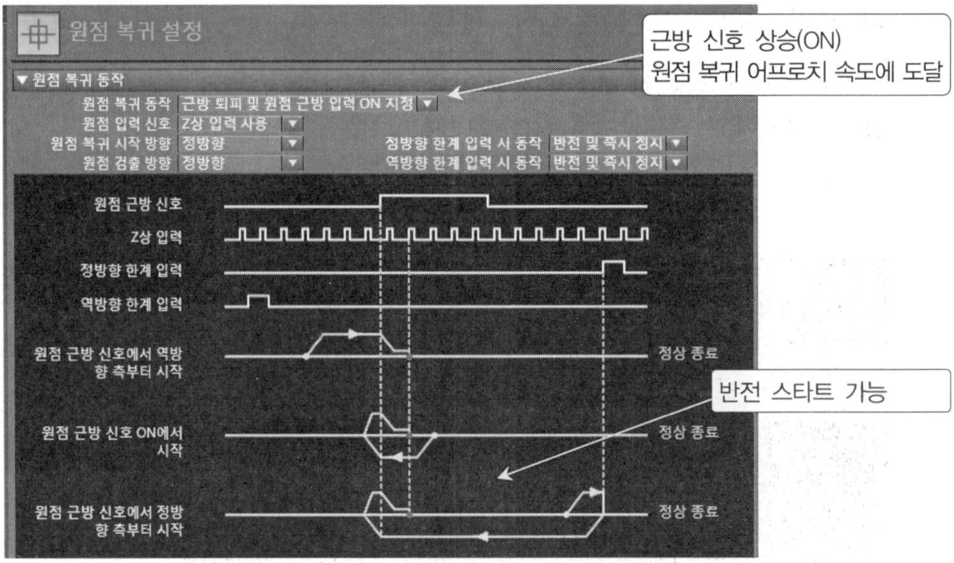

■ 근방 입력 OFF 지정

원점 복귀 속도로 기동해 원점 근방 입력 신호의 'OFF' → 'ON'에 의해 원점 복귀 접근 속도로 감속하기 시작합니다. 원점 복귀 접근 속도에 도달해 원점 근방 입력 신호가 'ON' → 'OFF'된 후 최초의 원점 입력에서정지하고 기계 원점이 확정됩니다.

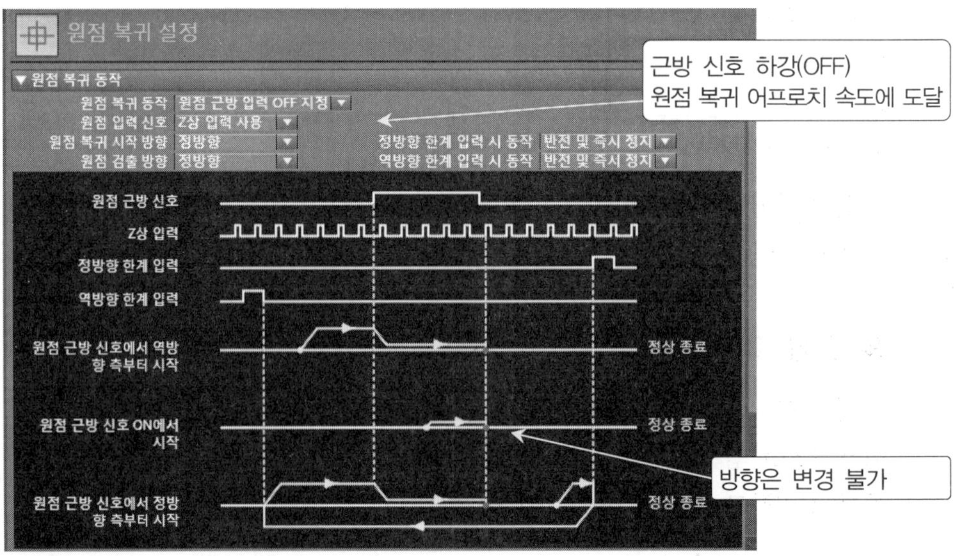

■ 근방 입력 ON 지정

원점 복귀 속도로 기동해 원점 근방 입력 신호의 'OFF' → 'ON'에 의해 원점 복귀 접근 속도로 감속하기 시작합니다. 원점 복귀 접근 속도에 도달한 후 최초 원점 입력에서 정지하고 기계 원점이 확정됩니다. 일단 'ON'한 후의 원점 근방 입력 신호 상태는 동작에 영향을 미치지 않습니다.

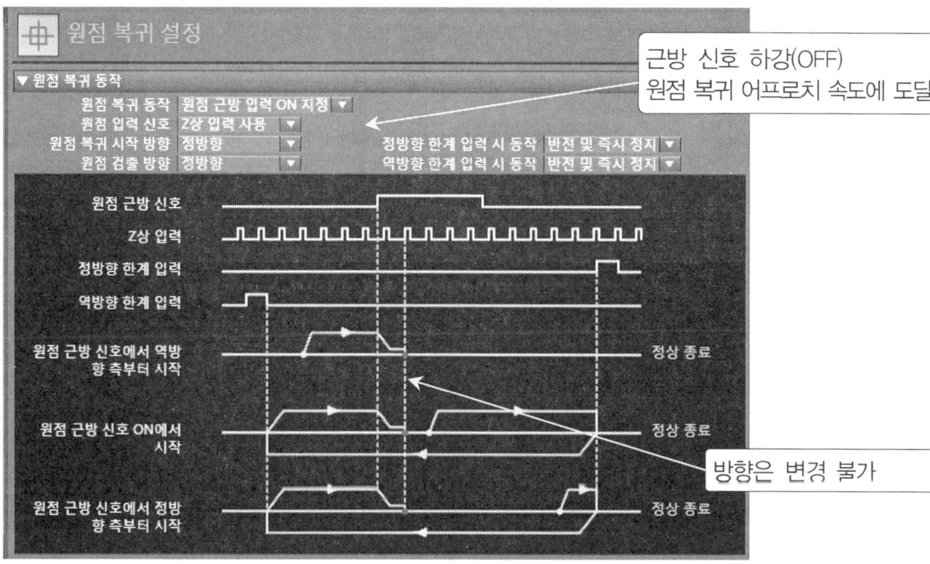

■ 한계 입력 OFF 지정

원점 복귀 속도로 기동해 원점 검출 방향과 반대 방향 한계 신호의 'OFF' → 'ON'에 의해 원점 복귀 접근 속도로 감속하기 시작합니다. 원점 복귀 접근 속도에 도달해 한계 신호가 'ON' → 'OFF'한 후 최초의 원점 입력에서 정지하고 기계 원점이 확정됩니다.

■ 근점 퇴피·원점 입력 마스크 거리 지정

원점 복귀 속도로 기동해 원점 근방 입력 신호의 'OFF' → 'ON'에 의해 원점 복귀 접근 속도로 감속하기 시작합니다. 원점 근방 입력 신호가 'OFF' → 'ON'한 후 원점 입력 마스크 거리를 다 이동하고 나서 최초의 원점 입력에서 정지하고 기계 원점이 확정됩니다.

■ 근방 퇴피·유지 시간 지정

원점 복귀 속도로 기동해 원점 근방 입력 신호의 'OFF' → 'ON'에 의해 원점 복귀 접근 속도로 감속하기 시작합니다. 설정 시간 경과 후 기계 원점이 확정됩니다.

■ 근방 없음·유지 원점 입력 지정

원점 복귀 접근 속도로 기동합니다. 원점 입력 'OFF' → 'ON'에 의해 기계 원점이 확정됩니다.

■ 원점 사전 설정 지정

명령 현재 위치와 피드백 위치를 강제로 원점 위치 오프셋으로 변경하고 기계 원점을 확정합니다. 원점 위치 오프셋을 '0'으로 설정하면 다음과 같이 동작합니다.

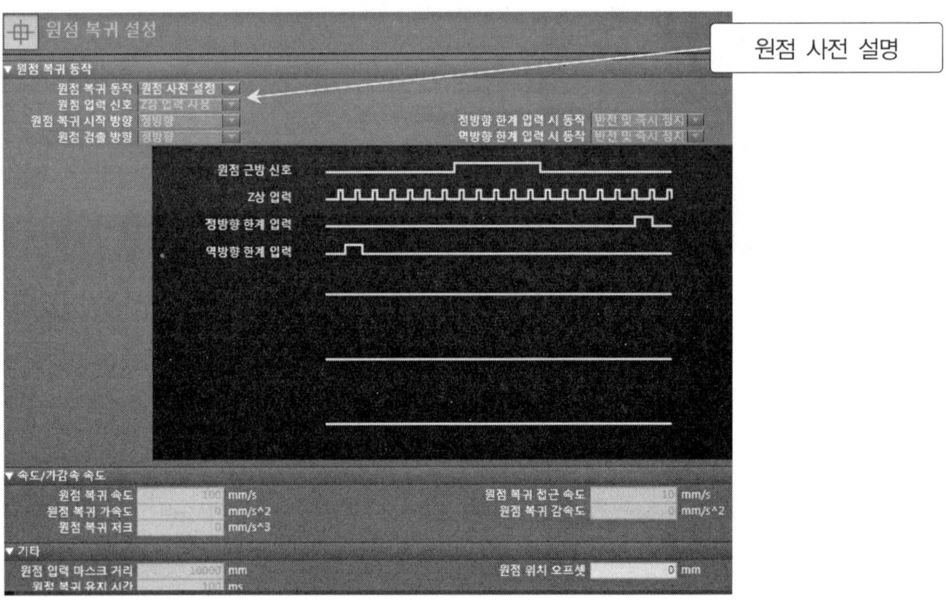

기타

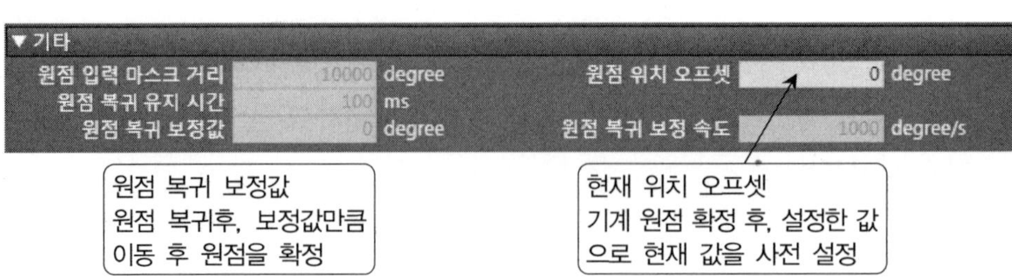

여기서부터
모션 제어 프로그래밍을 실습을 통하여 배우도록 하겠습니다.
제어는 모션 제어 FB를 사용합니다.

11.1 모션 제어 FB
11.2 기본 동작
11.3 PTP 프로그래밍(단축)

11 모션 제어 프로그래밍

11-1 모션 제어 FB

1) 모션 제어 명령

모션 제어 명령은 MC기능 모듈이 몇 개의 모션 기능을 실행하거나 축의 상태를 변경할 때에 사용됩니다. NJ 시리즈의 사용자 프로그램에서 모션 제어 기능을 실행하려면 펑션 블록으로 정의된 모션 제어 명령을 사용합니다. 모션 제어 명령은 PLCopen에서 정의된 명령과 MC 기능 모듈의 자체 명령 두 가지가 있습니다. PLCopen에서는 모션 제어용 펑션 블록을 표준화해 IEC 61131-3(JIS B 3503) 규격 언어에 따라 프로그램 인터페이스를 정의하고 있습니다.

단축에서의 위치 결정이나 전자 캠 기능 및 다축에서의 보간 제어 등의 기능과 더불어, 명령을 기동하기 위한 기본적인 순서에 대해서도 정의하고 있습니다.

PLCopen 모션 제어용 펑션 블록을 이용하면 하드웨어의 의존성을 낮추고 사용자 프로그램의 재이용성을 높일 수 있습니다. 또한 트레이닝과 지원에 드는 비용을 줄일 수도 있습니다.

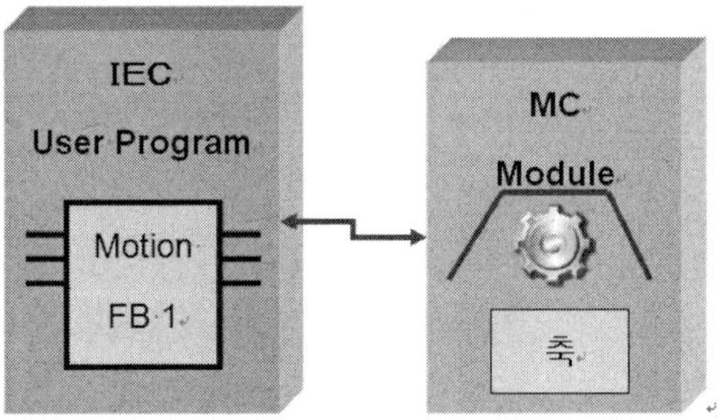

■ 모션 제어 명령 분류

<table>
<tr>
<td>EXECUTE
(상승 기동)
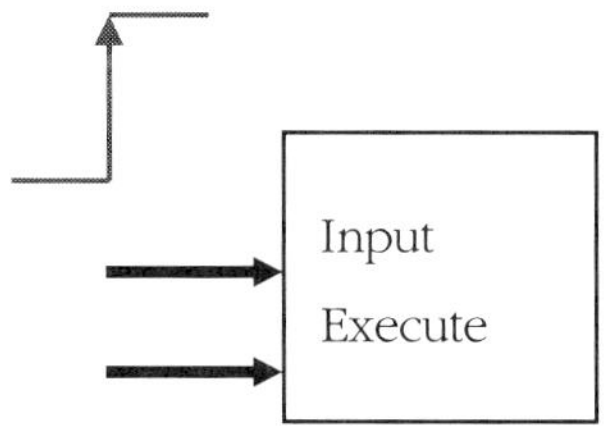
</td>
<td>이 명령은 아래의 상태의 어느 것까지의 실행을 계속합니다.
• 지정된 동작이 완료한 경우
• 다른 모션 제어 명령이 실행되고 동작이 할당된 경우
• Execute가 FALSE에서 TRUE로 다시 바뀌어 명령이 리스타트 된 경우
• Execute가 TRUE가 되어 다른 입력 변수 값이 갱신된 경우
예: MC_Move_Relative</td>
</tr>
<tr>
<td>ENABLE
(상시)
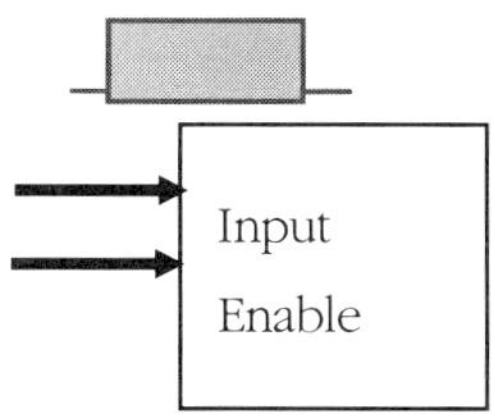
</td>
<td>이 명령은 명령의 입력 변수가 TRUE인 때, 매 사이클 실행합니다.
Enable가 TRUE인 이상, 다른 입력 변수는 매사이클 갱신 됩니다.

예: MC_Power</td>
</tr>
</table>

① Execute형 모션 제어 명령

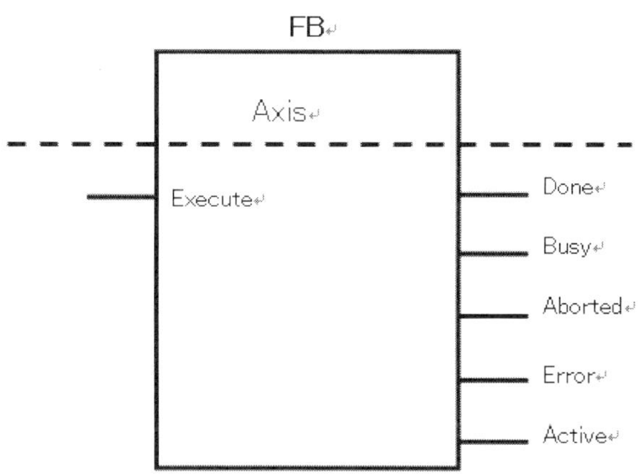

Done, Busy, Aborted and Error는 공통의 배타 관계에 있습니다.

- Execute형 모션 제어 명령 출력 변수

Done	명령 실행이 정상으로 완료, 또는 명령 상태가 완료되면 TRUE 가 됩니다.
Aborted	다른 조작 명령이 실행된 때와 동작을 중단하는 이상이 발생한 때, 출력 변수 CommandAborted가 TRUE가 됩니다.
Error	변수 값이 범위 외에서 실행된 경우와 명령을 정상적으로 실행하지 못한 경우, 명령은 에러를 출력합니다.
Busy	명령을 실행한 때 출력 변수 Busy는 TRUE가 됩니다. 입력 변수 Execute가 TRUE가 되면 Busy는 TRUE가 됩니다. 출력 변수 Done, CommandAborted, Error가 TRUE가 되면 Busy는 FALSE가 됩니다.
Active	FB인스턴스가 모션 제어 기능 모듈에서 처리되면 출력 변수 Active는 TRUE가 됩니다. 다중 기동하지 않는 경우는 Busy가 TRUE가 된 다음 동기로 Active가 TRUE가 됩니다. 다중기동하는 경우에는 그 명령이 처리되는 타이밍으로 Active가 TRUE가 됩니다.

OR (Done, Aborted, Error, Busy)

② Enable형 모션 제어 명령

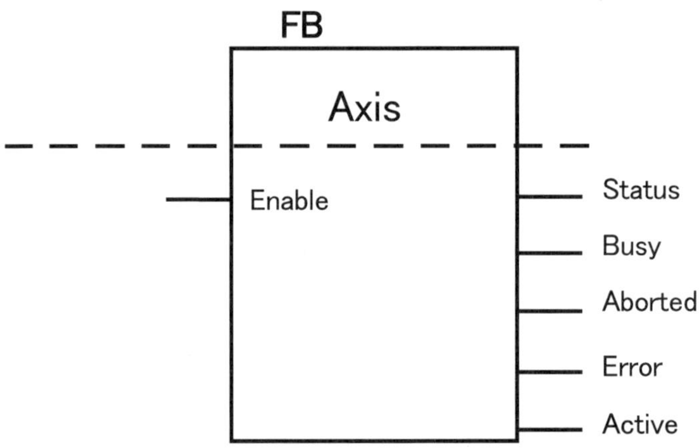

• Enable형 모션 제어 명령 출력 변수

Status	"Enable" 입력은 유효 출력과 짝입니다. "Enable"은 레벨 센스에서, "Valid"는 FB에서 이용 가능한 출력 값임을 나타냅니다. "Valid"가 유효이며 Enable입력이 TRUE인 이상, 유효 출력은 TRUE입니다.
Aborted	다른 조작 명령이 실행된 때 출력 변수 CommandAborted가 TRUE가 됩니다.
Error	입력 변수 값이 범위 외에서 실행된 경우, 명령은 에러를 출력합니다.
Busy	명령을 실행한 때 출력 변수 Busy는 TRUE가 됩니다. 입력 변수 Execute가 TRUE가 되면 Busy는 TRUE가 됩니다. 출력 변수 Done, CommandAborted, Error가 TRUE가 되면 Busy는 FALSE가 됩니다.

OR

11.2 기본 동작

1) 에러 리셋

장비 에러를 리셋하는 FB입니다. 비상정지 스위치를 눌리시 이상 상태를 발생시킨 후 리셋 스위치를 지정하고 이상 해제를 합니다.

명령어나 ST 확인 방법

Sysmac Studio 상단 메뉴에서 아래와 같이 확인할 수 있습니다.

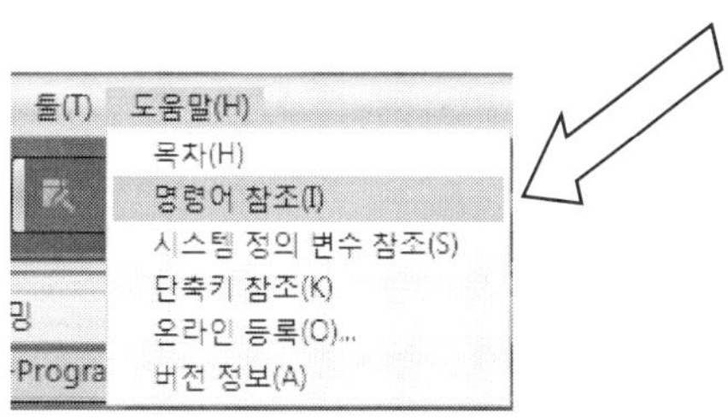

〈컨트롤러 이상 해제〉

EtherCAT마스터와 모션제어 기능 모듈에서 발생중인 컨트롤러 이상을 리셋하는 FB을 입력합니다. 두 FB을 직렬로 접속한 후에 병렬이 되도록 이동시킵니다.

다음 프로그램의 변수는, 외부 변수(글로벌 변수)입니다.

각 명령어의 매뉴얼을 참고하고자 할 때에는 명령어 위에 커서를 두고 F1키를 누릅니다.

명령	명칭	FB/FUN	그래픽 표현	ST 표현
ResetECError	EtherCAT 이상 해제	FB	ResetECError_instance ResetECError Execute Done Busy Error ErrorID	ResetECError_instance(Execute, Done, Busy, Error, ErrorID);

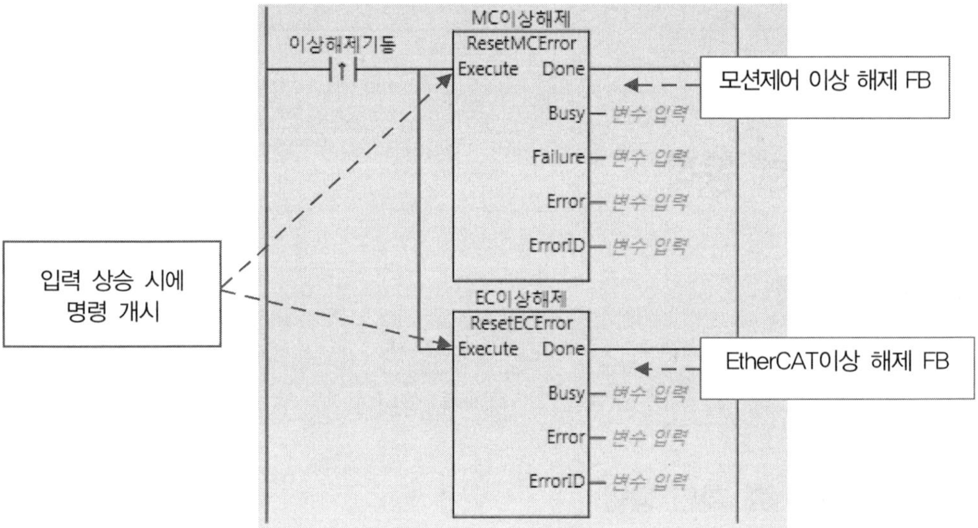

〈축 이상 해제〉

축 이상을 해제하는 FB을 작성해 봅시다.

명령	명칭	FB/FUN	그래픽 표현	ST 표현
MC_Reset	축 에러 리셋	FB	MC_Reset_instance MC_Reset Axis — — Axis Execute Done Busy Failure Error ErrorID	MC_Reset_instance (Axis := 《파라메터》, Execute := 《파라메터》, Done => 《파라메터》, Busy => 《파라메터》, Failure => 《파라메터》, Error => 《파라메터》, ErrorID => 《파라메터》);

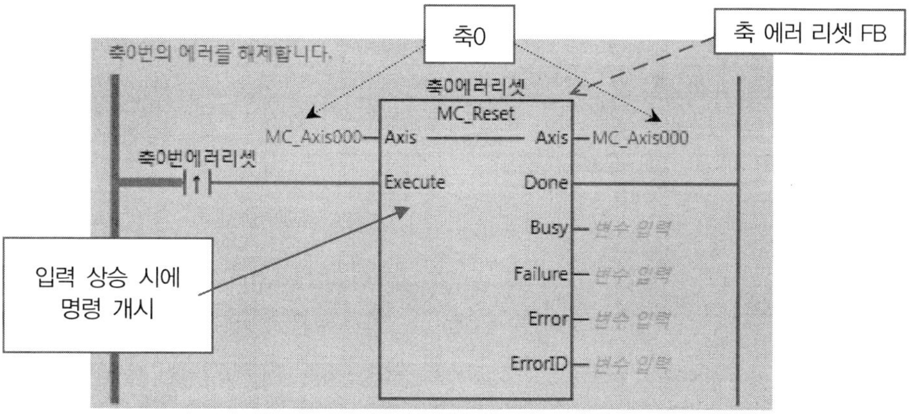

Sysmac Studio의 축 기본 설정 화면에서 작성한 기본 축 변수 「MC_Axis***」를 사용해 주세요.

2) Servo ON

서보 드라이버를 운전 가능 상태로 전환하는 동작입니다. 모션 제어 명령 MC_Power (운전가능)를 사용합니다.

동작시키고자 하는 축은 입출력 변수인 Axis(축)을 지정합니다.

MC_Power명령 입력 변수인 Enable을 TRUE로 함으로써 서보 On(동작가능) 상태가 됩니다. Enable을 FALSE로 하면 서보 OFF(동작정지)가 됩니다.

명령	명칭	FB/ FUN	그래픽 표현	ST 표현
MC_Power	운전 가능	FB	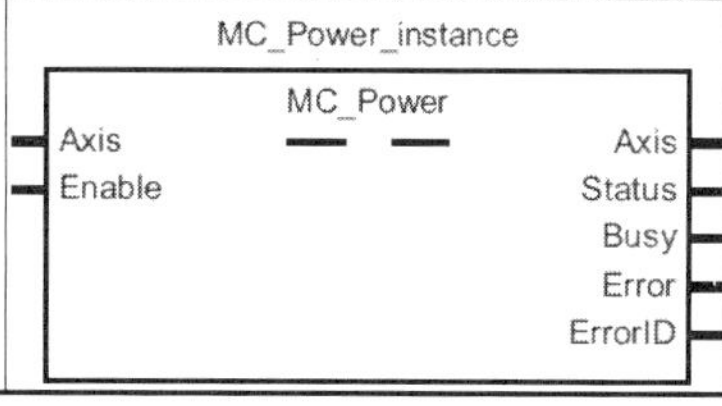	MC_Power_instance (Axis := 《파라메터》, Enable := 《파라메터》, Status => 《파라메터》, Busy => 《파라메터》, Error => 《파라메터》, ErrorID => 《파라메터》);

- 변수

입출력변수	명칭	데이터형식	유효범위	내용
Axis	축	_sAXIS_REF	—	축0을 지정합니다.

Sysmac Studio의 기본설정 화면에서 작성한 축변수(기본값 MC_Axis***」)를 사용해 주십시오.

- 입력변수

입력 변수	이 름	데이터 형식	유효 범위	초기값	내 용
Enable	유효	BOOL	TRUE, FALSE	FALSE	TRUE로 하면 운전 가능 상태가 되고 FALSE로 하면 운전 가능 상태가 해제됩니다.

- 출력변수

출력 변수	이 름	데이터 형식	유효 범위	내 용
Status	운전 가능	BOOL	TRUE, FALSE	운전 가능 상태가 되었을 때 TRUE가 됩니다.
Busy	실행 중	BOOL	TRUE, FALSE	명령을 수신했을 때 TRUE가 됩니다.
Error	에러	BOOL	TRUE, FALSE	이상이 발생했을 때 TRUE가 됩니다.
ErrorID	에러 코드	WORD	*1	이상이 발생했을 때 에러 코드를 출력합니다. 16#0000은 정상입니다.

실습 프로그램 실습

❶ 서보 ON 시에 서보 ON유효 상태를 데모장비 전면 LAMP1에 표시합니다.

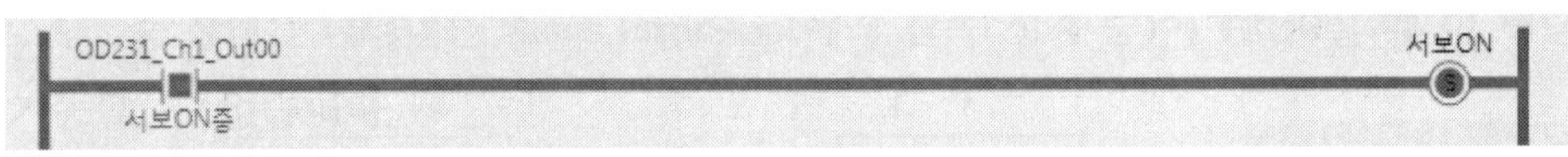

set명령 : 접점입력이 True인 경우 출력코일에 True를 SET합니다.

❷ 서보 ON되었을 때 서보 ON 신호는 유지되어야 합니다.

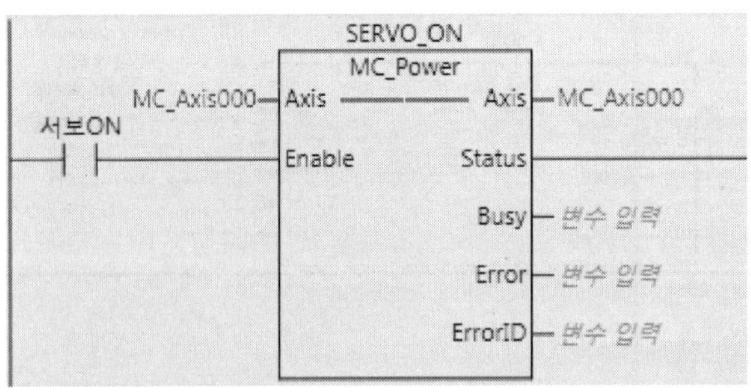

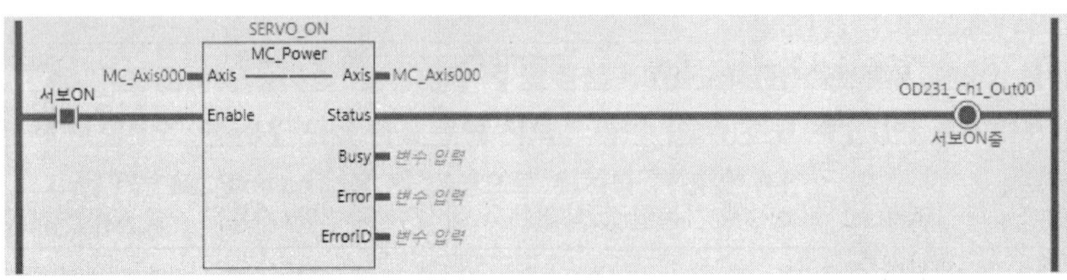

❸ 드라이버에 에러가 발생하였을 때, 서보 ON신호가 꺼지도록 합니다.

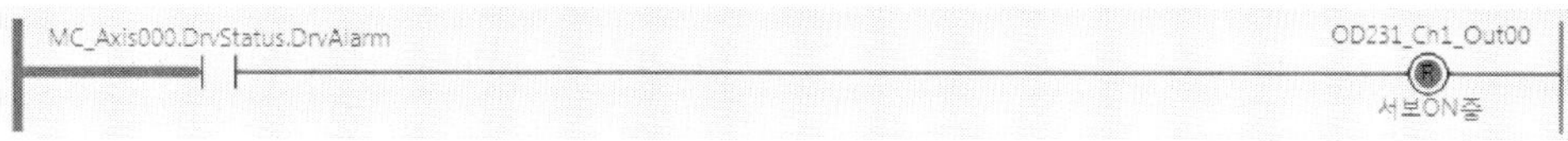

Reset명령 : 접점입력이 True인 경우 출력코일에 False를 SET합니다.

Set 또는 Reset명령은 다음과 같이 출력 위에서 우클릭하여 선택합니다.

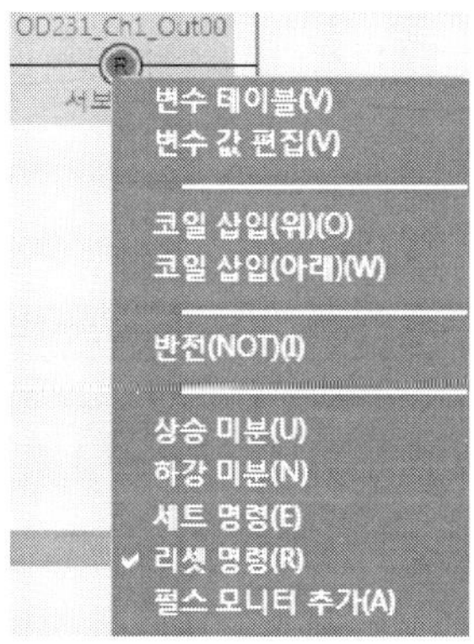

3) 조그 운전

JOG 운전은 JOG 입력이 ON인 동안 지정된 방향, JOG 속도, JOG 가속 시간에 축을 기동하고, OFF가 되면 지정된 JOG 감속 시간에 감속하여 정지합니다.

조그 운전은 모션 제어 명령 MC_MoveJog(조그 이송) 명령을 사용합니다.

명령	명칭	FB/FUN	그래픽 표현	ST 표현
MC_MoveJog	조그 이송	FB	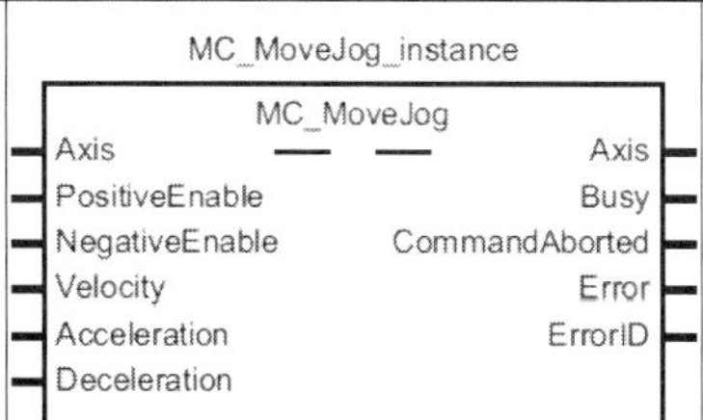	MC_MoveJog_instance (Axis := 《파라메터》, PositiveEnable := 《파라메터》, NegativeEnable := 《파라메터》, Velocity := 《파라메터》, Acceleration := 《파라메터》, Deceleration := 《파라메터》, Busy => 《파라메터》, CommandAborted => 《파라메터》, Error => 《파라메터》, ErrorID => 《파라메터》);

조그 이송을 하고자 하는 축은 입출력 변수 Axis(축)로 지정합니다.

입력변수 PositiveEnable을 TRUE로 하면, 정방향으로 지정한 Velocity(목표속도), Acceleration(가속도)으로 축 기동을 합니다. PositiveEnable을 FALSE로 하면 지정한 Deceleration(감속도)으로 감속 정지합니다.

똑같이 입력변수 NegativeEnable을 TRUE로 하면, 역방향으로 기동하고 FALSE로 정지합니다.

조그 이송은 원점 미확정 상태에서도 실행할 수 있습니다.

조그운전시 모터가 한 방향으로 계속운전하면 기구 리미트에 도달해 충돌의 위험이 있으므로 저속으로 조금씩 운전하시기 바랍니다.

- 변수

입출력 변수	이 름	데이터 형식	유효 범위	내 용
Axis	축	_sAXIS_REF	–	축을 지정합니다. *1

*1. Sysmac Studio의 기본 설정 화면에서 작성한 축 변수(기본값「MC_Axis***」)를 사용해 주십시오.

- 입력변수

입력 변수	이 름	데이터 형식	유효 범위	초기값	내 용
PositiveEnable	정방향 유효	BOOL	TRUE, FALSE	FALSE	TRUE로 하면 정방향으로 이동을 시작합니다. FALSE로 하면 이동을 종료합니다.
NegativeEnable	역방향 유효	BOOL	TRUE, FALSE	FALSE	TRUE로 하면 역방향으로 이동을 시작합니다. FALSE로 하면 이동을 종료합니다.
Velocity	목표 속도	LREAL	양수 또는 '0'	0	목표 속도를 지정합니다. 단위는 [명령 단위/s]입니다. *1
Acceleration	가속도	LREAL	양수 또는 '0'	0	가속도를 지정합니다. 단위는 [명령 단위/s^2]입니다. *1
Deceleration	감속도	LREAL	양수 또는 '0'	0	감속도를 지정합니다. 단위는 [명령 단위/s^2]입니다. *1

- 출력변수

출력 변수	이 름	데이터 형식	유효 범위	내 용
Busy	실행 중	BOOL	TRUE, FALSE	명령을 수신했을 때 TRUE가 됩니다.
CommandAborted	실행 중단	BOOL	TRUE, FALSE	명령이 중지되었을 때 TRUE가 됩니다.
Error	에러	BOOL	TRUE, FALSE	이상이 발생했을 때 TRUE가 됩니다.
ErrorID	에러 코드	WORD	*1	이상이 발생했을 때 에러 코드를 출력합니다. 16#0000은 정상입니다.

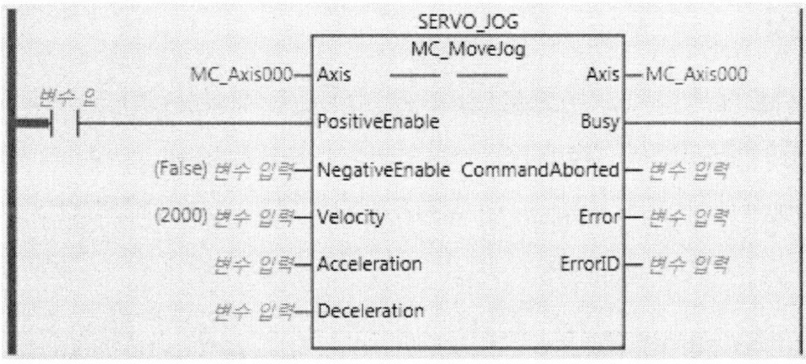

실습 프로그램 실습

축0의 속도 20mm/s, 가감속 100mm/s^2 서로 설정하고 정방향 조그 스위치1번, 역방향 조그 스위치 2번으로 조그 이송 동작을 확인합니다.

참고

축 변수는 시스템 정의 변수의 변수명이 _MC_AX[0–63]이며 데이터 형식이 _sAXIS_REF인 구조체 형식의 변수입니다.
여러 축 시스템 변수 중 많이 사용하는 시스템 변수는 다음과 같습니다.

변수명	데이터 형식	기 능	
_MC_AX[0-63]	_sAXIS_REF	축 변수	
Status	_sAXIS_REF_STA	축 Status	
Ready	BOOL	축 기동 준비 완료	축 기동 준비가 완료되어 정지 중일 때 TRUE
Disabled	BOOL	축 무효	축이 서보 OFF 이며 정지한 상태이면 TRUE
Details	_sAXIS_REF_DET	축 제어 Status	
Homed	BOOL	원점 확정	원점 확정 상태일 때 TURE
DrvStatus	_sAXIS_REF_STA_DRV	서보 드라이버 상태	
ServoOn	BOOL	서보 ON	서보 모터에 통전 중일 때 TRUE
Ready	BOOL	서보 Ready	서보 Ready 상태이면 TRUE
Home	BOOL	원점 입력	원점 입력이 유효일 때 TRUE
DrvAlarm	BOOL	드라이버 에러 입력	드라이버 에러가 발생했을 때 TRUE
Cmd			
Pos	LREAL	명령 현재 위치	명령 위치의 현재값을 출력
Vel	LREAL	명령 현재 속도	명령 속도의 현재값을 출력
AccDec	LREAL	명령 현재 가감속 속도	명령 가감속 속도의 현재값을 출력
Jerk	LREAL	명령 현재 저크	명령 저크의 현재값을 출력
Trq	LREAL	명령 현재 토크	명령 토크의 현재값을 출력
Act			
Pos	LREAL	피드백 현재 위치	피드백 위치의 현재값을 출력
Vel	LREAL	피드백 현재 속도	피드백 속도의 현재값을 출력
Trq	LREAL	피드백 현재 토크	피드백 토크의 현재값을 출력
MFaultLvl			
Active	BOOL	축 가벼운 이상 발생 중	축 가벼운 이상이 발생하면 TRUE
Code	WORD	축 가벼운 이상 코드	축 가벼운 이상 코드를 출력

4) 축 강제 정지

- 축을 현재 속도에서 속도 「0」으로 감속 정지하도록 제어합니다.
- Execute(기동) 상승으로 감속 정지 동작이 개시합니다.
- MC_Stop(강제정지) 명령 기동으로 동작중 명령은 CommandAborted(실행중단) 합니다.

명령	명칭	FB/FUN	그래픽 표현	ST 표현
MC_Stop	강제 정지	FB	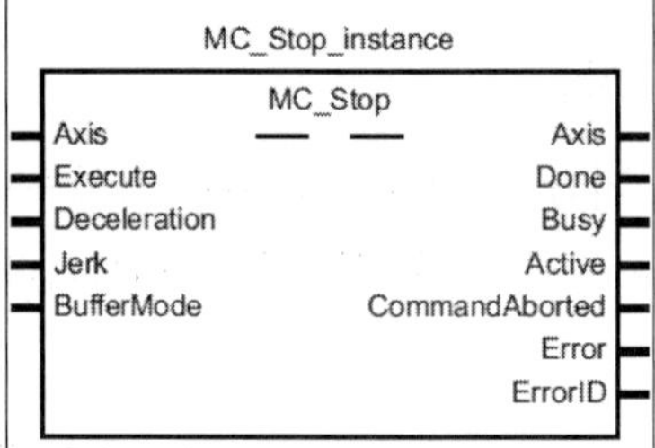	MC_Stop_instance (Axis := 《파라메터》, Execute := 《파라메터》, Deceleration := 《파라메터》, Jerk := 《파라메터》, BufferMode := 《파라메터》, Done => 《파라메터》, Busy => 《파라메터》, Active => 《파라메터》, CommandAborted => 《파라메터》, Error => 《파라메터》, ErrorID => 《파라메터》);

단, 축 상태를 나타내는 Status.ErrorStop(에러 감속 정지 중)이 TRUE일 때 이 명령은 기동할 수 없습니다.

에러 감속 정지 중에 축 동작을 정지시키려면 MC_ImmediateStop(즉시 정지) 명령을 사용하십시오.

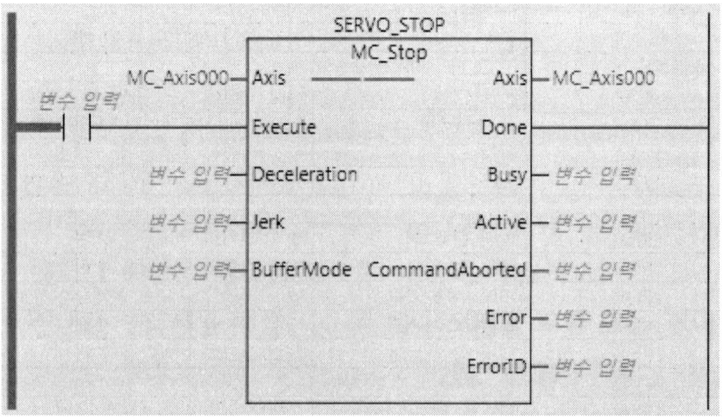

실습 프로그램 실습

외부 스위치 입력으로 서보 Stop을 합니다.
저크변수 입력을 통해 저크를 이해합니다.

> **참고**
>
> **저크(Jerk)**
>
> 저크는 가속도/감속도의 변화 비율을 지정합니다. 저크를 지정하면 가감속 시의 속도 파형이 S자형이 되기 때문에 기계의 충격을 억제할 수 있습니다.

축 동작의 저크 지정

실제 위치 결정 동작의 저크는 모션 제어 명령의 입력 변수 「Jerk(저크)」로 지정합니다. 가속과 감속에서 공통된 값이 됩니다. 저크에는 아래의 식으로 계산한 값을 설정합니다.

식 : 저크 = 가속도/(가속 시간×가속 중인 시간 중 저크를 적용하는 시간의 비율/2)

저크를 적용하는 시간은 가속 시작부터의 시간과 가속 종료까지의 시간으로 2등분됩니다. 따라서 저크를 적용하는 시간의 비율을 2로 나눕니다.

저크를 지정했을 때의 가속 제어의 예

저크가 적용되는 구간의 가속도는 일정한 비율로 변화하기 때문에 지령 속도는 S자형의 곡선이 됩니다. 지크가 「0」인 구간의 가속도는 고정되기 때문에 지령 속도는 직선 형태가 됩니다.

예 : 가속도가 25,000mm/s^2이고 가속 시간이 0.1s, 저크를 적용하는 시간 비율이 50%인 경우

저크 = 25000/(0.1×0.5/2)=1,000,000(mm/s^3)

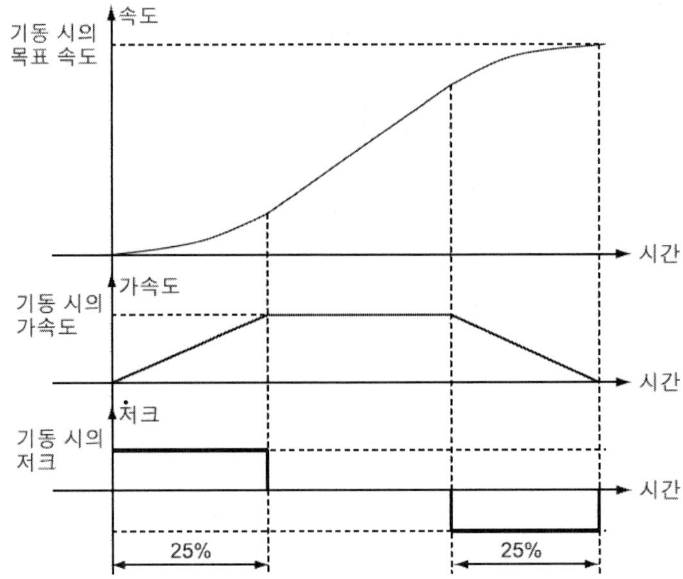

5) 원점결정

위치 결정을 하는 시스템에서 시스템의 절대적인 위치에 대해 결정을 하는 경우, 먼저 원점을 결정해야 합니다. MC 기능 모듈에서는 기계 원점을 결정하는 방법으로 모션 제어 명령의 「MC_Home(원점 복귀)」 명령 또는 MC_HomeWithParameter(파라미터 지정 원점 복귀) 명령을 사용합니다.

- 원점복귀

모터를 실제로 운전하여 리미트 센서, 원점근방 센서, 원점입력신호를 이용하여 기계 원점을 결정합니다. 그 원점입력 신호로 근접센서나 엔코더 Z상 등을 사용합니다.

명령	명칭	FB/FUN	그래픽 표현	ST 표현
MC_Home	원점 복귀	FB	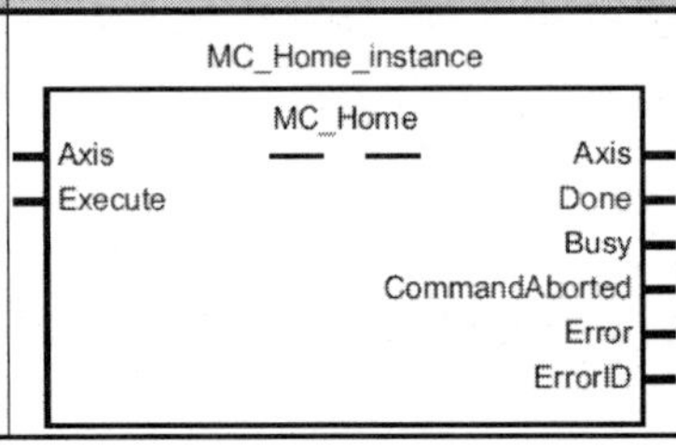	MC_Home_instance (Axis := 《파라메터》, Execute := 《파라메터》, Done => 《파라메터》, Busy => 《파라메터》, CommandAborted => 《파라메터》, Error => 《파라메터》, ErrorID => 《파라메터》);

Axis(축)에서 지정된 축에 대해 Execute(기동)가 기동하면 원점 복귀 동작을 시작합니다.

원점 복귀 명령에서 사용되는 각종 파라미터는 축 파라미터로 설정합니다.

원점 복귀 명령에는 10종류의 원점 복귀 동작 모드가 있습니다.(시운전 참고)

- 근방 퇴피 원점 근방 입력 OFF 지정
- 근방 퇴피 원점 근방 입력 ON 지정
- 원점 근방 입력 OFF 지정
- 원점 근방 입력 ON 지정
- 한계 입력 OFF 지정
- 근방 퇴피 원점 입력 마스크 거리 지정
- 한계 입력만
- 근방 퇴피 유지 시간 지정
- 원점 근방 입력 없음. 유지 원점 입력 지정
- 원점 사전 설정

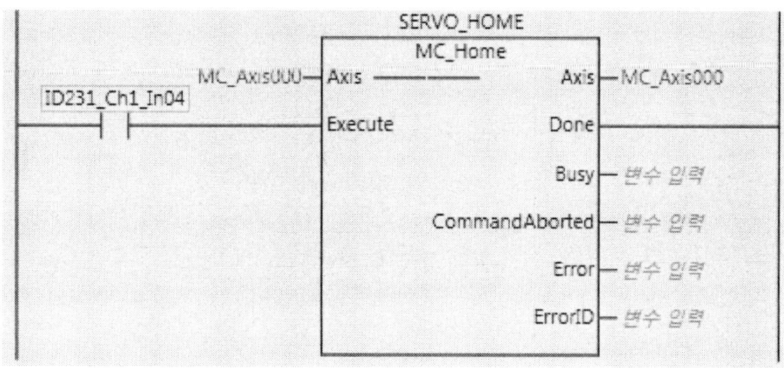

실습 프로그램 실습

축 0이 서보 ON상태일 때 입력 스위치를 ON하면, 원점 미확정인 경우 원점 복귀 FB을 실행하도록 프로그램을 수정해 봅시다.

그리고 원점결정 완료 시 램프에 출력을 ON합니다.

(※원점 결정 확정변수 MC_Axis000.Details.Homed : 축 1이 원점 확정 상태일 때 TRUE가 됩니다)

■ 절대값 엔코더 원점설정

여기에서는 G5 시리즈 서보 드라이버 EtherCAT 통신 내장 타입의 절대값 엔코더를 사용하는 경우에 대해 설명합니다. 절대값 엔코더는 CPU 유니트의 전원이 끊어져도 엔코더 내 배터리 백업에 의해 절대값 데이터를 유지합니다.

따라서 MC_Power(운전 가능) 명령을 실행할 때 절대값 엔코더로 현재 위치를 판독해서 위치를 확정하고 있습니다. 한번 원점을 확정해 놓으면 인크리멘탈 엔코더와 같이 원점 복귀 조작은 필요 없습니다.

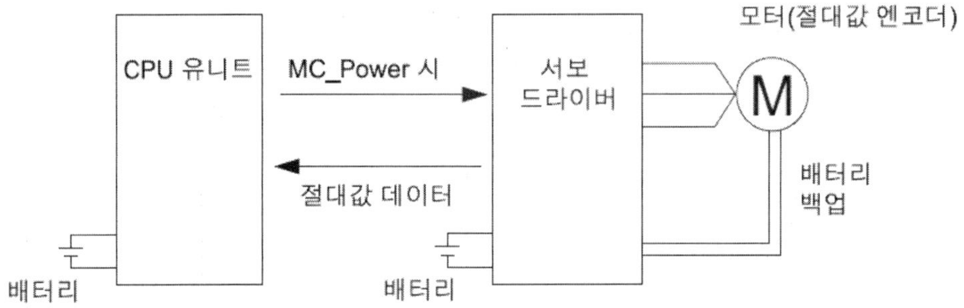

- 절대값 엔코더를 사용하는 경우에는 CPU 유니트의 배터리와 서보 드라이버의 절대값 엔코더 백업용 배터리를 모두 접속해 주십시오.
- 절대값 엔코더를 처음 사용할 때나 모터를 교환 또는 절대값 엔코더의 배터리 소모 등으로 절대값 데이터를 잃은 경우에는 반드시 「MC_Home(원점 복귀)」 명령 또는 「MC_HomeWithParameter(파라미터 지정 원점 복귀)」 명령을 실행하고 원점을 확정해 주십시오. 이 경우 원점 확정 후에 서보 드라이버측의 전원 재투입이 필요합니다. 그 이후는 MC_Power(운전 가능)만으로 위치를 확정합니다.

■ 고속원점복귀

원점확정 상태에서 원점위치로 위치결정을 하는 기능입니다. 절대 좌표의 '0'을 목표 위치로 위치 결정을 실행하고 원점으로 복귀합니다. MC_MoveZeroPosition (고속원점 복귀) 명령을 사용하여 목표 속도, 가속도, 감속도, 저크를 지정할 수 있습니다. 원점 미확정 상태에서 실행하면 명령 이상이 발생합니다.

명령	명칭	FB/FUN	그래픽 표현	ST 표현
MC_MoveZeroPosition	고속 원점 복귀	FB	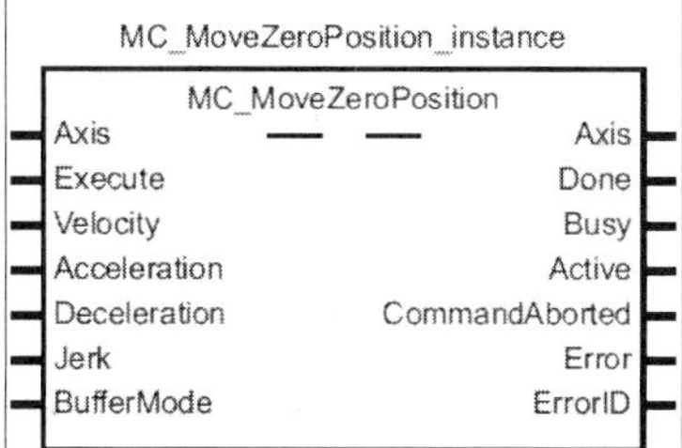	MC_MoveZeroPosition_instance (Axis := 《파라메터》, Execute := 《파라메터》, Velocity := 《파라메터》, Acceleration := 《파라메터》, Deceleration := 《파라메터》, Jerk := 《파라메터》, BufferMode := 《파라메터》, Done => 《파라메터》, Busy => 《파라메터》, Active => 《파라메터》, CommandAborted => 《파라메터》, Error => 《파라메터》, ErrorID => 《파라메터》);

실습 프로그램 실습

축 0이 서보ON상태일 때 입력 스위치를 ON하면, 원점 확정인 경우 고속 원점 복귀 FB을 실행하도록 프로그램을 수정해 봅시다.
(원점 복귀 프로그램 실습 활용)

11 3 PTP 프로그래밍(단축)

■ 단축 명령 분류

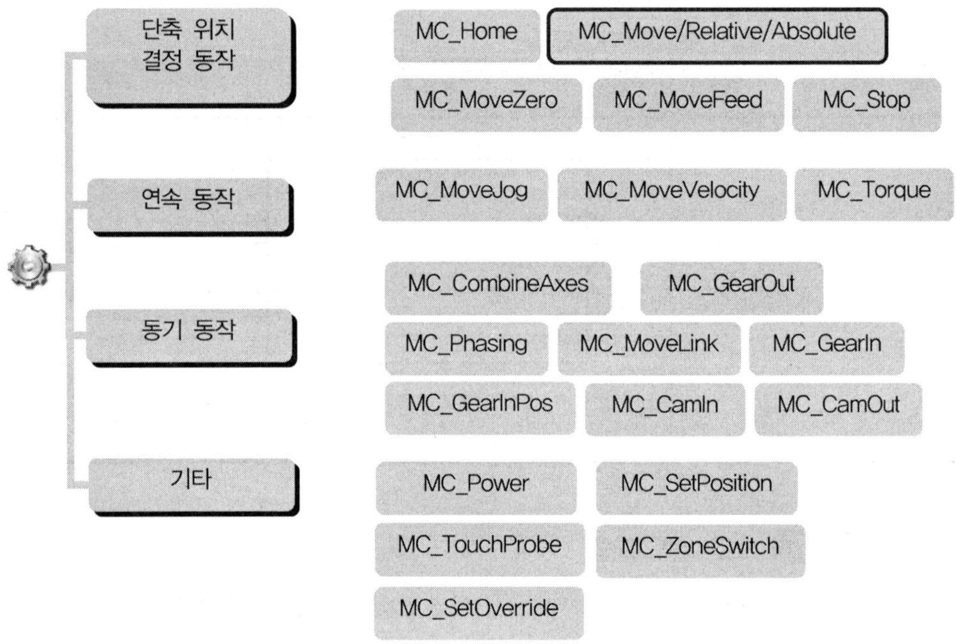

MC 기능 모듈은 오므론 G5 서보 드라이버 EtherCAT 통신 내장 타입과 접속하여 위치 제어, 속도제어, 토크 제어를 할 수 있습니다. 본 교재에서는 **단축에서의 위치 결정 동작**에 대하여 설명합니다.

■ 위치 결정

• 절대 위치 결정

절대값 위치 결정은 현재 위치(명령을 기동한 위치 : 90)가 아닌, 축의 원점 위치에서 절대값 위치로 이동하는 위치 결정 동작입니다.

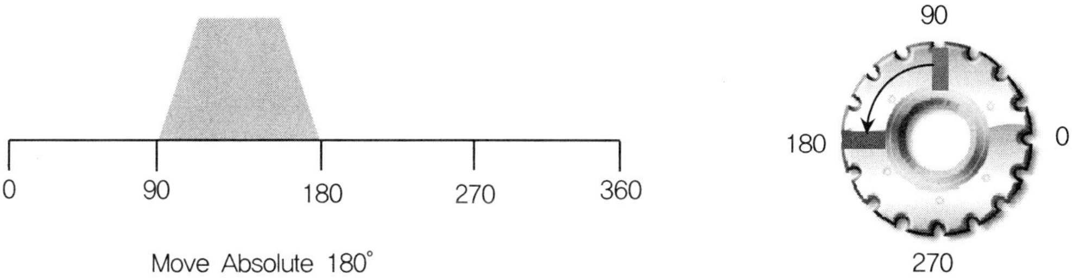

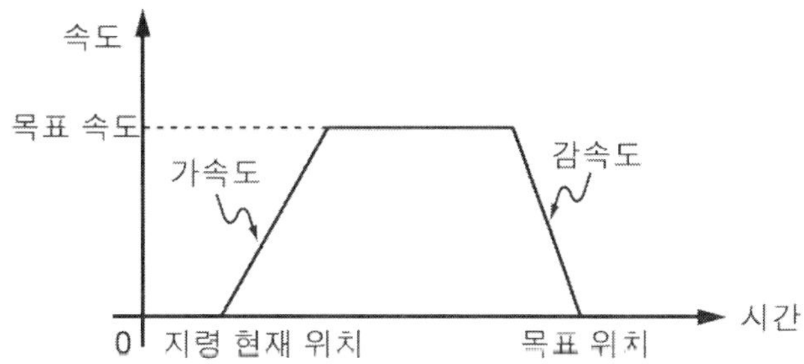

▶ 절대 좌표의 위치를 지정하고 위치 결정을 실행하는 FB

MC_MoveAbsolute

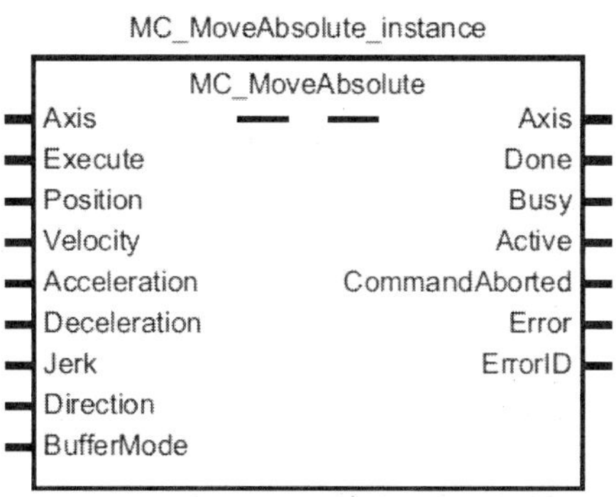

• 상대 위치 결정

상대 위치 결정은 현재 위치(명령을 기동한 위치 : 90)에서 증가 또는 감소 거리로 이동하는 위치 결정 동작입니다.

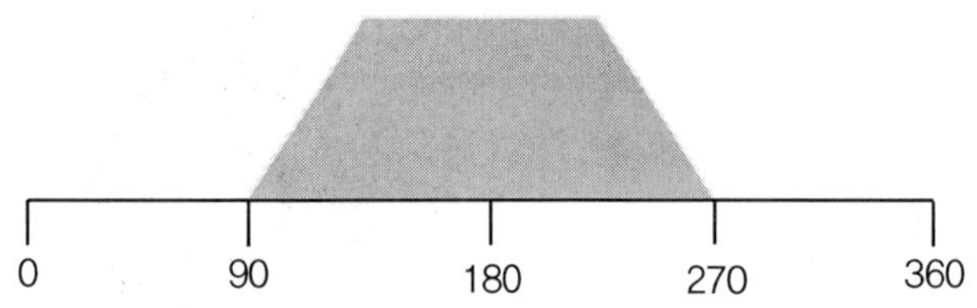

Move Relative 180˚

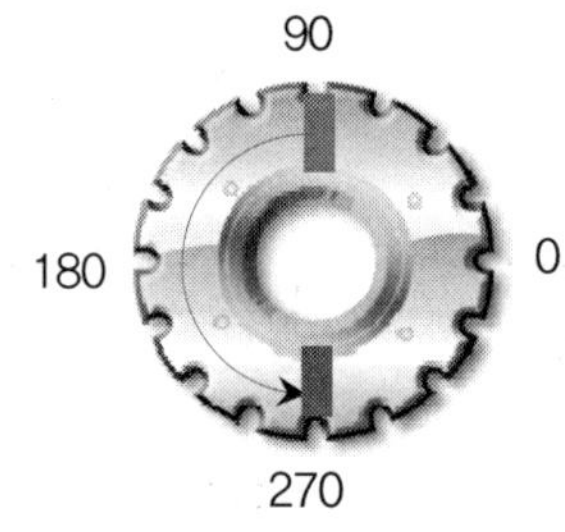

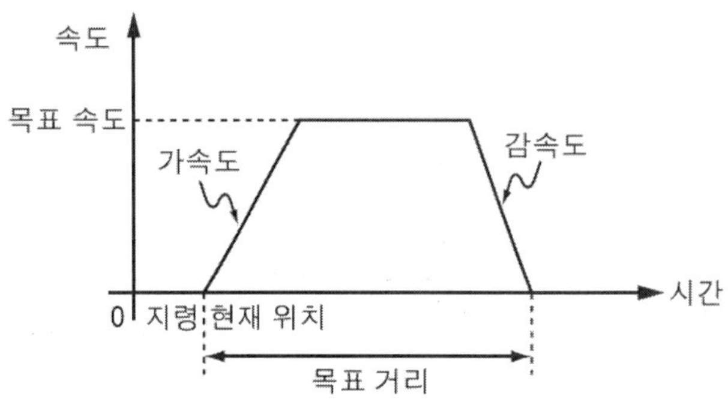

▶ 명령 현재 위치로부터의 이동거리를 지정하고 위치 결정을 실행하는 FB

MC_MoveRelative

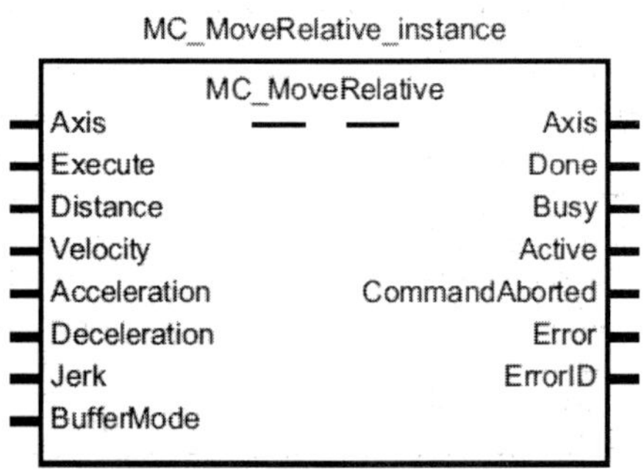

▶ 절대 위치 지정과 상대 위치 지정을 선택하여 위치 결정을 하는 OMRON FB MC_Move를 활용하여 절대 운전과 상대 운전 프로그램을 만들어 봅시다.

명령	명칭	FB/FUN	그래픽표현	ST표현
MC_Move	위치결정	FB	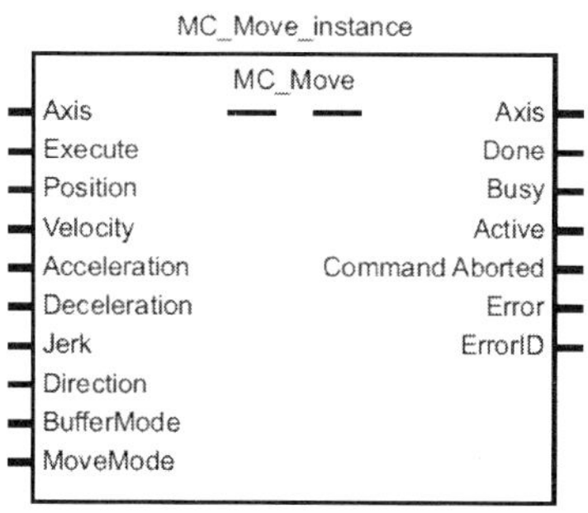	MC_Move_instance (Axis := 《파라메터》 , Execute := 《파라메터》 , Position := 《파라메터》 , Velocity := 《파라메터》 , Acceleration := 《파라메터》 , Deceleration := 《파라메터》 , Jerk := 《파라메터》 , Direction := 《파라메터》 , BufferMode := 《파라메터》 , MoveMode := 《파라메터》 , Done =〉 《파라메터》 , Busy =〉 《파라메터》 , Active =〉 《파라메터》 , CommandAborted =〉 《파라메터》 , Error =〉 《파라메터》 , ErrorID =〉 《파라메터》);

MC_Move: 변수

입출력 변수	이름	데이터형식	유효범위	내용
Axis	축	_sAXIS_REF		축을 지정합니다.

*1. Sysmac Studio의 기본 설정 화면에서 작성한 축 변수(기본값「MC_Axis***」)를 사용해 주십시오.

MC_Move: 입력 변수

입력 변수	이름	데이터 형식	유효 범위	초기값	내 용
Execute	기동	BOOL	TRUE, FALSE	FALSE	기동 시에 명령을 시작합니다.
Position	목표 위치	LREAL	음수, 양수, '0'	0	이동 방법 선택 시에 절대 위치 결정을 지정한 경우는 절대 좌표의 목표 위치를 지정합니다. 이동 방법 선택 시에 상대 위치 결정을 지정한 경우는 상대 위치를 지정합니다. 단위는 [명령 단위]입니다.
Velocity	목표 속도	LREAL	양수	0	목표 속도를 지정합니다. 단위는 [명령 단위/s] 입니다.
Acceleration	가속도	LREAL	양수 또는 '0'	0	가속도를 지정합니다. 단위는 [명령 단위/s2] 입니다.
Deceleration	감속도	LREAL	양수 또는 '0'	0	감속도를 지정합니다. 단위는 [명령 단위/s2]
Jerk	저크	LREAL	양수 또는 '0'	0	저크를 지정합니다. 단위는 [명령 단위/s3] 입니다.
Direction	방향 선택	_eMC_ DIRECTION	0: _mcPositiveDirection 1: _mcShortestWay 2: _mcNegativeDirection 3: _mcCurrentDirection 4: _mcNoDirection	0	MoveMode가 [0: 절대값 위치 결정] *4 이고 카운트 모드가 [로터리 모드]인 경우에 회전 방향을 지정합니다. 0 : 정방향 지정 1 : 근거리 회전 지정 2 : 역방향 지정 3 : 현재 방향 지정 4 : 방향 지정 없음
BufferMode	버퍼 모드 선택	_eMC_BUFFER_ MODE	0: _mcAborting 1: _mcBuffered 2: _mcBlendingLow 3: _mcBlendingPrevious 4: _mcBlendingNext 5: _mcBlendingHigh	0	모션 명령 다중 기동 시의 동작을 지정합니다. 0 : Aborting 1 : Buffered 2 : BlendingLow 3 : BlendingPrevious 4 : BlendingNext 5 : BlendingHigh
MoveMode	이동 방법 선택	_eMC_MOVE_ MODE	0: _mcAbsolute 1: _mcRelative	0	이동 방법을 선택합니다. 0 : 절대값 위치 결정 1 : 상대값 위치 결정

수치 설정이 아닌
데이터 형식에 값으로 설정

■ BufferMode

축 동작 중에 다른 모션 제어 명령을 기동할 수 있습니다.

PLCopen 기술 사양서에서는 버퍼 모드로 정의하지만 MC 기능 모듈에서는「다중 기동」으로 설명합니다. 다중 기동을 사용하면 여러 모션 제어 명령의 동작을 정지하지 않고 연속적으로 실행할 수 있습니다.

모션 제어 명령의 입력 변수 「BufferMode(버퍼 모드 선택)」를 지정해서 아래의 다중 기동 모드를 선택할 수 있습니다. 이러한 모드의 주된 차이는 다중 기동된 명령의 실행 시작 타이밍과 중계 속도입니다.

다중기동모드	동작설명
Aborting(중단)	현 명령이 중단되고 다중 기동한 모션 제어 명령이 실행됩니다. 버퍼를 하지 않는 디폴트 모드입니다.
Buffered (대기)	현 명령의 동작이 정상 종료한 후 버퍼링 명령이 실행됩니다.
Blending	현 명령의 목표 위치까지 도달한 후 버퍼링 명령이 실행됩니다. 이 모드에서는 현 명령과 버퍼 명령 사이에서 정지하지 않습니다. 현 명령이 목표 위치에 도달할 때의 중계 속도를 아래에서 선택할 수 있습니다.
BlendingLow	현 명령과 버퍼링 명령의 목표 속도 중 낮은 쪽을 중계 속도로 합니다.
BlendingPrevious	현 명령의 목표 속도를 중계속도로 합니다.
BlendingNext	버퍼링 명령의 목표 속도를 중계 속도로 합니다.
BlendingHigh	현 명령과 버퍼링 명령의 목표 속도 중 높은 쪽을 중계 속도로 합니다.

MC_Move : 출력 변수

출력변수	이름	데이터형식	유효범위	내용
Done	완료	BOOL	TRUE, FALSE	명령 실행을 완료했을 때 TRUE가 됩니다.
Busy	실행 중	BOOL	TRUE, FALSE	명령을 수신했을 때 TRUE가 됩니다. Done, Error, CommandAborted가 True되면 FALSE가 됩니다.
Active	제어 중	BOOL	TRUE, FALSE	제어 중에 TRUE가 됩니다. Done, Error, CommandAborted가 True되면 FALSE가 됩니다.
CommandAborted	실행 중단	BOOL	TRUE, FALSE	명령이 중지되었을 때 TRUE가 됩니다. • 다른 명령에 의한 모션 명령 다중 기동(Aborting)으로 이 명령이 중지되었을 때 • 이상이 발생해 이 명령이 중지되었을 때나 이상 발생 중에 이 명령을 기동했을 때 • MC_Stop 명령 실행 중에 이 명령을 기동했을때
Error	에러	BOOL	TRUE, FALSE	이상이 발생했을 때 TRUE가 됩니다. • 이 명령의 기동 조건이나 입력 파라메터에 이상 요인이 포함되어 있을 때
ErrorID	에러 코드	WORD		이상이 발생했을 때 에러 코드를 출력합니다. 16#0000은 정상입니다.

프로그램 예)

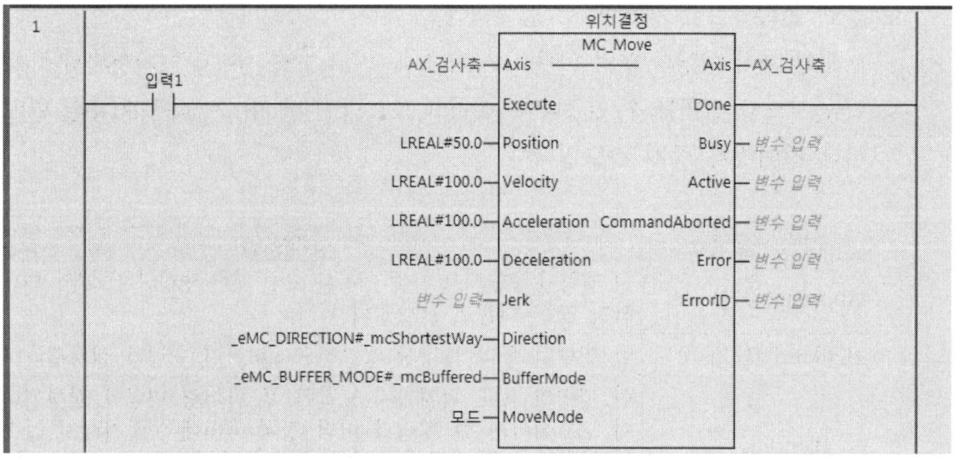

프로그램 실습

축 0이 서보 ON상태일 때 입력 스위치를 ON할 때마다, 원점 확정인 경우 절대값 위치 방향으로 50.00mm, 70.00mm, 150.00mm 그리고 150mm 절대 위치를 확정하고 있을 때, 계속해서 입력 스위치를 On하면 원점으로 고속복귀를 실행하도록 프로그램을 작성해 봅시다.

본 교재는 한국오므론제어기기 정기교육에서 사용하고 있습니다. 교육에 관심이 있으신 분들은 아래 홈페이지에서 교육 안내를 참고해주시기 바랍니다.

http://www.ia.omron.co.kr/semina/semina_njbasic.asp

저자와의 협의에 의해 인지 생략

OMRON

SYSMAC NJ PLC로 FA업계 정복하기 기초활용편

7판 1쇄 2023년 1월 20일

저 자 한국오므론제어기기
발행인 송광헌
발행처 복두출판사
주 소 서울특별시 영등포구 경인로 82길 3-4
센터플러스 807호
(우) 07371
전 화 02-2164-2580
FAX 02-2164-2584
등 록 1993. 11. 22. 제 10-902 호

정가 : 22,000원

ISBN : 979-11-6675-229-2 93560

한국과학기술출판협회 회원사